U0945044

高等学校电子信息类规划教材辅助教材

《微型计算机原理(第五版)》

学 习 指 导

乔瑞萍　姚向华　编著

西安电子科技大学出版社

2009

内 容 简 介

本书为教材《微型计算机原理(第五版)》(姚燕南、姚向华、乔瑞萍编著，西安电子科技大学出版社出版)的学习配套用书。本书对教材第1～9章作了要点、难点和重点分析，通过分析，帮助学生加深对课本的理解，并对书中的绝大部分习题与思考题作了解答。此外，还增添了一些自测题(第1～3章、第5～9章给出了参考答案)，以供学生检查对知识点掌握的程度。书末附录给出了两套考题及其参考答案。

本书可作为高等学校非计算机专业“微型计算机原理(16/32 位机)及接口技术”课程的教学参考书与学习指导书，也可供相关工程技术人员参考。

图书在版编目(CIP)数据

《微型计算机原理(第五版)》学习指导/乔瑞萍，姚向华编著. —西安：西安电子科技大学出版社，2009.4

高等学校电子信息类规划教材. 辅助教材

ISBN 978－7－5606－2193－7

Ⅰ. 微…　Ⅱ. ① 乔… ② 姚…　Ⅲ. 微型计算机—高等学校—教学参考资料　Ⅳ. TP36

中国版本图书馆 CIP 数据核字(2009)第 211768 号

策　　划　夏大平

责任编辑　夏大平

出版发行　西安电子科技大学出版社(西安市太白南路 2 号)

电　　话　(029)88242885　88201467　邮　编　710071

网　　址　www.xduph.com　　电子邮箱　xdupfxb001@163.com

经　　销　新华书店

印刷单位　西安文化彩印厂

版　　次　2009 年 4 月第 1 版　2009 年 4 月第 1 次印刷

开　　本　787 毫米×1092 毫米　1/16　印　张　12.625

字　　数　294 千字

印　　数　1～4000 册

定　　价　20.00 元

ISBN 978－7－5606－2193－7/TP・1121

XDUP 2485001-1

前　言

随着计算机技术的不断发展，“微机原理与接口技术”这门课程的教材也在不断更新。

《微型计算机原理(第五版)》一书是在原电子工业部 1996～2000 年全国电子信息类专业规划教材——《微型计算机原理(第四版)》的基础上作了重大修改而形成的。第五版与第四版相比，增加了不少 80X86 的新知识，因而难度也相应增加。例如：指令系统及汇编语言程序设计等章节增添了大量实例；半导体存储器、中断处理、输入/输出接口技术及微机系统等章节对过去传统写法作了大胆修改，取材较新，实用性强。

为了配合《微型计算机原理(第五版)》的教学，我们编写了这本学习指导书。在编写过程中，我们基于多年的教学实践经验，对本书各章节的要点、难点和重点做了详细的分析，并对典型例题及习题的解题过程给出了示范，目的在于帮助学生深入掌握基本概念和解题思路，加深对教学内容的理解。同时，考虑到“微机原理与接口技术”是一门实践性很强的课程，要求学生不仅会做习题，还应该能熟练上机解决实际问题。为此，本学习指导书的多数程序都在高版本 MASM6.11 汇编下上机调试通过，目的在于启迪学生思维，教授学生亲自动手的能力，激发学生的学习兴趣，使学生牢固掌握教材内容，并学以致用。为了拓宽学生学习的思路，我们收集了大量习题及试题，精选后给出了一些自测题。学生在认真学习各章内容并扎实掌握好习题、例题的解题思路后，这些自测题是不难得到答案的。考虑到第 10 章的内容属于了解的内容，该章后“习题与思考题”均为思考题，答案均可在教材中找到，故不另附章节。

本书第 1、2、3、4、6、7 章由乔瑞萍副教授编写，第 5、8、9 章由姚向华副教授编写，并由二人合编附录。

姚燕南教授在本书整个编写过程中倾注了大量心血，提出了许多珍贵建议；欧文对本书的编写给予了大力支持和帮助，在此对她们表示最诚挚的感谢。

由于编者水平有限，书中难免存在不足之处，恳请读者批评指正。

编　者

2008 年 9 月

目　录

第 1 章　微型计算机基础知识

1.1　学 习 要 点

- 常用数制与编码表示方法
- 微型计算机中的数据的表示方法
- 整数运算
- 数学协处理器的数据格式

1.1.1　常用数制与编码表示方法

1．计算机中常用的数制

1) 计算机技术中常用的进位制数

(1) 数字：阿拉伯数字 0～9。

(2) 位置计数法(Positional Notation)。设待表示的数为 N，则 X 进制数 N 的表达式为

$$(N)_X = \sum_{i=-m}^{n-1} a_i X^i$$

式中，等式右边计算结果是十进制数真值。式中各量含义如下：

X：基数，若分别取 2、16、10，则分别得二进制数、十六进制数、十进制数的表达式；

a_i：系数，可在 0～X−1 中任意取值，十六进制数系数范围是 0～15，其中 10～15 用 A～F 表示；

X^i：权，每个数位所具有的位值；

n：整数位数；

m：小数位数。

采用汇编语言编写程序时，数制约定：

① 二进制数加后缀 B(Binary)。

② 十六进制数加后缀 H(Hexadecimal)。

③ 十进制数加后缀 D(Decimal)或不加。

(3) 特点：

① 可以少数的数字表示很大的数。

② 划分数位，按位累计，由低到高进位。

③ 相同的数码在不同的位代表不同的数值，例：666。

数字和位置计数法构成了数。

2) 数制之间的转换

(1) 其他进制数→十进制数：加权法，直接按 $(N)_X = \sum_{i=-m}^{n-1} a_i X^i$ 计算。

(2) 十进制数→二进制数：降幂法，除基数取余法(整数)，乘基数取整法(小数)。

(3) 十六进制数→二进制数：十六进制 是一种很重要的短格式计数法，它把二进制数每4位分成一组，分别用0～9和A～F来表示0000～1111；反之，十六进制数的每一位用4位二进制数表示，就是相应的二进制数。

2．计算机中信息的编码表示

1) BCD码

BCD(Binary Coded Decimal)码是一种二进制编码的十进制数，最常用的是8421码。

(1) 特点：

因人们习惯于十进制，计算机仅识别二进制，为解决此矛盾而采用BCD码。BCD码的主要特点如下：

① 逢十进位。

② 4位二进制数表示一位十进制数。

因 $2^4 = 16$，仅取其中10种组合，分别代表(0～9)这10个数字。为了便于记忆和比较直观，常用8421BCD码。8、4、2、1分别是4位二进制数的位权值 2^3、2^2、2^1、2^0。

8421BCD码具有如下特点：

(a) 按自然二进制规律易转换(D ⟷ B)

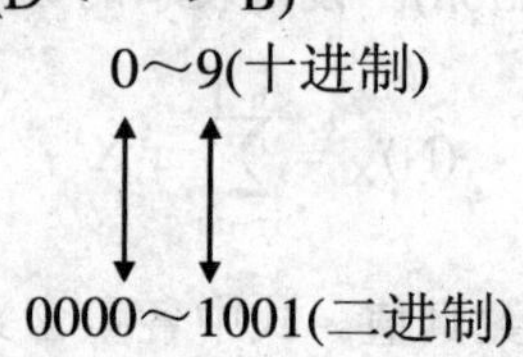

例： $(25.4)_{10} = (00100101.0100)_{BCD}$

(b) 各位数分别为8、4、2、1。

(c) 具有奇偶性(通信传输中易实现判断)：

奇：尾数是0；

偶：尾数是1。

说明：同一个8位二进制数，当对其进行BCD编码或进行十进制转换时，所得到的数值是不同的。例如，对于00011000B，它转换的十进制值为24，而其BCD值则为18。

(2) 基本格式：

① 组合式BCD码：两位BCD数占一字节。其基本格式为

高	低
1	8
0001	1000

② 分离式BCD码：两位BCD数占两字节中的低四位。其基本格式为

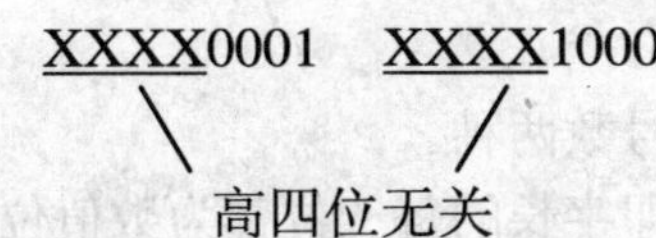

80387 支持的压缩(组合)BCD 数长度为 80 位二进制数。80 位二进制数可表示为 20 位 BCD 数，但 80387 只用了 18 位 BCD 数。这与高级语言相符合。最高 8 位中最高一位为符号位，其余 7 位不用。

(3) BCD 码的运算：

这里以组合 BCD 码为例介绍 BCD 码的运算(加/减)。

① 不能将 BCD 码直接交计算机运算(即当作二进制数)。因为 BCD 码为十进制数，逢十进/借位，用 4 位二进制数表示一个 BCD 码时逢十六进/借位，所以必须加、减 6 进行“修正”才能得正确结果。

② 修正方法：加、减 6 修正。

● 加法：

(a) BCD 对应位相加，结果小于等于 9，不修正(无进位)；

(b) BCD 对应位相加，结果大于 9 小于 16，加 6 修正；

(c) BCD 对应位相加，相加有进位，结果大于等于 16，加 6 修正；

(d) 两高位对应位加低位进位结果处理同(a)～(c)。

● 减法：因两个 BCD 码进行减法运算时，当低位向高位有借位时，“借一作十六”而本应“借一作十”，多了“6”，故减 6 修正，规则及方法同加法。

一般计算机均有十进制数调整指令，使用时跟在二进制数运算指令之后修正为正确结果。

2) ASCII 码

计算机中的字符数据用 ASCII(American Standard Code for Information Interchange)码表示，一个字符在存储器中占用一个字节(8 位二进制码)。用 7 位 ASCII 码可表示 128 种字符，其中包括 32 个控制符、10 个数字(0～9)、52 个大/小写英文字母和 34 个专用符号(运算、标点、括号等)。例如，数字 0 的 ASCII 码为 30H，9 的 ASCII 码为 39H，字母 A 的 ASCII 码为 41H，等等。

最高位为奇偶校验位(检测数据传输、存储过程中的错误)。常采用最高位(即奇偶校验位)来检测数据传输、存储过程中的错误。

3) 汉字编码

汉字信息也必须由若干位二进制编码来表示。我国指定了汉字编码标准，国家标准 GB2312—80 字符集规定了一、二级共 6763 个汉字和 682 个特殊符号的编码。计算机内部中的一个汉字占两个字节。2000 年，我国公布国家标准 GB18030—2000，使用 4 个字节表示一个汉字，可以统一表示 27 000 多个汉字。汉字编码指在计算机内部存储、处理、交换汉字的编码表示。

1.1.2　微型计算机中的数据的表示方法

80X86 系列微机中，常用的数据类型为：有(无)符号整数、BCD 码、ASCII 码、浮点数等。

1．整数

整数分为有符号数和无符号数两种。

无符号数：数的绝对值，即字长的每一位都为数值位。

有符号数：字长的最高位是符号位，其余各位为数值位。符号位为 0 表示正数，符号位为 1 表示负数。

1) 有符号数的表示方法

对于有符号数，机器数常用的表示方法有原码、反码和补码三种。数 X 的原码记作 $[X]_{原}$，反码记作 $[X]_{反}$，补码记作 $[X]_{补}$。对于正数，三种表示法均相同，它们的差别在于对负数的表示。

① 原码表示：假定一个数字长为 n，则原码就是这个数本身的二进制形式。最高位 MSD 为符号位，其余 n−1 位为数值位。

用途：浮点数的有效数字常用原码表示，二进制乘除运算时也多采用原码表示。

② 反码表示：反码是将其原码除符号位之外的各位求反。

用途：求反逻辑运算，完成一定的计算或控制功能。

③ 补码表示：补码是将其原码除符号位之外的各位求反之后在末位再加 1。

例如：$[-3]_{原}=10000011$，$[-3]_{反}=11111100$，$[-3]_{补}=11111101$。

④ 移码表示：移码是在数的真值上加一个偏移量形成的，偏移量为 $2^{n-1}-1$。

用途：用作 A/D 和 D/A 转换器的双极性编码，也可用在浮点数的阶码表示中。

2) 有关特殊数的说明

(1) 数 0 的补码唯一，数 0 的原码、反码不唯一。

(2) 特殊数 10000000：

① 该数在原码中定义为：−0；

② 在反码中定义为：−127；

③ 在补码中定义为：−128；

④ 对无符号数：$(10000000)_2=128$。

3) 8 位有符号数的表示范围

① 原码：　$-(2^{n-1}-1)\sim+(2^{n-1}-1)$　　−127～+127

② 反码：　$-(2^{n-1}-1)\sim+(2^{n-1}-1)$　　−127～+127

③ 补码：　$-2^{n-1}\sim+(2^{n-1}-1)$　　−128～+127

2．整数运算

计算机内部默认采用补码表示有符号数，便于实现加减运算。

1) 有符号数的运算

(1) 补码的求法：

① 按教材中的定义求补码。

② 将$[X]_{原}$除符号位以外，其余各位按位取反，最低位加 1。

③ 将$[X]_{原}$从其最低位起到出现第一个 1 以前(包括第一个 1)的原码中的数字不变，以后逐位取反，符号位不变。

④ 已知$[X]_{原}$，求$[X]_{补}$。其方法为：

符号位为 0，$[X]_{补} = [X]_{原}$(X 为正数)；

符号位为 1，$[[X]_{补}]_{补} = [X]_{原}$(X 为负数)。

⑤ 变补：已知$[Y]_{补}$求$[-Y]_{补}$。其方法是将$[Y]_{补}$连同符号位一起求反加“1”而得。

(2) 补码的运算：

① 符号位与数值位一同参加运算。

② 有符号数的运算的所有数(包括结果)均为补码形式。

③ 运算规则：

“加”：　$[X+Y]_{补} = [X]_{补} + [Y]_{补}$

“减”：　$[X-Y]_{补} = [X]_{补} - [Y]_{补}$

　　　　$[X-Y]_{补} = [X]_{补} + [-Y]_{补}$

(3) 有符号数的溢出问题(Overflow)：

① 定义：运算值超出其表示范围。即参加运算的数(初/中/终)值超过了计算机允许表示的范围($-2^{n-1} \leqslant X < +2^{n+1}$)，产生错误结果，称为溢出。对溢出的处理为

溢出处理 { 停机；检查程序，转入INTO

② 溢出条件：同号数相加/异号数相减，才可能产生溢出。

C_s：符号位进位，如有进位，$C_s = 1$，否则，$C_s = 0$；

C_p：表示数值最高位(字长次高位)进位，如有进位，$C_p = 1$，否则，$C_p = 0$。

③ 溢出判别：采用双高位判别法，即

逻辑关系：$V=C_s \oplus C_p$

↓

溢出标志 {
V=1 有溢出 { $C_s C_p$ = 0 1；1 0 }
V=0 无溢出 { $C_s C_p$ = 0 0；1 1 }
}

2) 无符号数的运算

无符号数与有符号数的加、减法是一样的，正负号取决于加、减法结果，CF=0 为正，CF=1 为负。

注意：

(1) 溢出判别范围：$0 \sim 2^n - 1$；

(2) 溢出条件：CF = 1。

3) 算术移位

二进制数在寄存器或存储器中进行算术移位时，左移一位将引起倍增，右移一位将引起倍减(减半)。

(1) 对于正数，左移或右移时空位都补以 0。

(2) 补码表示的负数，左移时最低位补以 0，右移时最高位补以 1。

(3) 反码表示的负数，左移和右移时，最低位和最高位均补以 1。

3．数学协处理器的数据格式

1) 80387 支持的数据类型

80386 的数学协处理器 80387 主要任务为支持浮点运算，可支持 7 种数据类型，其中又分整型数(4 种)和实型数(3 种)两大类。

整型数：
- 字整数(16位)
- 短整数(32位)
- 长整数(64位)
- BCD数(80位)

实型数：
- 短实数(32位)
- 长实数(64位)
- 临时实数(80位)

2) 实型数格式

(1) 定点数：小数点在数中的位置不变。

浮点数：小数点位置随阶码移动。

实型数：以浮点数表示的带小数点的数。

(2) 形式：

$$N = \pm S \cdot 2^J$$

其中，N 为二进制数；S 为有效数字或尾数；J 为指数或阶码。

(3) 格式：

S	指数	有效数字

S——符号位 {0—正；1—负}

其中，指数通常采用移码表示。

此外，80387 规定，任何实型数只能用如下格式表示：

$1.xxx\cdots xx \cdot 2^n$(x 表示 0 或 1)

这说明实型数的小数点前仅有一位，且该位永远为 1。

(4) 浮点数的特点：

① 相同字长下，浮点数表示的数值范围大得多。

② 采用浮点数运算，需要“对阶”(使阶码相等的操作称为对阶)，编程麻烦。

③ 结果要用规格化标准形式(高级语言中的指数形式)。

1.2 难点和重点

本章的难点与重点在于掌握数制转换及补码运算。

1．数制转换

数制转换重点要掌握十进制数转换为二进制数的方法，其转换一般用降幂法。降幂法的步骤为：首先写出要转换的十进制数，其次写出所有小于此数的各位二进制权值，然后用要转换的十进制数减去与它最相近的二进制权值，如够减则减去并在相应位记以 1；如不够减则在相应位记以 0 并跳过此位。如此不断反复，直到该数为 0 为止。

例 1.1　N = 23.625D，用降幂法将其转换为二进制数，并将其表示成短实型数形式。

解：　第一步：将 N 转换为二进制数形式。

小于 23D 整数部分的二进制权值为

$$2^4 \quad 2^3 \quad 2^2 \quad 2^1 \quad 2^0$$
$$16 \quad 8 \quad 4 \quad 2 \quad 1$$

对应的二进制数是

$$1 \quad 0 \quad 1 \quad 1 \quad 1$$
$$(16 + 0 + 4 + 2 + 1 = 23D)$$

小于 0.625 小数部分的二进制权值为

$$2^{-1} \quad 2^{-2} \quad 2^{-3}$$
$$0.5 \quad 0.25 \quad 0.125$$

对应的二进制数是

$$1 \quad 0 \quad 1$$
$$(0.5 + 0 + 0.125 = 0.625D)$$

所以　　N = 23.625D = 10111.101B

第二步：将 N 表示成短实型数形式。

$$N = 10111.101B = 1.0111101 \cdot 2^4$$

短实型数格式：

31	23	0
S(1)	指数(8)	有效数字(23)

其中：

S：0(正数)；

指数(用移码表示)：00000100B + 01111111B = 10000011B；

有效数字(用原码表示)：011110100…00(隐藏了 1，小数点前仅有一位，该位永远为 1)。

2．补码的加减运算

补码的加减运算的特点是符号位与数值位一同参加运算：作减法时，可将减数变补与被减数相加来实现。运算时要注意字长、数值范围及溢出判别。一般只有在同号数相加或异号数相减时，才可能产生溢出。

例 1.2　设字长为 8 位，X = 11001011B，Y = 01001111B。

(1) 若将两数视为有符号数，求 X − Y，并判别结果是否溢出。

(2) 若将两数视为无符号数，求 X + Y，并判别结果是否溢出。

解： (1) 因为计算机处理的均为补码数，所以

$[X]_{原} = [[X]_{补}]_{补} = [11001011B]_{补} = 10110101B = -(2^5+2^4+2^2+2^0)D = -53D$(负数)

$[Y]_{原} = [Y]_{补} = 01001111B = +(2^6 + 2^3 + 2^2 + 2^1 + 2^0)D = +79D$(正数)

$[-Y]_{补} = 10110001B$ (将$[Y]_{补}$连同符号位一起求反加 1 而得)

$X-Y = [X]_{补}-[Y]_{补} = [X]_{补}+[-Y]_{补}$

$[X]_补 - [Y]_补$：

$$\begin{array}{rl} 11001011B & [-53]_补 \\ -\ 01001111B & [+79]_补 \\ \hline 01111100B & [+124]_补 \end{array}$$

$C_s = 0$，$C_p = 1$，$OF = C_s \oplus C_p = 1$，负数减正数，运算结果为正，无效因(−53) − (+79)= −132<−128，超出负数范围。

$[X]_补+[-Y]_补$：

$$\begin{array}{rl} 11001011B & [-53]_补 \\ +\ 10110001B & [-79]_补 \\ \hline 01111100B & [+124]_补 \end{array}$$

$C_s = 1$，$C_p = 0$，$OF = C_s \oplus C_p = 1$，负数加负数，运算结果为正，无效因(−53) + (−79) = −132<−128，超出负数范围。

(2) 因为 X、Y 为无符号数，字长的每一位都为数值位，所以

$X = 11001011B = 2^7 + 2^6 + 2^3 + 2^1 + 2^0 = 203D$

$Y = 01001111B = 79D$

X+Y：

$$\begin{array}{rr} 11001011B & 203 \\ +\ 01001111B & 79 \\ \hline \text{丢弃}—\boxed{1}00011010B & 26 \end{array}$$

上式中各补码数被视为无符号数，即 11001011B = 203D，01001111B = 79D，显然 203D + 79D≠26D，运算结果无效。这是因为 $203 + 79>2^8-1 = 255$，CF = 1，超出无符号数的范围。

注意：有、无符号数补码真值的区别，是由用户程序来实现的。有符号数的溢出由双高位来判别，即 $OF= C_s \oplus C_p$，而无符号数的溢出则由 CF 来决定。

1.3 习题与思考题选解

2．设机器字长为 6 位，写出下列各数的原码、补码、反码和移码：

10101	11111	10000
−10101	−11111	−10000

解：题中各数的求解结果见表 1.1。

表 1.1

真　值	原　码	补　码	反　码
10101	010101	010101	010101
−10101	110101	101011	101010
−10000	110000	110000	101111

5．设机器字长为 8 位，最高位为符号位，试对下列各算式进行二进制补码运算：

(1) 16 + 6 = ?　　(2) 8 + 18 = ?

(3) 9 + (−7) = ?　　(4) −25 + 6 = ?

(5) 8−18 = ?　　(6) 9− (−7) = ?

(7) 16−6 = ?　　(8) −25−6 = ?

解：(2) 设 X = 8，Y = 18。因为 X、Y 为正数，所以

$[X]_{原} = [X]_{补} = 00001000B$

$[Y]_{原} = [Y]_{补} = 00010010B$

```
    00001000B  [8]补
+   00010010B  [18]补
--------------------
    00011010B  [26]补
```

$C_s = 0$，$C_p = 0$，$OF = C_s \oplus C_P = 0$，无溢出

(4) 设 X = −25，Y = 6。因为 X 为负数，Y 为正数，所以

$[X]_{原} = 10011001B$，$[X]_{补} = 11100111B$

$[Y]_{原} = [Y]_{补} = 00000110B$

```
    11100111B  [−25]补
+   00000110B  [6]补
--------------------
    11101101B  [−19]补
```

$C_s = 0$，$C_p = 0$，$OF = C_s \oplus C_p = 0$，无溢出

(6) 设 X = 9，Y = −7。因为 X 为正数，Y 为负数，所以

$[X]_{原} = [X]_{补} = 00001001B$

$[Y]_{原} = 10000111B$，$[Y]_{补} = 11111001B$

$[-Y]_{补} = 00000111B$

```
    00001001B  [9]补
+   00000111B  [7]补
--------------------
    00010000B  [16]补
```

$C_s = 0$，$C_p = 0$，$OF = C_s \oplus C_p = 0$，无溢出

(8) 设 X = −25，Y = 6。因为 X 为负数，Y 为正数，所以

$[X]_{原} = 10011001B$，$[X]_{补} = 11100111B$

$[Y]_原 = [Y]_补 = 00000110B$

$[-Y]_补 = 11111010B$

$$\begin{array}{rl} & 11100111B \quad [-25]_补 \\ + & 11111010B \quad [-6]_补 \\ \hline & 11100001B \quad [-31]_补 \end{array}$$

$C_s = 1$，$C_p = 1$，$OF = C_s \oplus C_p = 0$，无溢出

6．设机器字长为 8 位，最高位为符号位，试用“双高位”法判别下述二进制运算有没有溢出产生。若有，是正溢出还是负溢出？

(1) 43 + 8 = ?　　(2) −52+7 = ?

(3) 50 + 84 = ?　　(4) 72−8 = ?

(5) −33 + (−37) = ?　　(6) −90+(−70) = ?

解：(2) 设 X = −52，Y = 7。因为 X 为负数，Y 为正数，所以

$[X]_原 = 10110100B$，$[X]_补 = 11001100B$

$[Y]_原 = [Y]_补 = 00000111B$

$$\begin{array}{rl} & 11001100B \quad [-52]_补 \\ + & 00000111B \quad [+7]_补 \\ \hline & 11010011B \quad [-45]_补 \end{array}$$

$C_s = 0$，$C_p = 0$，$OF = C_s \oplus C_p = 0$，无溢出

(4) 设 X = 72，Y = 8。因为 X、Y 为正数，所以

$[X]_原 = [X]_补 = 01001000B$

$[Y]_原 = [Y]_补 = 00001000B$

$[-Y]_补 = 11111000B$

$$\begin{array}{rl} & 010\ 01000B \quad [+72]_补 \\ + & 111\ 11000B \quad [-8]_补 \\ \hline & 010\ 00000B \quad [+64]_补 \end{array}$$

$C_s = 1$，$C_p = 1$，$OF = C_s \oplus C_p = 0$，无溢出

(6) 设 X = −90，Y = −70。因为 X、Y 为负数，所以

$[X]_原 = 11011010B$，$[X]_补 = 10100110B$

$[Y]_原 = 11000110B$，$[Y]_补 = 10111010B$

$$\begin{array}{rl} & 10100110B \quad [-90]_补 \\ + & 10111010B \quad [-70]_补 \\ \hline & 01100000B \quad [+96]_补 \end{array}$$

$C_s = 1$，$C_p = 0$，$OF = C_s \oplus C_p = 1$，两负数相加，结果为正，负溢出

8．已知位 b_i 及 b_j 在位串中的地址(位偏移量)分别为 92 和−88，试求它们各自在位串中的字节地址及其所在字节中的位置。

解：字节地址=位偏移量÷8　　；位在所在字节中的位置=位偏移量÷8 取余数

m+11 字节中的第 4 位　　；m−11 字节中的第 0 位

9．将下列十进制数变为 8421BCD 码：

(1) 8609　　(2) 5324

解：(2) 5324 = 0101 0011 0010 0100B，写为 5324H。

10．将下列 8421BCD 码表示成十进制数和二进制数：

(1) 01111001B　　(2) 10000011B

解：(2)10000011B 即 83H，将其表示成十进制数为 83，表示成二进制数为 01010011B。

11．写出下列各数的 ASCII 代码：

(1) 51　(2) 7F　(3) AB　(4) C6

解：(1) 51 对应的 ASCII 码为 3531H。

(3) AB 对应的 ASCII 码为 4142H。

14．试将下列各数表示成短实型数，其中尾数用原码表示，指数用移码表示。

(1) 100.0101B　　(2) −100.0101B　　(3) 0.001010B　　(4) −0.001010B

解：(1) 100.0101B 的短实型数表示为

$$0\ 10000001\ 000101\overbrace{00\cdots00}^{17个0}$$

(4) −0.001010B 的短实型数表示为

$$1\ 01111100\ 0100\overbrace{0\cdots00}^{21个0}$$

1.4　自　测　题

1．若 X = −85，Y = 26，字长 n = 32，则$[X+Y]_补$ =_①_，$[X-Y]_补$ =_②_。

参考答案：①　FFFFFFC5H　　②　FFFFFF91H

2．若 X = −128，Y = −1，字长 n = 16，则$[X]_补$ =_①_，$[Y]_补$ =_②_，$[X+Y]_补$ =_③_，$[X-Y]_补$ =_④_，$[X+Y]_原$ =_⑤_，$[X-Y]_原$ =_⑥_。

参考答案：①　FF80H　②　FFFFH　③　FF7FH　④　FF81H　⑤　8081H　⑥　807FH

3．用降幂法将下列十进制数转换为二进制数和十六进制数：

(1) 259　(2) 1025　(3) 32 767　(4) 65 536

参考答案：(1) 100000011B，103H　　(2) 10000000001B，401H

(3) 111111111111111，7FFFH　　(4) 10000000000000000，10000H

4．有一个 16 位的数值 0100，0000，0110，0011，

(1) 如果它是一个二进制数，和它等值的十进制数是多少？

(2) 如果它们是 ASCII 码字符，则是些什么字符？

(3) 如果是压缩的BCD码，它表示的数是什么？

参考答案：(1) 16 483　　(2) @c　　(3) 4063

5．假设两个二进制数A = 00101100，B = 10101001，试比较它们的大小。

(1) A、B两数均为有符号的补码数。

(2) A、B两数均为无符号数。

参考答案：(1) A＞B　　(2) B＞A

第 2 章　微型计算机组成及微处理器功能结构

2.1　学 习 要 点

- 微型计算机的组成及工作原理
- CPU 的内部结构
- 80386CPU 的寄存器组织
- 存储器的分段结构和物理地址的形成
- 堆栈
- 嵌入式系统简介

2.1.1　微型计算机的组成及工作原理

1. 微型计算机的组成

微型计算机主要由微处理器、存储器、输入/输出设备及其接口电路通过总线连接而成。

1) 微处理器

微处理器简称 CPU，是用来完成运算和控制功能的部件。通常所说的 8 位 CPU、16 位 CPU、32 位 CPU 是指 CPU 与存储器或 I/O 一次交换数据的位数分别是 8 位、16 位和 32 位。也就是说，CPU 数据总线的宽度(条数)决定了其位数。CPU 的组成简单图示如下：

微处理器(CPU)
- 运算器(ALU)：完成数据的算术和逻辑运算
- 控制器(CU)：控制程序中指令的执行顺序及每条指令的执行过程
- 寄存器(REG)：暂存参加运算的操作数(OP.D)和运算结果

衡量 CPU 的技术指标主要是字长和速度。

2) 存储器

这里的存储器是指微型计算机的内存储器，它通常由 CPU 之外的半导体存储器芯片组成。其存放内容及分类如下：

存放内容
- 程序
- 原始操作数和中间结果(OP.D)
- 最终结果

存储器分类
- ROM
- RAM
- cache(高速缓冲存储器)

程序用一系列指令表示，程序和数据的形式均为二进制码，它们均以字节为单位存储在内存中，一个字节占用一个存储单元，并具有唯一的地址号。

3) 输入/输出设备及其接口电路

输入设备的任务是将程序、原始数据及现场信息以计算机所能识别的形式送到计算机中，供计算机自动计算或处理使用。输出设备的任务是将计算机的计算和处理结果或回答信号以人能识别的各种形式表示出来。接口电路将 CPU 和 I/O 设备之间的信息统一和联系起来。

4) 总线结构

(1) 定义：总线是一组公共的通信线，用以传输各种信息代码(数据、控制信号、地址信息)。总线的位数称为总线的宽度。

(2) 使用总线结构的必要性：受芯片面积与引脚数的限制。

(3) 总线结构形式：在微型计算机系统中，有两个级别(或层次)的总线，即微处理器级总线和系统总线。

① 微处理器级总线(内部总线)。它以微处理器为主体，微处理器通过微处理器级总线与其他逻辑处理部分(总线控制逻辑、定时逻辑及部分存储器)连接组成微机系统的基本部分(称主机板或系统板)。

② 系统总线(SB)。它以主机板为主体，包括数据总线 DB、地址总线 AB 和控制总线 CB，主机板通过 SB 与其他外部部件(外存储器、I/O 外设)相连而组成微机系统。

2．微型计算机的工作原理

学习本节后，应能结合多媒体教学课件观察一个简单程序的执行过程，并简述微型计算机的整机工作原理。详情请见教材。

2.1.2　CPU 的内部结构

1．8086/8088 CPU 的功能结构

1) 8086/8088 CPU 的特点：

(1) 高性能第三代 CPU：

① 8086 CPU：DB 为 16 位，因而称之为 16 位 CPU。

② 8088 CPU：DB 为 8 位，因而称之为准 16 位 CPU。

(2) 40 条引脚；电源为 +5 V；主频(ϕ)为 5 MHz。

(3) AB(A0～A19)：20 条，可直接寻址 2^{20} 字节(1MB)。

(4) 两种工作方式：最小(单 CPU)；最大(多 CPU)。

2) 8086 CPU 的内部结构

8086 CPU 内部主要由执行单元 EU 和总线接口单元 BIU 两大部分组成，如图 2.1 所示。

- 执行单元EU
  - 16位算术逻辑单元ALU
  - 16位标志寄存器FLAGS
  - 通用寄存器组
    - 4个16位通用寄存器(AX、BX、CX、DX)
    - 2个16位地址指针寄存器(SP、BP)
    - 2个16位变址寄存器(SI、DI)
  - EU控制电路
- 总线接口单元BIU
  - 4个16位段寄存器(CS、DS、SS、ES)
  - 16位指令指针IP(PC)及内部暂存器
  - 指令流队列：内部的存储器阵列(一个先进先出的栈)
  - 地址加法器(20位)
  - 总线控制电路

图 2.1　8086 CPU 的内部结构

EU 的主要任务是执行指令。它从指令队列取指令，然后分析和执行指令。它同时还负责计算操作数的 16 位偏移地址。

BIU 根据 EU 计算出的 16 位偏移地址及 16 位段地址计算出 20 位物理地址，并根据 EU 请求采用计算出的 20 位物理地址读/写存储器，也可根据 EU 请求读/写 I/O 设备。

16 位的 ALU 总线和 8 位队列总线用于 EU 内部与 BIU 之间的通信。

2．80286 CPU 的功能结构

1) 80286 CPU 的主要性能

(1) 16 条 DB，24 条 AB，可寻址 2^{24} 字节(16 MB)。

(2) 68 条引脚，ϕ=8～10 MHz。

(3) 两种工作方式：

① 实地址方式：相当于快速 8086 CPU。

② 虚地址方式：可寻址 16 MB 物理地址，提供 2^{30} 字节(1 GB)虚地址空间，并能实现段寄存器、存储器间的访问，特权级及任务之间的保护等，因而可支持多用户系统。

(4) 可配接 80287 数学协处理器，兼容 8086 汇编语言。

2) 80286 CPU 的内部结构

(1) 组成：80286 CPU 内部由如下四大部件组成，而且各部件间可并行操作。

80286 CPU内部部件：
- EU(执行部件)
- AU(地址部件)
- IU(指令部件)
- BIU(总线接口部件)

(2) 各部件功能：

① BIU：处理 CPU 和 SB 之间的所有通信和数据传输。

② IU：将指令译码。

③ EU：执行指令。

④ AU：实方式下，负责将段基址与偏移地址组合起来形成 20 位物理地址。

3．80386 微处理器的功能结构

1) 80386 CPU 的主要特点

(1) DB 和 AB 均为 32 条，80386 DX(片内外 DB 均为 32 位)可寻址 4 GB 空间，80386 SX(内部 DB 为 32 位，外部 DB 为 16 位)可寻址 16 MB 空间。

(2) 132 条引脚；ϕ=12.5 MHz，16 MHz。

(3) 具有段页式存储器管理部件，4 级保护机构，并支持虚拟存储器。

(4) 三种工作方式：

① 实地址方式：相当于高速 8086/8088 CPU。

② 虚地址保护方式：按段组织，每段有 2^{32} 字节(4 GB)，可寻址 4 GB 物理地址及 2^{46} 字节(64 TB)虚地址空间。对 64 TB 虚地址存储空间允许每个任务最多可用 16 K 个段。

③ 虚拟 8086 方式：运行在保护环境中的 8086 方式，是 80386 保护方式中多任务操作的某一个任务，可使大量的 8086 软件有效地与 80386 保护方式下的软件并发运行。

(5) 80386 CPU 由于采用了 6 级流水线方式及一些硬件措施(如 64 位桶形移位器、三输

入地址加法器和早结束乘法器等)，使其执行指令的速度较 80286 CPU 又有较大提高。

2) 80386 CPU 的功能结构

(1) 组成。80386 CPU 由如下六大部件组成，其各部件功能结构示于图 2.2 中。

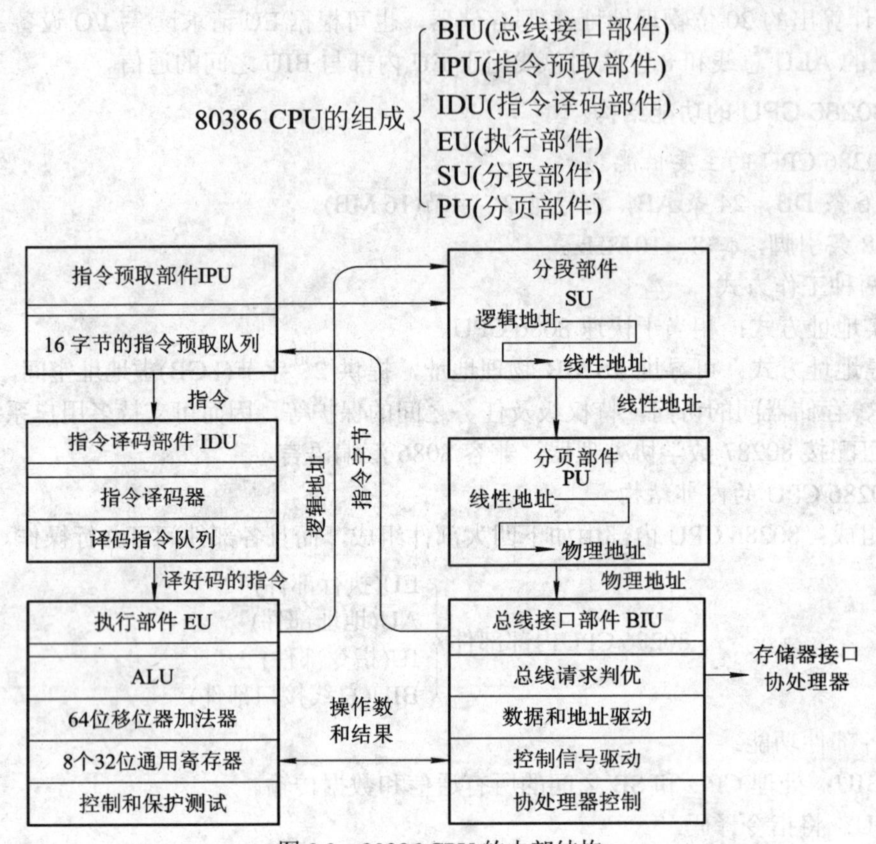

图 2.2 80386 CPU 的内部结构

(2) 各部件功能。

① BIU：将 CPU 与外部总线连接起来，直接通信。

② IPU：在总线空闲时从存储器读取指令并放入指令预取队列中。

③ IDU：从指令预取队列中取出指令并将其译为内部代码，等待 EU 处理。

④ EU：将已译码指令队列中的内部编码变成按时间顺序排列的一系列控制信息，并发向处理器的其他处理部件，以便完成一条指令的执行。

⑤ SU：把逻辑地址转换成线性地址。

⑥ PU：将线性地址转换成物理地址。

BIU、IPU、IDU 构成指令流水线，SU、PU、BIU 构成地址流水线。CPU 包括 IPU、IDU 和 EU，MMU 包括 SU 和 PU。

(3) 各部件的动作管理。

① BIU 通过系统总线同外部联系，它从 MMU 接受已被选中的地址，而当 IPU 中 16 字节的指令预取队列有部分空字节时，BIU 就会去访问存贮器读出后续指令并填充指令预取队列。

② 预取队列中的指令代码送入IDU，经指令译码器译码后，可按指令的执行顺序进入已译码指令队列，其中可存放3条已译码的指令，等待进入EU去执行。

③ EU所需要的原始数据来自BIU，而经过运算所得到的结果将送回寄存器或存储单元。

④ 由EU运算所求得的有关寻址信息送入MMU。

4. 80486微处理器的功能结构

1) 80486 CPU的主要特点

(1) DB和AB均为32条，可寻址4GB物理地址空间和64TB虚拟地址空间。

(2) 168条引线；ϕ=25MHz，33MHz；采用倍频技术，工作速度达到处理器时钟频率的2倍。

(3) 芯片组成：芯片80486=CPU+协处理器+cache。

(4) 80486具有80386的所有功能，也有4级保护机构，支持虚拟存储。

(5) 80486 DX=80486SX+80487SX。

2) 80486 CPU的功能结构

80486 CPU由九大部件组成，它们是在80386六大部件的基础上增加三大部件而构成的。这三大部件功能分别如下：

(1) 高速缓冲存储部件：管理80486上8 KB高速缓冲RAM，可以高速存取指令和数据。

(2) 整数部件：在一个时钟周期内完成整数的传输，加、减运算及逻辑运算等。

(3) 浮点部件：当所需操作数存放在处理器内部的通用REG或内部的cache中时，运行速度会得到极大提高。

5. Pentium级微处理器简介

自1993年Pentium问世之后，Intel公司相继推出了Pentium Pro(1995)、Pentium Ⅱ(1997年)、Pentium Ⅲ(1998年)、Pentium 4(2000年)等微处理器，近几年又推出了64位的微处理器Itanium(安腾)及取代Pentium M架构的Intel Core(酷睿)。其特点分别如下：

1) Pentium

(1) DB为64条，AB为32条，ϕ为133 MHz，166 MHz。

(2) 采用了超标量流水线技术，并设置了2条标量流水线。

① 超标量流水线技术：在芯片内设置多个相互独立的执行单元，使处理器在一个指令周期内执行多条指令。

② 2条超标量流水线：U和V流水线均执行整数指令，V流水线不能执行浮点指令(FXCH除外)，只有U流水线才能执行浮点指令。

(3) 指令高速缓存器和数据高速缓存器分开设置，它们的存储容量均为8 KB。

2) Pentium Pro

(1) DB为64条，AB为36条，可寻址物理地址空间为64 GB，虚存空间为64 TB。ϕ为200～250 MHz。

(2) Pentium Pro内部配置了L2 cache 256 KB或512 KB。

(3) Pentium Pro最重要的技术是采用了RISC(Reduced Instruction Set Computer)精简指令技术。

(4) 不需要额外的逻辑电路就可以支持4个CPU工作，特别有利于服务器系统的组成。

Pentium Pro 是为服务器和工作站而设计的。

3) Pentium Ⅱ

(1) Pentium Ⅱ内部有 2 级高速缓存：L1 cache 容量为 32 KB，L2 cache 容量为 512 KB。CPU 芯片以及 L1 和 L2 cache 都封装在 CPU 内。

(2) 采用了双重独立的总线结构。

(3) 采用了动态执行技术与 MMX 技术。增加了 57 条 MMX 指令，以增加音频、视频、图形等多媒体应用的处理功能和速度。可以加速数据的加密、解密以及数据的压缩和解压过程。

(4) ϕ 为 266～451 MHz。

Pentium Ⅱ微处理器是为面向个人计算机和工作站而设计的。Pentium Ⅱ微处理器所提供的整数运算和浮点运算的功能以及多媒体新技术等三方面的优势，特别适合于三维图形、图像及多媒体应用程序的执行。

4) Pentium Ⅲ

Pentium Ⅲ主频时钟范围为 400～733 MHz，Pentium Ⅲ主频的提高以及 SSE(Streaming SIMD Extensions，数据流单指令多数据扩展)技术的应用，使得整体性能大有提高，在 3D 图形图像处理、语音处理与识别、视频实时压缩、浮点数的运算、网络软件运行的速率等方面，都有很大的改善与提高。

5) Pentium 4

(1) Pentium 4 的 CPU 主频有 1.4 GHz、2.2 GHz 等版本。

(2) 采用 4 倍爆发式总线技术，即一个总线时钟周期内可同时传输 4 组 64 位的数据，大大加快了 CPU 数据总线的并行传输速率。

(3) Pentium 4 内部设计了两组独立运行的 ALU，平均在 Pentium 4 内部一个主频时钟内可以完成 2 条算术/逻辑运算指令。

(4) 采用了指令跟踪缓存(Trace Cache)技术。

Pentium 4 Pentium CPU 性能的提升主要表现在多任务环境中处理后台任务的能力方面。

6) Itanium(安腾)

Itanium 是 Intel 公司推出的 64 位微处理器，其内部集成了约 2.2 亿个晶体管，其集成度大约是 Pentium 的 10 倍，特别适用于高档服务器和工作站。

(1) DB 为 64 条，AB 为 64 条，

(2) 主要技术特点中最重要的一点是采用了精确并行指令计算(Explicitly Parallel Instruction Computing，EPIC)技术。

(3) Itanium 内部有 2 级或 3 级 cache。Itanium Ⅰ微处理器内含有 2 级 cache，L1 cache 包括指令 cache 和数据 cache 各 16 KB，L2 cache 容量为 96 KB，还可以在主板上外接 4 MB 的 3 级 cache。Itanium Ⅱ内部具有 L1、L2、L3 共三级 cache，L3 cache 的容量为 3 MB。

(4) 多个执行部件和多个通道的并行操作，特别适用于密集型浮点运算和三维图形的处理。

(5) 采用了新的分支预测技术。

(6) 新增了许多寄存器(包含有 128 个通用寄存器、128 个浮点寄存器以及用于系统的 64 个寄存器)。

7) Intel Core(酷睿)

Intel Core 是一个用来取代 Pentium M 架构的产品。它是 Intel(英特尔)推出的新一代基于 Core 微架构的产品体系的统称，于 2006 年 7 月 27 日发布。它是一个跨平台的构架体系，包括服务器版(开发代号为 Woodcrest)、桌面版(开发代号为 Conroe)、移动版(开发代号为 Merom)。分双核、四核、八核三种。酷睿处理器采用 800～1333 MHz 的前端总线速率，45 nm/65 nm 制程工艺，2 M/4 M/8 M/12 M/16 M L2 缓存，双核酷睿处理器通过 Smart Cache 技术两个核心共享 12 M L2 资源。

酷睿 TM 体系结构是一款领先节能的新型微架构，设计的出发点是提供卓然出众的性能和能效，提高每瓦特性能，也就是所谓的能效比。酷睿 TM 微体系结构面向服务器、台式机和笔记本电脑等多种处理器并进行了多核优化，其创新特性可带来更出色的性能、更强大的多任务处理性能和更高的能效水平，各种平台均可从中获得巨大优势：

(1) 服务器可以更快速，更低的功耗为企业节省大笔开支，创新技术保证安全稳定地运行。

(2) 台式机可以在占用更小空间的同时，为家庭用户带来更多全新的娱乐体验，为企业员工带来更高的工作效率。

(3) 笔记本电脑用户可以获得更高的移动性能和更耐久的电池使用时间。

2.1.3　80386 CPU 的寄存器组织

1．分组

80386 CPU 内的寄存器(REG)按功能分为以下几组：

(1) 基本体系结构寄存器组：包括通用 REG、指令指针、标志 REG 和段 REG。

(2) 系统级寄存器组：包括控制 REG 和系统地址 REG，这些 REG 是实现保护模式功能的基础，控制着新的存储器管理方式、多任务切换等功能的实现。

(3) 调试和测试寄存器：这些 REG 用于测试芯片逻辑、高速缓冲存储器及页面翻译缓存，以及用于调试微码执行、数据访问的断点自陷。

说明：80386 基本体系结构寄存器组中的 REG 在 8086 中也有，但它们有差别，表现如下：

(1) 通用 REG、指令指针、标志 REG 位数不同，80386 为 32 位，8086 为 16 位。32 位 REG 的高 16 位不能独立访问。作为 16 位或 8 位访问时，只影响 32 位中被访问的部分，其余位不受影响。

(2) 段 REG 个数不同，含义不一样。80386 增加了 FS 和 GS 两个数据段 REG。80386 段 REG 在 CPU 处于保护模式时寄存的内容不再是段地址的基值，而是获得关于段地址基值和段的其他信息的指针。

2．基本体系结构寄存器组

(1) 通用 REG 有 4 个，它们均为 32 位。这些寄存器在大多数场合用作普通 REG，可互换，但在某些特定的指令中有特殊含义。

① EAX：一般用作累加器，存放操作数(OP.D)及运算结果。

② EBX：一般用作基址寄存器，存放偏移地址。

③ ECX：一般用作计数。

④ EDX：一般存放数据和 I/O 指令中的端口地址。

说明：高 16 位不能独立访问，低 16 位为 AX(AH，AL)、BX(BH、BL)、CX(CH，CL)、DX(DH，DL)。

(2) 变址 REG：ESI(作源地址)和 EDI(作目的地址)。

(3) 指针 REG：ESP、EBP(用于存放堆栈区的偏移地址)和 EIP(指令指示器，它指出程序代码中下一条指令所在的偏移地址)。

(4) 段 REG 和段描述符 REG：

① 段 REG：CS、DS、SS、ES(与 8086 中一样)、FS、GS。

② 80386 实地址方式：段 REG 存放段基地址。

③ 80386 虚地址保护方式：6 个段 REG 称为段选择器。

(5) 标志寄存器 EFLAGS：6 位状态标志、3 位控制标志、2 位保护标志、2 位新增标志。

● 6 位状态标志

① CF(Carry Flag，进位标志)：反映加(减)法的进(借)位状态。若有进(借)位，则 CF = 1；反之，CF = 0。

② PF(Parity Flag，奇偶标志)：若 ALU 结果低 8 位中 1 的个数为偶，则 PF = 1；反之，PF = 0。

③ AF(Auxiliary Flag，辅助进位标志)：ALU 进行算术运算时，它反映运算结果中 D_3 向 D_4 的进位或借位状态。

④ ZF(Zero Flag，零标志)：ALU 操作结果全零时，ZF = 1；反之，ZF = 0。

⑤ SF(Sign Flag，符号标志)：补码中数的最高位。SF = 1(负数)，SF = 0(正数)。

⑥ OF(Overflow Flag，溢出标志)：OF = 1，有溢出；OF = 0，无溢出。

● 3 位控制标志

① TF(Trap Flag，陷阱标志)：TF = 1，产生单步陷阱；TF = 0，不产生单步陷阱。

② IF(Interrupt Flag，中断标志)：用于控制可屏蔽中断。IF = 1，接受中断；IF = 0，禁止中断。

③ DF(Direction Flag，方向标志)：指定字符串指令的步进方向。DF = 0，递增；DF = 1，递减。

3．系统级 REG 组

(1) 控制 REG：包括 4 个 32 位的控制 REG，即 CR_0～CR_3。

① CR_0：机器状态字，用来表示和控制整个系统的状态，而不是单个任务状态。

② CR_1：未定义的 REG，供微处理器升级用。

③ CR_2：页故障线性地址 REG，保存最后出现页故障的全 32 位线性地址。

④ CR_3：页目录基地址 REG，一页为 2^{12} 字节(4 KB)。

(2) 系统地址 REG：用于保存 OS(操作系统)所需的保护信息和地址转换表信息，共 4 个。

① GDTR(全局描述符表 REG)：48 位 REG，32 位线性基址，16 位界限。

② IDTR(中断描述符表 REG)：48 位 REG，32 位线性基址，16 位界限。

③ LDTR(局部描述符表 REG)：16 位 REG，用于保存当前任务的 LDT 的 16 位选择符。

④ TR(任务状态 REG)：16 位 REG，用于保存当前任务的 TSS(任务状态段)的 16 位选择符。

4．调试和测试 REG 组

内容略。

2.1.4　存储器的分段结构和物理地址的形成

1．数据在内存储器中的存储方式

1) 几个常用概念

(1) 字长：计算机字所含二进制位数。计算机字也就是作为一个整体被一次传送或运算最多的二进制位数。它和计算机能够处理二进制信息的位数是两个概念，如 32 位和 32 位数相加，用 8 位机需加 4 次，用 16 位机需加 2 次，用 32 位机需加 1 次即可。字长是对某一型号的机器而言的。

(2) 字节：1 个字节(Byte) = 8 位(bit)。

(3) 字：1 个字(Word) = 2 个字节 = 16 位。

(4) 双字：1 个双字(Double Word) = 2 个字 = 4 个字节 = 32 位。

(5) $1\ K = 2^{10} = 1024$。

(6) $1\ M = 2^{20}$。

(7) $1\ G = 2^{30}$。

2) 存放规则

多字节数据的存储采取高位字节在地址号高的单元中，低位字节在地址号低的单元中的规则。数据在内存中常以字节为单位进行存储，即一个字节占用内存的一个地址。

2．存储器分段

8086/8088 可寻址 1 MB(20 条 AB)，但所有的寄存器及 ALU 均为 16 位(64 KB 寻址)。为了将寻址范围扩大到 1 MB，8086/8088CPU 巧妙地采用了地址分段方法。

16 位寄存器(2^{16} 字节 = 64 KB)如何形成 20 位(2^{20} 字节 = 1 MB)寻址空间？即可将 1 MB 存储空间分为若干独立的逻辑段来实现。

规定：

① 每个逻辑段起始地址(段地址/段基址)：段起始地址的高 16 位称作段地址/段基址，它必须可被 16 整除(低 4 位全 0)，所以可装入 16 位的段寄存器中。

② 段内存储单元地址用相对于段首(起始地址)的偏移量(偏移地址或有效地址 EA)表示。该地址用 16 位表示，故一个段最大可以包括 64 KB 的存储空间。

性质：

① 可以有 2^{16} 个段基址，任意相邻段相距 16 个存储单元。

② 段与段独立，位置任意，可首尾相接，可分离，可重叠。

3．逻辑地址与物理地址：

(1) 逻辑地址：以段地址和偏移地址形式表达的某存储单元地址。表示格式为：

段地址：偏移地址

(2) 物理地址：20 位二进制表达的存储单元的唯一地址，是存储单元实际地址编码。公式为

物理地址 = 段地址 × 10H + 偏移地址

4．信息分段存储与段寄存器关系

(1) 利用4个段寄存器CS、DS、SS、ES，使存储器分段，以便信息按特征分段存放，扩大其地址空间(1 MB)。一般信息的分段存储可简单图示如下：

一般信息
- 程序 ——→ 程序区CS
  (指令代码)
- 数据 ——→ 数据区DS/ES
  (操作数、中间结果、运算结果)
- 状态 ——→ 堆栈区SS
  (当前值(数据)、状态信息(状态标志及断点地址))

特点：一个存储单元的物理地址是唯一的，而其逻辑地址不是唯一的(段地址与偏移地址有多种组合)。

(2) 主要原则：访问的段地址必须由默认段寄存器或指定段寄存器提供。

2.1.5 堆栈

1．堆栈的涵义

堆栈是按"后进先出(LIFO)"方式工作的存储区域。规定由SS指示堆栈段的段基址。堆栈只有一个操作端，由栈顶指针SP指示，SP始终指向堆栈的顶部，SP的初值规定了所用堆栈区的大小。堆栈的最高地址叫栈底。SP具有自动步进增量和减量的功能。堆栈形式如图2.3所示。

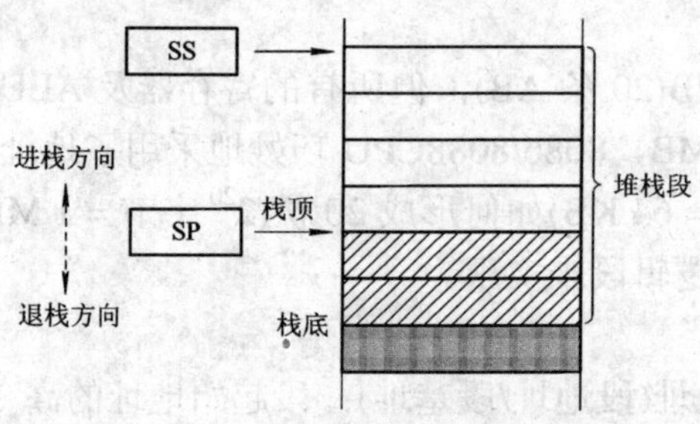

图2.3 8086的堆栈形式

2．设置堆栈的原因

堆栈用来存放调用子程序或响应中断时的主程序断点地址，以及其他寄存器内容。

3．堆栈的操作

堆栈以字为单位进行压入或弹出操作。

注意：

① 80X86微处理器不能压入或弹出一个字节。

② 80386以上的CPU可以一次压入或弹出一个双字，这时SP的自动增量和减量是4。

2.1.6 嵌入式系统简介

嵌入式系统是嵌入到特定对象场合的专用计算机系统。嵌入式系统集系统的应用软件与硬件于一体，类似于 PC 中 BIOS 的工作方式，具有软件代码小、高度自动化、响应速度快等特点，特别适合于要求实时和多任务的体系。嵌入式系统主要由嵌入式处理器、相关支撑硬件、嵌入式操作系统及应用软件系统等组成，它是可独立工作的“器件”。

嵌入式系统的核心部件是各种嵌入式处理器，可分为嵌入式处理器(通用计算机中的 CPU)、嵌入式微控制器(单片机)、嵌入式 DSP 处理器(DSP)及嵌入式片上系统(SOC)等。

2.2 难点和重点

1. 本章重点——标志寄存器

本章的重点是对标志寄存器各标志位的定义的理解，以及何时清零而何时又会置 1。掌握其中的 6 位状态标志是本章学习的重中之重。

例 2.1 若(AX) = 0FDAAH，(BX) = 0FBCFH，则执行指令 ADD　AX，BX 之后(AX) = ＿＿＿＿＿＿ H，(BX) = ＿＿＿＿＿＿H，标志位 OF、SF、ZF、AF、CF、PF 的状态对应为＿＿＿＿＿＿。

解：

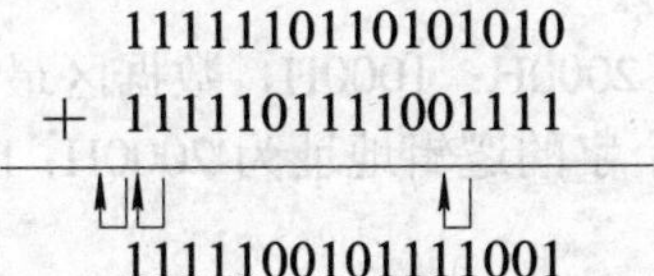

(AX) = 0F979H，(BX) = 0FBCFH

OF = $C_s \oplus C_p$ = 0

SF = 1(因数的最高位为 1)

ZF = 0(操作结果不为零)

AF = 1(加运算后，第 3 位向第 4 位有进位)

CF = 1(加法有进位)

PF = 0(结果低 8 位中 1 的个数为奇数 5)

OF、SF、ZF、AF、CF、PF 的状态对应为：0、1、0、1、1、0。

2. 本章难点——实方式下存储器的分段结构与物理地址的形成

本章的难点之一是掌握分段思想及逻辑地址到物理地址的变换。

例 2.2 若(CS) = 5200H，物理转移地址为 5B230H，则当 CS 的内容被设定为 7800H 时，有效地址为＿＿＿＿H，物理转移地址为＿＿＿＿H。

解：(1) 有效地址 EA = 5B230H−5200H × 10H = 9230H。

(2) 物理地址 = 7800H × 10H + EA = 78000H + 9230H = 81230H

例 2.3 设(SS) = 2250H，(SP) = 0140H，若在堆栈中存入 5 个数据，则栈顶的物理地址为＿＿＿＿H；如果又从堆栈中取出 3 个数据，则栈顶的物理地址为＿＿＿＿H。

解： 堆栈指示器 SP 总是指向栈顶。实方式下 80X86 CPU 中堆栈存取必须以字为单位。

(1) 存入 5 个数据，即 5 个字压入堆栈后，SP 的内容为：

(SP)−字数 × 2 = 0140H−5 × 2 = 0140H−A = 0136H

SS 的内容不变。所以

$$栈顶地址 = (SS) \times 10H + (SP) = 2250H \times 10H + 0136H = 22636H$$

(2) 取出 3 个数据，即 3 个字弹出堆栈后，SP 的内容为：

$$(SP) + 字数 \times 2 = 0136H + 3 \times 2 = 013CH$$

所以

$$栈顶地址 = (SS) \times 10H + (SP) = 2250H \times 10H + 013CH = 2263CH$$

2.3　习题与思考题选解

4．8086/8088 CPU 的存储器组织为什么要采用分段结构？逻辑地址和物理地址的关系是什么？若已知逻辑地址为 B100H：A300H，试求物理地址。

解：逻辑地址表示格式为：段地址：偏移地址。已知逻辑地址，可求出对应的物理地址，所以

$$物理地址= 段地址 \times 10H + 偏移地址 = B100\ H \times 10H + A300H = BB300H$$

5．若已知一个字串的起始逻辑地址为 2000H：1000H，试求该字串中第 16 个字的逻辑地址及物理地址。

解：字串的起始逻辑地址为 2000H：1000H，数据区最后一个字的地址为：首地址+(字数 −1) × 2，因此该字串中第 16 个字的逻辑地址为 2000H：101EH，物理地址为 2000H × 10H + 101EH = 2101EH。

6．若已知当前栈顶的逻辑地址为 3000H：0200H，试问：压入两个字后栈顶的逻辑地址和物理地址是什么?又弹出 3 个字后，栈顶的逻辑地址和物理地址又是什么？

解：(1) 压入 2 个字后，SP 的内容为：

$$(SP) - 字数 \times 2 = 0200H - 3 \times 2 = 01FCH$$

SS 的内容不变。所以

逻辑地址为：3000H：01FCH；

物理地址为：3000H × 10H + 01FCH = 31FCH。

(2) 弹出 3 个字后，SP 的内容为

$$(SP) + 字数 \times 2 = 01FCH + 3 \times 2 = 0202H$$

所以

逻辑地址为：3000H：0202H；

物理地址为：3000H × 10H + 0202H = 30202H。

7．试判断下列运算执行之后，OF、CF、ZF、SF、PF 和 AF 的状态。

(1) A400H + 7100H　　(2) A323H−8196H

(3) 46H−59H　　(4) 7896H−3528H

解：(1) 假定字长为 16 位

```
  1010010000000000
+ 0111000100000000
  ↑↑↑↑
  0001010100000000
```

OF、CF、ZF、SF、PF、AF 的状态对应为：0、1、0、0、1、0。

(3) 假定字长为 8 位

$$\begin{array}{r} 01000110 \\ +\ 01011001 \\ \hline 11101101 \end{array}$$

OF、CF、ZF、SF、PF、AF 的状态对应为：0、1、0、1、1、1。

14．冯·诺依曼结构计算机的特点是什么？哈佛结构计算机的特点是什么？80X86 系列微处理器属于哪种结构？

解：冯·诺依曼结构计算机的特点是片内程序空间和数据空间是合在一起的，取指令和取操作数是通过一条总线分时进行的。

哈佛结构计算机的特点是将程序空间和数据空间分开，各有自己的地址与数据总线，这就使得处理指令和数据可以同时进行，从而大大提高了处理效率。

80X86 系列微处理器属于冯·诺依曼结构。

2.4 自 测 题

1．若(AX) = 6531H、(BX) = 42DAH，则执行指令 SUB AX，BX 之后，(AX)=__①__，(SF，ZF，CF，OF)=__②__。

参考答案：① 2257H ② 0 、0 、0 、0

2．若(AX) = 3F50H，(BX) = 1728H，CF = 1，则执行指令 SBB AX，BX 之后，(AX) =__①__，标志位 AF、SF、CF、 ZF、OF、PF 的状态相应为__②__。

参考答案：① 2827H ② 1、0、0、0、0、1

3．若某数据区的起始地址为 70A0H：DDF6H，则该数据区的首字单元和 16 个字的末字单元的物理地址为__①__和__②__。

参考答案：① (首字单元物理地址 = 70A0 H × 10H + DDF6H =)7E7F6H

② (末字单元物理地址 = 首地址 + (字数 − 1) × 2 = 7E7F6H + (16 − 1) × 2 =)7E814H

4．如果 DS = 7100H，则当前数据段的起始地址为__①__，末地址为__②__。

参考答案：① 71000H ② 80FFFH

5．两个逻辑段地址分别为 2003H：1009H 和 2101H：0029H，它们对应的物理地址是多少？说明了什么？

参考答案：这两个逻辑段对应的物理地址均为 21039H。说明对应同一个物理地址可以有不同的逻辑地址，物理地址是唯一的。

6．微型计算机中的微处理器包括________。

(A) CPU 和控制器　　(B) 运算器和控制器

(C) CPU 和存储器　　(D) 运算器和累加器

参考答案：(B)

第3章　80X86 寻址方式和指令系统

3.1 学习要点

- 计算机指令及编码格式
- 80X86 的寻址方式
- 8086/8088 指令系统
- 80X86 的寻址方式及新增的指令

3.1.1　计算机指令及编码格式

1．计算机指令

1) 指令的组成

指令由 OP.C(操作码)和 OP.D(操作数)组成。

2) 指令格式分类：

(1) 零地址指令：只有 OP.C。

(2) 一地址指令：单 OP.D。

(3) 二地址指令：双 OP.D。

(4) 三地址指令：三 OP.D。

3) 指令长度与字长的关系

指令长度主要取决于 OP.C 的长度、OP.D 地址的长度和 OP.D 地址的个数。指令字长与内存的编址单位及 CPU 的机器字长有关。

2．80X86 指令编码格式

指令码是指每条指令所对应的二进制编码，即机器码。这里只要求学生了解汇编指令是如何翻译成机器码的，即了解编译程序的工作。

3.1.2　80X86 的寻址方式

指令中用以说明或形成操作数有效地址(EA)的方法，称为操作数的寻址方式。微机中 OP.D 存放位置有以下 3 种：

① OP.D 包含在指令码中。

② OP.D 存放在 CPU 的某个内部 REG 中。

③ OP.D 在内存的数据区中。

8086/8088 的寻址方式分为两类：数据寻址方式和转移地址寻址方式。

1．数据寻址方式(8种)

(1) 立即寻址(Immediate Addressing)：操作数包含在指令码中，由指令给出。例如：

MOV AX，30

注意：立即寻址方式只能用于源操作数字段，不能用于目的操作数字段。

(2) 寄存器寻址(Register Addressing)：操作数存放在指令规定的寄存器中。例如：

MOV AX，BX

说明：执行时不需使用总线周期，因而可取得较高运算速度。

(3) 直接寻址(Direct Addressing)：操作数的有效地址EA(段内偏址)由指令直接给出。例如：

MOV AX，[30]

注意：EA在指令码中，操作数本身在存储单元中(数据段)。

(4) 寄存器间接寻址(Register Indirect Addressing)：操作数的EA在指令码指定的基址(BX)/变址(DI、SI)寄存器中，操作数本身在存储单元中。例如：

MOV AX，[BX]

说明：① 这种寻址方式可用于表格处理，执行完一条指令后，只需修改寄存器内容就可取出表格中的下一项。② 可用段跨越前缀来取得其他段中的数据。如：MOV AX，ES：[BX]。

(5) 寄存器相对寻址(Register Relative Addressing)：操作数有效地址EA为8/16 disp(位移量)与基址/变址REG内容之和，且这两部分在指令码中指明，操作数本身在存储单元中。例如：

MOV AX，COUNT[SI]

说明：① 这种寻址方式也可用于表格处理，表格首地址为COUNT，利用修改基址或变址寄存器的内容来取得表格中的值。② 可用段跨越前缀。

(6) 基址变址寻址(Based Indexed Addressing)：操作数的EA为基址与变址REG的内容之和，操作数本身在存储单元中。例如：

MOV AX，[BX][DI]

说明：① 适用于数组或表格处理，把首地址放在基址寄存器中，用变址寄存器访问数组中各元素。因两寄存器都可修改，它比寄存器相对寻址方式更灵活。② 可用段跨越前缀。

(7) 相对基址变址寻址(Relative Based Indexed Addressing)：操作数的EA为基址与变址寄存器的内容及8/16位位移量之和，操作数本身在存储单元中。例如：

MOV AX，COUNT [BX][DI]

说明：这种寻址方式为堆栈处理提供了方便，一般(BP)可指向栈顶，从栈顶到数组的首地址可用位移量表示，变址寄存器可用来访问数组中的某个元素。

(8) 隐含寻址：在指令码中无明确数位表示操作数地址，但指令操作码中隐含指明了操作数地址。例如：

STOSB

注意寻址方式(1)和(2)、(3)和(4)的区别以及以下情况：

(1) 若存储器与I/O端口统一编址，则以上寻址方式同样适用于I/O端口。

(2) 若 I/O 端口独立编址，则有两种寻址方式：

① 直接端口寻址方式：端口地址用 8 位表示，范围为 00H～FFH，如输入指令 IN　AL，21H。

② 间接端口寻址方式：端口地址用 16 位表示，范围为 0000H～FFFFH，如输出指令 OUT　DX，AL。

2．转移地址寻址方式(针对转移及调用指令，确定转向地址)(4 种)

前面我们介绍了 CPU 执行指令的过程，指令是按顺序存放在存储器中的，而程序执行顺序是由 CS 和 IP 的内容决定的。当程序执行到某一转移或调用指令时，需脱离程序的正常执行顺序，而把它转移到指定的指令地址，程序转移及调用指令通过改变 IP 和 CS 内容，就可改变程序执行顺序。段内直接寻址适用于条件和无条件转移指令。段内间接寻址、段间直接寻址及段间间接寻址都不适用于条件转移指令。转移地址的寻址方式如下：

(1) 段内直接(或称相对)寻址：转向的 EA=(IP)+位移量(8 或 16 位)。

(2) 段内间接寻址：同一 CS 内，转向的 EA 在一个 16 位寄存器或两个存储单元中。

(3) 段间直接寻址：指令中直接提供了转向的段地址和偏移地址。

(4) 段间间接寻址： 用存储器中的两个相邻字的内容来取代 IP 和 CS 寄存器中的原始内容，以达到段间转移的目的。

说明：段内、段间间接寻址中，程序转移的有效地址可以用数据寻址方式中除立即数以外的任何一种寻址方式获得。

3.1.3　8086/8088 指令系统

8086/8088 指令主要有如下 6 类：

1．数据传送类指令

1) 通用数据传送指令

通用数据传送指令可完成字节或字的传送。通用数据传送指令包括基本的传送指令、堆栈指令、数据交换指令和换码指令。

(1) 基本的传送指令(MOV)。**注意**：

① 目的操作数不得为立即数。

② 目的操作数为段寄存器(CS 不能作目的寄存器)，源操作数不得为立即数。

③ 源操作数为非立即数时，两操作数之一必为寄存器。

④ 不改变标志。

⑤ 操作数类型必须一致。

⑥ 用 BX、SI、DI 来间接寻址时，默认的段寄存器为 DS；用 BP 来间接寻址时，默认的段寄存器为 SS。

⑦ 不能在段寄存器之间进行直接数据传送。

(2) 堆栈指令(PUSH/POP)。对于堆栈操作，源操作数不能为立即数；CS 寄存器的值可以压入堆栈，但反之则不允许。

(3) 数据交换指令(XCHG)。数据交换指令两操作数允许都是寄存器，但不允许同时都是段寄存器；两操作数中的任一个都不能是立即数。

(4) 换码指令(XLAT)。换码指令使用隐含寻址方式，用此指令可查表。

2) 地址传送指令

注意：

(1) 取有效地址指令 LEA 与 MOV 指令的区别。

(2) 取地址指针指令：源操作数的寻址方式只能是存储器寻址方式(即不允许是立即数和寄存器寻址方式)，目的操作数的寄存器不能为段寄存器。

3) 标志传送指令

标志传送指令是单字节隐含操作数指令。

4) 输入输出指令

输入输出指令将累加器作为数据传输的核心。

注意：使用输入输出指令时，只能用累加器作为执行输入输出过程的 CPU 寄存器；用直接输入输出指令时，寻址范围为 0～255。

2．算术运算指令

算术运算指令主要用来完成加、减、乘、除等各类算术运算。这些指令可处理 4 种类型的数据：有符号的二进制数、无符号的二进制数、无符号的组合十进制数和无符号的分离十进制数。不同类型的数据完成相同的操作时所用的指令基本相同，只是在这些指令后所进行的判断或调整指令不同而已。如实现不同类型数据的加法运算都使用的是 ADD 指令，而对无符号数的结果是否溢出，检测的则是 CF 标志位；对于有符号数，检测的则是 OF 标志位；对于分离的 BCD 码相加后还要使用调整指令 AAA，而对于组合的 BCD 码使用的调整指令则是 DAA。应用时要注意，除符号位扩展指令(CBW、CWD)外，其余指令执行结果均对状态标志位有影响。

1) 加/减指令

二进制的加/减指令除了包含二进制加法指令 ADD、ADC 或二进制减法指令 SUB、SBB 外，还包含了加 1 指令 INC、减 1 指令 DEC、求补指令 NEG、比较指令 CMP。INC 指令不影响 CF 位，NEG 指令相当于用 0 减源操作数，若目的数不是零，则执行结果总是使 CF 置 1，否则置 0。CMP 也是执行两个数的相减操作，但不送回相减的结果，只是使结果影响状态标志位。

2) 乘法指令

二进制乘法运算指令分为无符号乘指令 MUL 和有符号乘指令 IMUL。乘法在实现字节相乘时乘积放在 AX 寄存器中，字相乘时乘积放在 DX 和 AX 寄存器中，因此乘法指令不会产生溢出和进位，这时 CF、OF 表示乘积值的范围，其余标志无意义。若 CF=OF=0，表示对于无符号数，AH(字节乘)/DX(字乘)积值高位为零；对于有符号数，AH(字节乘)/DX(字乘)积值高位为符号扩展。若 CF=OF=1，积的高位存在其有效值，表示积的有效值也存在高位字节/字。

3) 除法指令

除法指令全部标志无意义。除法指令也分为无符号数除法指令 DIV 和有符号数除法指令 IDIV，并且除法指令要求被除数的长度为除数长度的 2 倍，当被除数的长度不够除数长度的 2 倍时，就需要对被除数进行扩展，对于无符号的扩展只需在高位添 0，而对于有符号数的扩展则要在高位添符号位。当除数为字节时，商的范围是-128～+127；当除数为字时，商的范围为-32 768～+32 767。如果商超出了此范围，则产生溢出，但溢出处理不是使 OF 为 1，而是产生 0 号中断。

有符号乘/除指令运算时先将数变为原码，并去掉符号位，然后再两数(绝对值)相乘/除，其结果的符号按两数符号位异或运算规则确定。如果符号位为 1(负数)则应再取补码。此过程由计算机执行指令时自动完成。

4) BCD 码(十进制)调整指令

AAS 和 AAA 按十进制运算规则影响标志 AF、CF，其余标志位均无定义。DAS 和 DAA 对 OF 标志无定义，但影响所有其他标志且对 CF 及 AF 也按十进制运算规则影响。这些指令紧跟在其相应的加/减指令后面。

AAM 和 AAD 根据 AL 的内容设置 SF、ZF 和 PF，但 OF、CF 和 AF 位无定义。AAM 也是紧跟在 MUL 之后的，而 AAD 则在 DIV 之前。注意，BCD 码总是作为无符号数看待的。

3．逻辑运算和移位指令

1) 逻辑运算指令

注意：

(1) 逻辑运算指令按位操作，除 NOT 不影响标志位，其余指令将使 CF=OF=0，影响 SF、ZF、PF。NOT 指令常用来将某个数据取成反码。

(2) TEST 和 AND 指令执行同样的操作，但 TEST 不送回操作结果，而仅仅影响标志位，它可测试某些位。AND 指令使操作数的某些位被屏蔽。

(3) OR 指令常用来对一些指定位置 1。

(4) XOR 指令常用在使某个寄存器清零或使某些位取反。

2) 移位与循环移位指令

移位指令有算术移位和逻辑移位，算术移位 N 位，相当于把二进制数乘以或除以 2^N。逻辑移位操作则用于截取字节或字中的若干位。循环移位指令在移位时移出的目的操作数并不丢失，而循环送回目的操作数的另一端。所有的移位指令在移位时，都会影响标志位 CF、OF、PF、SF 和 ZF。循环移位指令仅影响 CF 和 OF。

4．串操作指令

串操作指令就是对一个字符串进行操作、处理，如传送、比较、查找、插入、删除等。字符串可以是字串或字节串。最大可处理 64 KB 长度的字符串。8086/8088 串操作的特点如下：

(1) 通过在串操作指令前加重复前缀来实现串操作，以便使硬件能重复执行该指令。这样，处理长字符串的操作比用软件循环进行处理要快得多。

(2) 所有串操作指令都用寄存器 SI 对源操作数进行间接寻址，并且默认是在 DS 段中；用 DI 为目的操作数进行间接寻址，并且默认是在 ES 段中。串操作指令是唯一的一组源操作数和目的操作数都在存储器中的指令。

(3) 串操作时，地址的修改往往与方向标志 DF 有关，当 DF = 1 时，SI 和 DI 作自动减量修改。对于字节串，每处理一个元素后 SI/DI 内容自动减 1；对于字串，则 SI/DI 内容自动减 2。当 DF = 0 时，SI 和 DI 作自动增量修改。对于字节串，每处理一个元素后 SI/DI 内容自动加 1；对于字串，则 SI/DI 内容自动加 2。自然，在字符串处理指令前，要先给 SI 和 DI 赋值。

一条带重复前缀的串操作指令的执行过程往往相当于执行一个循环程序。在每次重复之后，都会修改地址指针 SI 和 DI，不过指令指针 IP 保持指向重复前缀(前缀本身也是一条指令)的偏移地址，因此，如果在执行串操作指令的过程中，有一个外部中断进入，那么，在完成中断处理以后，将返回去继续执行串操作指令。

5. 控制转移类指令

控制转移类指令可以改变 CS 和 IP 寄存器的值，即可用来控制程序的执行流程。我们这里只重点介绍 3 类。使用这些指令的前提必须掌握段内直(间)接、段间直(间)接寻址方式。

1) 转移指令

转移指令用于分支程序，它分为无条件转移指令和条件转移指令。无条件转移指令可使程序转到内存中存放的任何程序段。条件转移指令采用 8 位位移量的相对寻址方式，相对位移只能在-128～+127 字节范围内。若程序中要求转移的范围超出上述要求，则只能用一条无条件转移指令作为中转。条件转移指令对于条件的判别主要是根据标志位来判别的，对于 CF、OF、PF、SF、ZF 都有相应的判别指令。对于无符号数和有符号数大小的判别也是依据标志位的组合状态来判别的。对无符号数的比较过程，判断结果时，用“高于”和“低于”的概念来作为判断依据；对有符号数的比较过程，判断结果时，用“大于”和“小于”的概念来作为判断依据，进行条件转移。

2) 循环控制指令

循环控制指令用来管理程序循环的次数，它与条件转移指令相同，也是依据给定的条件是否满足来决定程序的走向的。它与条件转移指令不同的是：循环指令要对 CX 寄存器的内容进行测试，用 CX 的内容是否为 0 作为转移条件，或把 CX 的内容是否为 0 与 ZF 标志位的状态相结合作为转移条件。循环指令也是采用 IP 相对寻址方式，也只能在-128～+127 字节范围内转移。

3) 子程序调用与返回指令

主程序用 CALL 指令来调用子程序，CALL 指令的功能是先将断点地址(当前 IP 或 IP 与 CS)压入堆栈，然后将子程序的首址装入 IP 或 IP 与 CS 中，从而将程序转移到子程序的入口，再顺序执行子程序。在子程序的最后应安排一条返回指令 RET，CPU 执行 RET 指令时，会从堆栈中弹出断点地址，重新装入 IP 或 IP 与 CS 中，从而达到返回主程序的目的。带偏移量的返回指令 RET n 的功能除完成相应的 RET 功能外，还可使 SP 的值加上不带符号的 n 的值。该指令一般用于执行子程序的过程中要用到主程序向子程序提供的一些参数或其他信息的情况。这里 n 可以为 0000H～FFFFH 中的任何一个偶数。

6. 处理器控制指令

处理器控制指令可分为 3 组：一组用于修改标志位，另一组用于 8086/8088 CPU 与外部事件同步，再一组仅为一条空操作指令。

3.1.4 80X86 的寻址方式及新增的指令

1. 虚地址方式下的寻址方式

80386 的寻址方式分为以下三大类：

(1) 寄存器寻址方式。在这种寻址方式中，操作数放在32位、16位或8位的通用寄存器中。

(2) 立即数寻址方式。

(3) 存储器寻址方式。此时，

EA = 基址 + 变址 × 比例因子 + 位移量

其中：

基址：任何通用寄存器都可作为基址寄存器，其内容即为基址。

位移量：在指令操作码后面的32位、16位或8位的数。

变址：除了ESP寄存器外，任何通用寄存器都可以作为变址寄存器，其内容即为变址值。

比例因子：变址寄存器的值可以乘以一个比例因子，根据操作数的长度可为1字节、2字节、4字节或8字节，比例因子相应地可为1、2、4或8。

按照这4个分量组合有效地址的不同方法，可以有9种存储器寻址方式。此处仅对3种寻址方式加以说明。

① 比例变址寻址：变址寄存器的内容乘以比例因子，再加上位移量得到EA。

② 基址比例变址寻址：变址寄存器的内容乘以比例因子，再加上基址寄存器的内容作为EA。

③ 相对基址比例变址寻址：变址寄存器的内容乘以比例因子，再加上基址寄存器的内容，又加上位移量，形成EA。

以上各种寻址方式都是由CPU自动完成的。

2．80X86 新增指令

80386 CPU指令系统在8086的基础上主要增加了两类指令：位操作指令和保护方式指令。位操作指令是80386新指令的最主要部分，这一组新指令可以对位阵列进行直接处理，使计算机用于处理图像数据和语音数据。保护方式指令通常由操作系统初始化和控制。控制保护方式的指令有特权，只能在给出了.386P伪指令后才能使用，并且通常只由系统程序员使用，一般应用程序员是不需要使用它们的。其他几类指令一些是8086的变形指令，还有一些是新增指令，其明显的特点是面向32位操作的。教材中对它们进行了相应的比较。另外，80386及其后继机型提供了3条与高级语言有关的指令BOUND、ENTER和LEAVE。

3.2 难点和重点

本章的重点与难点在于掌握寻址方式与指令系统。

1．寻址方式

寻址方式是理解指令系统的关键。

例3.1　试将寄存器间接、寄存器相对、基址变址、相对基址变址四种寻址方式进行比较。

解：这四种寻址方式的指令操作数都在内存的数据区中，而它们的主要区别在于指令的操作数形式：

寄存器间接寻址只有一个寄存器(BX/BP/SI/DI 之一)；

寄存器相对寻址是一个寄存器加上位移量；

基址变址寻址有两个不同类别的寄存器；

相对基址变址具有两个不同类别的寄存器加上位移量。

例 3.2　如图 3.1 所示，有关寄存器和存储单元的内容为：(DS)=3000H，(BX)=2000H，(DI)=1000H，COUNT=0250H。试说明指令 MOV　AX，COUNT[BX+DI]执行后，AX 寄存器的内容，并指出源操作数的寻址方式。

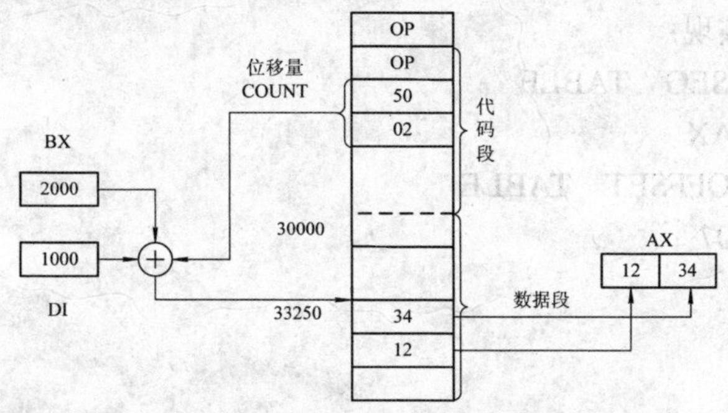

图 3.1　相对的基址变址寻址操作过程示意图

分析：DS 给出数据段地址，因此，数据段的起始物理地址为(DS) × 10H = 30000H。由 BX、DI 内容及给出的偏移量，根据寻址方式求出有效地址 EA，再加上 30000H，求出物理地址，此地址(连续两字节)的内容就是 AX 的内容。

解：源操作数为基址变址且相对寻址，所以

EA = COUNT + (BX) + (DI) = 0250H + 2000H + 1000H = 3250H

物理地址 = (DS) × 10H + EA = 30000H + 3250H = 33250H

因为　(33250H) = 34H，(33251H) = 12H

所以　(AX) = 1234H

2. 数据传送指令

例 3.3　十进制数 0～9 与其相对应的 ASCII 码转换如表 3.1 所示。请编写程序段，将数字 7 转换成其对应的 ASCII 码“7”。

表 3.1　十进制数与 ASCII 码的相互转换表

	十进制数	ASCII 码
TABLE+0:	0 ←	30
	1 ←	31
	2 ←	32
	3 ←	33
	4 ←	34
	5 ←	35
	6 ←	36
TABLE+7:	7 ←	37
	8 ←	38
	9 ←	39

分析：① 理解表 3.1：十进制数 0～9 与其相对应的 ASCII 码为 30～39。② 对于顺序表，我们可用换码指令 XLAT 来实现查表功能。

解：(1) 设表格存放在内存的首址以标号 TABLE 表示。将表格首址放入 BX 中，将表格偏移量放入 AL 中。本例中偏移量为 07H。

(2) 执行 XLAT 指令：

EA = (BX) + (AL)

AL = (EA)

(3) 用如下指令实现：

```
MOV   AX，SEG   TABLE
MOV   DS，AX
MOV   BX，OFFSET   TABLE
MOV   AL，07
XLAT
```

该程序执行后，

(AL) = 37H

说明：换码指令用于查表很简便，应熟悉这个隐含寻址指令的执行过程。

3. 算术运算类指令

加/减指令主要考虑溢出问题及对标志位的影响。此类指令的难点在于有无符号数乘除指令结果的验证及 BCD 码调整指令。

1) 乘法指令

例 3.4　指出下列程序段执行后的结果：

```
(1) MOV    AL，11H
    MOV    BL，0B4H
    MUL    BL
```

无符号乘的结果 = ?

```
(2) MOV    AL，11H
    MOV    BL，0B4H
    IMUL   BL
```

有符号乘的结果 = ?

解：(1) 无符号乘，只需直接将 AL 乘以 BL 即可，如图 3.2(a)所示。

结果：(AX) = (AL) × (BL) = 11H × 0B4H = 0BF4H

验证：(AL) = 11H = $(17)_{10}$，(BL) = 0B4H = $(180)_{10}$

(AL) × (BL) = 17 × 180 = 3060 = 0BF4H

(2) 有符号乘较为复杂，按如下步骤进行：

① 将数变为原码，并去掉符号位。因为 IMUL 是有符号乘指令，所以，BL = 0B4H，是$(-70)_{10}$的补码表示，将 BL 变补，即$(70)_{10}$ = 4C。

② 将两数(绝对值)相乘，如图 3.2(b)所示，结果的符号按两数符号位异或运算规定确定。结果：

(AX) = (AL) × (BL) = 11H × 4CH = 50CH

③ 积的符号位为 1(负数)应将结果再变补。因为 50CH 变补为 AF4H，并将其进行符号扩展，所以

(AX) = FAF4H

验证：$(AL) = 11H = (17)_{10}$，$(BL) = 0B4H = (-76)_{10}$

$(AL) \times (BL) = 17 \times (-76) = -1292 = FAF4H$

```
    1 1                    1 1
  ×  B 4                ×  4 C
  --------              --------
     4 4                   C C
    B B                   4 4
  --------              --------
    B F 4 H               5 0 C H  —变补→  AF4H  ——→ 符号扩展
      (a)                      (b)
```

图 3.2　乘法运算

(a) 无符号；(b) 有符号

2) BCD 码调整指令

BCD 码是用二进制表示的十进制数，而加、减、乘、除指令都是完成二进制的相应运算的，利用这些指令来完成 BCD 码的运算结果一定有错，因此要对该结果进行一定的修正才能得到正确的运算值。在 80X86 指令系统中设立了这类的专门指令。对于加法的修正指令为 DAA(适用于组合 BCD 码)和 AAA(适用于分离 BCD 码或 ASCII 码)，这些指令完成的主要功能是对每一位进行加 6 修正，这是因为 BCD 码应该在每 4 位的相加结果大于 9 时就产生进位，而 ADD 指令却是在相加结果大于 0FH 时才产生进位。只有在每 4 位的和大于 9 时才对该位进行修正，即在下面两种情况下才进行加 6 修正：

(1) AF 或 CF 的值为 1；

(2) 4 位之和大于 1001。

以 BCD 码 9 + 3 为例：

```
BCD＋BCD2＝1001    (9)10
        ＋ 0011    (3)10
--------------------------
           1100    ＞1001
        ＋ 0110    加6修正
--------------------------
          10010    (12)10
```

判断是否进行加 6 修正也是由 DAA 指令来完成的，所以在每条加指令后只要跟一条 DAA 指令就会自动得到一个正确的结果。

AAA 指令是针对分离 BCD 码或 ASCII 码加法调整指令，执行指令时 CPU 对 AL 中的低 4 位进行检测，如果 AL 中低 4 位大于 9 或 AF 的值为 1，则将 AL 寄存器的内容加 6，AH 寄存器的内容加 1，并将 AF 置 1，同时将 AL 中高 4 位清零，CF 置 1。

以 BCD 码‘9’+‘3’为例：

```
          0011 1001    (‘9’)10
        ＋ 0011 0011    (‘3’)10
-----------------------------------
          0011 1100    ＞1001
        ＋      0110    加6修正
-----------------------------------
00000001 00000010      (12)10
```

同样，对于减法的修正指令也分为组合 BCD 调整指令 DAS 和分离 BCD 码调整指令 AAS，它们主要完成的功能是在 CF 或 AF = 1 时对每 4 位进行减 6 调整。

DAA、AAA、DAS、AAS 仅对“AL”进行调整。

只有分离的 BCD 码有乘法调整指令 AAM，而且只能实现一位分离的 BCD 码相乘的运算。它的作用是：把 AL 中的中间结果除以 10，把所得的商存入 AH 中，所得的余数存入 AL 中，即将一个二进制数化为以分离的 BCD 码表示的十进制数，十位数存放在 AH 中，个位数存放在 AL 中。

同样，也只有分离的 BCD 码有除法调整指令 AAD，也只能完成一个二位的 BCD 码除以一个一位的 BCD 码。但是该指令的使用方法与其他调整指令有所不同，它是放在每条除法指令前的。它的作用是将(AH)*10 和(AL)的和送到 AL 中，并令 AH = 0。即将一个以分离的 BCD 码表示的十进制数化成一个二进制数。

AAM、AAD 仅对“AX”进行调整。

例 3.5　试编制实现 9 × 6 的程序段。

解：
```
MOV  AL，09H ;“乘”前 AL 高半字节清“0”
MOV  BL，06H
MUL  BL      ; (AX)←(AL)*(BL) = 36H
AAM          ; (AX)/0A(见图 3.3)，商：(AH) = 5 = 0101，余：(AL) = 4 = 0100
```

```
     5
A ) 36
    32
    --
     4
```

图 3.3　除法运算

4. 逻辑运算和移位指令

例 3.6　设一个字节数据 X 存放在 AL 寄存器中，试说明下列程序的功能。

```
XOR    AH，AH
SAL    AX，1
MOV    BX，AX
MOV    CL，2
SAL    AX，CL
ADD    AX，BX
```

解：因为 $10 = 8 + 2 = 2^3 + 2^1$，所以此程序段完成 AL 中的数 X 乘 10 的操作。

5. 控制转移类和串操作指令

例 3.6　试编制在字符串中查找‘E’字符的程序段。

解：设字符串 STRING 的长度为 LEN1，程序段如下：

```
CLD
LEA    AX，SEG   STRING
MOV    ES，AX
MOV    DI，OFFSET   STRING
MOV    CX，LEN1
```

```
MOV    AL，'E'
REPNE  SCASB
JNE    NOT  FOUND
```

3.3 习题与思考题选解

1．指出下列指令中源操作数和目的操作数的寻址方式：

(1) MOV SI，1000

(2) MOV BP，AL

(3) MOV [SI]，1000

(4) MOV BP，[AX]

(5) AND DL，[BX+SI+20H]

(6) PUSH DS

(7) POP AX

(8) MOV EAX，COUNT[EDX*4]

(9) IMUL AX，BX，34H

(10) JMP FAR PTR LABEL

解：(1) 源操作数为立即数寻址方式，目的操作数为寄存器寻址方式。

(3) 源操作数为立即数寻址方式，目的操作数为寄存器间接寻址方式。

(5) 源操作数为相对的基址加变址寻址方式，目的操作数为寄存器寻址方式。

(7) 目的操作数为寄存器寻址方式。

(8) 源操作数为比例变址寻址方式，目的操作数为寄存器寻址方式。

(10) 这是程序段间直接寻址方式。

2．指出下列指令语法是否正确，若不正确请说明原因。

(1) MOV DS，0100H

(2) MOV BP，AL

(3) XCHG AX，2000H

(4) OUT 310H，AL

(5) MOV BX，[BX]

(6) MOV ES：[BX+DI]，AX

(7) MOV AX，[SI+DI]

(8) MOV SS：[BX+SI+100H]，BX

(9) AND AX，BL

(10) MOV DX，DS：[BP]

(11) MOV [BX]，[SI]

(12) MOV CS，[1000]

(13) IN AL，BX

解：(1)、(2)、(3)、(4)、(7)、(9)、(11)、(12)、(13)不正确，原因如下：

(1) 不能直接向 DS 中送立即数，要实现该语句的功能，应改为

MOV　AX，0100H

MOV　DS，AX

(2) 源操作数和目的操作数的类型不相同，应改为

MOV　BP，AX

(3) 数据交换指令两操作数中的任一个都不能是立即数。

(4) 直接寻址的输出指令中，端口号只能在 00H～FFH 范围内。

(7) SI、DI 不能一起用，应改为

MOV　AX，[BX+DI]

(9) 源操作数和目的操作数的类型不相同，应改为

AND　AX，BX

(11) 不能用来实现存储器单元之间的传送。

(12) 寄存器 CS 不能用来作为目的操作数。

(13) 间接端口寻址应使用 DX。

3．设 DS = 2000H，BX = 1256H，SI = 528FH，偏移量 = 20A1H，[232F7H] = 3280H，[264E5] = 2450H，若独立执行下述指令：

(1) JMP BX；IP=？

(2) JMP [BX][SI]；IP=？

解：(1) 这是段内间接寻址方式。因(BX) = 1256H，所以 IP = 1256H。

(2) 这是段内间接寻址方式。因(BX) + (SI) = 1256H + 528FH = 64E5H，DS × 10H + 64E5H = 264E5H，[264E5] = 2450H，所以 IP = 2450H。

4．32 位机中，当用 MOV ZX 和 MOV SX 指令时，传送执行后，结果有什么区别？试以传送 80H 为例说明之。

解：符号填充指令 MOV SX 的填充方式是：用源操作数的符号位来填充目的操作数的高位数据位；零填充指令 MOV ZX 的填充方式是：只用 0 来填充目的操作数的高位数据位。

例如：传送 80H，指令 MOV SX 执行后为 0FF80H，指令 MOV ZX 执行后为 0080H。

6．有如下程序：

```
MOV     AL，45H
ADD     AL，71H
DAA
MOV     BL，AL
MOV     AL，19H
ADC     AL，12H
DAA
MOV     BH，AL
```

执行后 BX=？标志位 PF=？CF=？

解：BX = 3216H，标志位 PF = 0，CF = 0。

7．执行下列程序段，指出此程序段的功能。

```
(1) MOV   CX，10
    LEA   SI，First
```

```
LEA   DI，Second
REP   MOVSB
```

(2) CLD

```
LEA   DI，ES：[0404H]
MOV   CX，0080H
XOR   AX，AX
REP   STOSW
```

解：(1) 将源串 First 的 10 个字节搬移至目标串 Second。

(2) 将从内存 0404H 单元开始的 128 个字单元清零。

8．试用指令实现：

① AL 寄存器低 4 位清零；

② 测试 DL 寄存器的最低 2 位是否为 0，若是，则将 0 送入 AL 寄存器；否则将 1 送 AL 寄存器。

解：①

```
        AND    AL,  0F0H
```

②

```
        AND    DL,  03H
        JZ     LAB1
        MOV    AL , 1
        JMP    LAB2
LAB1:   MOV    AL, 0
LAB2:   ⋮
```

9．已知 AX = 8060H，DX = 03F8H，端口 PORT1 的地址是 48H，内容为 0040H；PORT2 的地址是 84H，内容为 0085H。请指出下列指令执行后的结果。

(1) OUT　DX,AL

(2) IN　AL,PORT1

(3) OUT　DX,AX

(4) IN　AX,48H

(5) OUT　PORT2,AX

解：(1) 输出 8 位数据 60H 到地址为 03F8H 的 I/O 端口。

(2) AL = 40H

(3) 输出 16 位数据 8060H 到地址为 03F8H 的 I/O 端口。

(4) AX = 0040H

(5) 输出 8060H 到 PROT2。

10．假设在下列程序段的括号中分别填入以下命令：

① LOOP　LLL；　② LOOPNZ　LLL；　③ LOOPZ　LLL。

指令执行后，AX=？　BX=？　CX=？　DX=？

程序段如下：

```
        ORG    0200H
        MOV    AX，10H
        MOV    BX，20H
        MOV    CX，04H
```

```
        MOV    DX，03H
LLL:    INC    AX
        ADD    BX，BX
        SHR    DX，1
        (        )
        HLT
```

解：

	AX	BX	CX	DX
① LOOP	0014H	0200H	0000H	0000H
② LOOPNZ	0012H	0080H	0002H	0000H
③ LOOPZ	0011H	0040H	0003H	0001H

11．有如下 8086 程序，当 AL 某位为何值时，可将程序转至 AGIN2 语句？

```
AGIN1：MOV    AL，[DI]
       INC    DI
       TEST   AL，04H
       JE     AGIN2

       ↓
AGIN2：⋮
       ↓
```

解：当 AL 第 2 位为 1 时，可将程序转至 AGIN2 语句。

12．假设 AX = 0078H，BX = 06FAH，CX = 1203H，DX = 4105H，CF = 1，下列每条指令单独执行后，标志位 CF、OF 和 ZF 的值是多少？

```
DEC    BX
DIV    CH
MUL    BX
SHR    AX，CL
AND    AL，0F0H
```

解：

```
DEC    BX          ；BX=06F9H,CF=1;OF=0;ZF=0
DIV    CH          ；AX=0C06H, CF=1;OF=0;ZF=0
MUL    BX          ；AX=D5D6H,DX=0053H, CF=1;OF=1;ZF=0
SHR    AX，CL      ；AX=1ABAH, CF=1;OF=1;ZF=0
AND    AL，0F0H    ；AL=B0H, CF=0;OF=0;ZF=0
```

14．设有两个 8 个字节长的 BCD 码数据 BCD1 及 BCD2。BCD1 数以 1000H 为首址在内存中顺序存放；BCD2 数以 2000H 为首址在内存中顺序存放。要求相加后结果顺序存放在以 2000H 为首地址的内存区中(设结果 BCD 数仍不超过 8 个字节长)。

解：设 BCD1 及 BCD2 均为分离 BCD 码，则求二数之和的程序段如下：

```
MOV    CX，8          ；字节数送 CX
MOV    BX，0          ；地址指针 BX 清零
CLC                   ；进位标志 CF 清零
```

```
L1: MOV   AL，[BX+1000H]  ；取BCD1的一个字节
    ADC   AL，[BX+2000H]  ；与BCD2的一个相应字节及进位标志相加
    AAA                   ；分离BCD码加修正
    MOV   [BX+2000H]，AL  ；和(分离BCD码)存入加数内存区
    INC   BX              ；修改地址指针
    LOOP  L1              ；8个字节未加完继续循环进行
```

若BCD1及BCD2均为组合BCD码，则只要将程序中的AAA指令改为DAA指令即可。

15．设从2000H为首址的内存中，存放着10个带符号的字节数据，试编出“找出其中最大的数，并存入2000H单元中”的程序。

解：程序段如下：

```
    MOV   SI，2000H        ；地址指针置初值
    MOV   CX，10           ；字节数送CX
    MOV   DL，80H          ；最小的有符号的字节数据，即负数最小值
L1: LODSB                  ；从SI所指单元取一个字节送AL，SI+1→SI
    CMP   AL，DL           ；(AL)>(DL)吗？
    JNG   L2               ；若(AL)≤(DL)，则转L2
    MOV   DL，AL           ；若(AL)>(DL)，则(DL)←(AL)
L2: LOOP  L1               ；字节未比较完继续找
    MOV   DS：[2000H]，DL    ；最大数存入2000H单元
```

3.4　自　测　题

1．试用指令实现

(1) 使AX寄存器清0有4种方式，试写出这4条指令；

(2) BL寄存器低4位置1；

(3) CL寄存器低4位取反。

参考答案：(1)

```
XOR   AX,AX
AND   AX,00H
SUB   AX,AX
MOV   AX,00H
```

(2) OR　BL,0FH

(3) XOR　CL,0FH

2．若(BX) = 0002H，且有如下变量定义：

```
DBT1  DW   0400H
DBT2  DD   01000020H
TAB   DW   0600H，0640H，06A0H，06C0H
```

请指出下列指令的寻址方式及转向地址：

```
(1) JMP    BX
(2) JMP    DBT1
(3) JMP    DBT2
(4) JMP    TAB [BX+2]
```

参考答案：(1) 转向地址(IP) = (BX) = 0002H，寻址方式为段内间接转移寻址。

(2) (IP) = (DATA1) = 0400H，寻址方式为段内间接转移寻址。

(3) (IP) = 0020H，(CS) = 0100H，即转向 0100H：0020H 处，寻址方式为段间间接转移寻址。

(4) (IP) = (TAB + BX + 2) = (TAB + 0004H) = 06A0H，即转向段内偏移地址址为 06A0H 处，寻址方式为段内间接转移寻址。

3．设 DX：AX 中为一双字，有下列程序段：

```
NEG    DX
NEG    AX
SBB    DX，0
```

(1) 试说明此程序段对双字实现什么操作功能。

(2) 若原(DX：AX) = 0000H：0FF80H，则程序运行后(DX：AX)的内容是多少？

参考答案：(1) 求双字的相反数。

(2) 0FFFFH：0FF80H。

4．试分析下面程序段完成什么功能？

```
MOV    CL，04
SHL    DX，CL
MOV    BL，AH
SHL    AX，CL
SHR    BL，CL
OR     DL，BL
```

参考答案：(DX)：(AX)的内容左移 4 位。

5．使用位搜索指令，将变量中从高位起的第一个‘1’保留，其余位置零。

参考答案：

```
BSR    EBX, VAR
MOV    VAR, 0
BTS    VAR, EBX
```

执行前：VAR = 370FF0FFH

执行后：VAR = 20000000H

6．试编制程序段完成 S = (a × b + c)/a 的运算，其中变量 a、b、c 和 S 均为带符号的字数据，结果的商存入 S，余数则不计。

参考答案：程序段如下：

```
MOV    AX，  a
IMUL   b              ；a×b 在 CX：BX 中
MOV    CX，DX
```

```
MOV     BX，AX
MOV     AX， c
CWD                  ；c在DX：AX中
ADD     AX，BX       ；a×b+c在DX：AX中
ADC     DX，CX
IDIV    a            ；商存入S
MOV     S，AX
```

7．选择题：

(1) 程序段

```
MOV     AX，405H
MOV     BL，06H
AAD
DIV     BL
```

执行后AX的内容为＿＿＿＿＿。

① 307H　② 703H　③ 4231H　④ 806H

(2) 执行下列程序后AL的内容为＿＿＿＿。

```
MOV     AL，25H
SUB     AL，71H
DAS
```

① B4H　② 43H　③ 54H　④ 67H

参考答案：(1) ①；(2) ③。

8．执行下列指令后，AL=?

```
TAB     DB   '7954EBC'
ENTRY   DB   3
  ⋮
LEA     BX，TAB
MOV     AL，ENTRY
XLAT
```

参考答案：由'4' = 34H易知，AL = 34。

第 4 章　汇编语言程序设计

4.1 学 习 要 点

- 计算机程序设计语言的发展
- 汇编语言语法
- 实模式下的汇编语言程序设计
- 汇编程序及上机过程
- DOS 及 BIOS 功能调用
- 汇编语言与高级语言的混合编程

4.1.1 计算机程序设计语言的发展

1. 计算机程序设计语言的演变

计算机程序设计语言一般可分为机器语言、汇编语言、高级语言及混合语言等 4 种。

1) 机器语言(Machine Language)

(1) 定义：直接用“0”、“1”数字代码表示的机器指令来编制计算机程序的语言。

(2) 缺点：难度大，阅读、查错、修改程序不方便，不能移植。通常只有当编程者对 CPU 指令系统熟悉，编写的程序较短时才用机器语言。

2) 汇编语言(Assembly Language)

(1) 定义：与机器语言相比，使用汇编语言来编写程序可用助记符来表示指令的操作代码 OP.C 和操作数 OP.D，可用标号和符号来代替地址、变量和常量。

(2) 缺点：编程难度及工作量大。

(3) 优点：实时性好，用汇编语言可编出语句简洁、节省内存空间、运行速度快、效率高的程序。

(4) 用途：用于编制在线实时控制程序以及图像处理等方面的程序。但汇编语言源程序不能被计算机直接识别，必须经汇编程序翻译后变成机器语言目标程序方能被计算机识别和执行，如图 4.1 所示。

图 4.1　汇编语言如何变为机器语言

3) 高级语言(High-level Language)

(1) 种类：VB、VC、JAVA、Delphi、Matlab、Labview 等。

(2) 优点：高级语言接近自然语言，编制程序直观、简练、易掌握、通用性强。它无论是面向问题或面向过程，一般总是独立于具体机器的，程序员可不必了解机器的指令系统和内部的具体结构，而只需把精力集中在正确掌握语言的语法规则和算法的程序实现上。

一条高级语言指令对应一段汇编语言程序。高级语言设置有与汇编语言程序接口的功能。另外，高级语言必须借助编译程序才能将源程序转换成相应的机器语言目标程序，如图 4.2 所示。

图 4.2　高级语言如何变为机器语言

(3) 缺点：费时、费空间。

(4) 用途：科学计算、离线仿真。

4) 混合语言

(1) 定义：采用两种或两种以上的编程语言加以组合编程，是一种程序接口技术，实现不同语言间的相互调用。

(2) 优点：发挥各程序语言长处，灵活、易读、实时。

(3) 缺点：难度大。

另外需要说明的是，机器语言和汇编语言都属于低级语言，对于不同的 CPU，指令编码不同。

2．用汇编语言编写程序的原因

(1) 汇编语言非常接近机器语言，通过编制汇编语言程序可清楚地了解计算机的工作过程。

(2) 微型计算机系统中，低层功能(机器自检、系统初始化、I/O 操作)仍由汇编语言完成。

(3) 汇编语言的效率(代码长度和程序运行速度)高于高级语言的效率。

4.1.2　汇编语言语法

1．汇编语言的语句种类及其格式

1) 汇编语言的语句分类

(1) 硬指令：指令系统中的指令，汇编后产生目标代码。

(2) 伪指令：告诉如何汇编，汇编后不产生目标代码。

(3) 宏指令：自定义指令，不展开时不产生目标代码。

2) 汇编语言中的语句格式

汇编语言是由一条条语句组成的，其格式如下：

(标号)：(前缀指令) 助记符 (操作数)；(注释)

其中(　)中的内容表示可以省略，多个操作数间是以“，”隔开的。

2．汇编语言语句的数据项

1) 常数

常数分为数值型常数和字符串常数。数值型常数按基数不同必须加后缀，字符串常数必须用单引号括起来。

2) 标号

标号是用符号表示的地址，用以指示此指令语句所在的地址。标号有 3 个属性：段地址、偏移地址和类型。标号的段地址和偏移地址是指标号对应的指令首字节所在的段地址和段内的偏移地址。标号的类型属性有两种：NEAR 和 FAR 类型。在转移和调用指令中常将标号作为转移目标地址使用。NEAR 表示标号在本段内使用，FAR 表示指令在段间使用。标号构成方法有两种：① 直接在指令操作助记符前加上标识符，后跟(:)；② 用伪指令(如 LABEL 和 PROC)定义。

3) 变量

变量是与一个数据项的第一字节相对应的标识符，它表示该数据项第一字节在现行段中的偏移量，以变量名所对应的地址开始可依次将表达式的各项值存入内存单元(每项的字节数依变量类型而异)。变量有 3 个属性：

① 段地址(SEG)：变量所在段的段地址。

② 偏移地址(OFFSET)：变量在段中的偏移地址。

③ 类型(TYPE)：变量的类型是指所定义的每个变量所占据的字节数，一般是由定义变量的伪指令设定的。如由 DB 伪指令定义的变量的类型为字节型，由 DW 伪指令定义的变量的类型为字型，而由 DD 伪指令定义的变量的类型为双字型。

4) 表达式

表达式是由操作数和运算符组成的。这里的操作数可以是常数、变量以及标号等。而运算符则有 5 类：算术运算符、逻辑运算符、关系运算符、分析运算符和综合运算符。

3. 伪指令

伪指令共有 20 条，下面对常用的伪指令予以介绍：

1) 段定义伪指令

(1) 段定义伪指令 SEGMENT/ENDS：主要用来定义段的名称和范围，还可指明段的定位类型、组合类型和分类名。其格式为

```
段名    SEGMENT    [定位类型][组合类型][类别]
        ⋮
段名    ENDS
```

说明：

① 段定义格式中，带有“[ ]”部分可根据需要选择其有无。当用于定义数据段、附加段和堆栈段时，介于 SEGMENT/ENDS 伪指令中间的语句，只能包括伪指令语句，不能包括指令语句。只有当 SEGMENT/ENDS 定义代码段时，中间的语句才能是指令语句以及与指令有关的伪指令语句。

一个段一经定义，其中指令的标号、变量等在段内的偏移地址就已排定，它们都在同一个段地址控制之下，整个段占用的存储空间大小也就确定了。由 SEGMENT/ENDS 所定义的段小于 64 K 单元。

② 段名：即所定义的段的名称。段名除具有段地址、偏移地址属性外，还具有定位类型、组合类型、类别这三个属性。

③ 定位类型：指明本段起始地址与前段的最后地址是如何相接的(即对接型参数)。代表符有如下几类：

(a) PAGE＝XXXX　XXXX　XXXX　0000　0000：起始于页边界(可被256整除，最多空间为 255 单元)，该段必须从页的边界开始，即段地址的最低的两个十六进制数位必须为0。

(b) PARA＝XXXX XXXX　XXXX　XXXX　0000：起始于节边界，段边界(可被 16 整除，最多空间为15单元)，指定段的起始地址必须从节(段)边界开始，即段地址的最低的十六进制数位必须为0，通常缺省时使用这种类型。

注意：(a)和(b)段内偏移地址都可从0开始。

(c) WORD= XXXX　XXXX　XXXX　XXXX　XXX0：字边界(可被2整除，空1单元)，该段必须从字的边界开始，即段地址必须为偶数。

(d) BYTE＝XXXX　XXXX　XXXX　XXXX　XXXX：可从任意地址开始(可被1除，无空隙)。

④ 组合类型：指定与同名段连接的方式，通常有以下5种选择。

(a) PUBLIC：同名段连接成一个物理段。

(b) COMMON：同名段重叠在一起形成一个段。

(c) STACK：各堆栈段紧接着组成一个堆栈段。

(d) MEMORY：该段装入模块的最高地址。

(e) AT：指定段地址，但不能指定代码段。

另外，类别“CLASS”表明同类别的段装配在相邻的位置。

⑤ SEGMENT、ENDS成对用，且其前的段名相同。

⑥ 同一程序中可定义多个段。

(2) ASSUME 伪指令(必须在代码段)：指明所定义的段与段寄存器的对应关系。其格式为

　　ASSUME　　段寄存器名：段名符[，段寄存器名：段名符，…]

2) 程序结束伪指令END

伪指令END用来表明END语句处是源程序的终结。

3) 简化段定义伪指令

高版本的MASM6.X提供简化的段定义伪指令。简化的段结构中常用伪指令说明如下：

(1) .X86：用于选择80X86指令系统。

(2) .X86P：用于选择80X86保护方式指令系统。

(3) .STARTUP：指示程序开始，初始化DS、SS和SP寄存器。

(4) .EXIT：使程序返回DOS操作系统。

(5) .CODE：定义程序段。

(6) .DATA：定义数据段。

(7) .STACK：定义堆栈段。

(8) .MODEL：内存模式说明。

MASM6.X的常用存储模式见表4.1。

表 4.1　常用存储模式

存储模式	说　　明
TINY	程序和数据在 64 KB 段内
SMALL	独立的代码段(64 KB 内)和独立的数据段(64 KB 内)
MEDIUM	单个数据段(64 KB 内)，多个代码段
COMPACT	单个代码段(64 KB 内)，多个数据段
LARGE	多个代码段和多个数据段

4) 程序开始伪指令

(1) PAGE：指定列表文件每页的行数和列数。

(2) TITLE：指定的程序标题。

5) 赋值伪指令

表达式多次被引用时，用名称代替表达式；另外，常用标号代替数据、数据地址或程序地址。格式如下：

① 表达式名称　EQU　表达式

② PURGE　　取消标号

6) 定义名称类型伪指令 LABEL

该伪指令用于定义标号名称和属性，它和下一条伪指令共享存储器单元。其格式为

名字　LABEL　类型

例如：

```
BYTE_ARRAY  LABEL  BYTE  ; BYTE_ARRAY 为字节型变量，它和 DATA
                  DATA   DB    ?  ; 变量具有相同的存储单元地址
```

7) 地址计数器伪指令

(1) $伪指令：用来表示当前正在汇编的指令的地址。

(2) ORG 伪指令：指明 ORG 语句后的程序段的段内起始地址(偏移地址)。其格式为

ORG　表达式

8) 定义结构的伪指令 STRUC/ENDS

定义结构的伪指令 STRUC/ENDS 反映了一种位置关系。其格式为

```
结构名  STRUC ┐
          ⋮    │ 由DB、DW、DD伪指令所组成的语句序
               │ 列，每条语句定义一个字段标识符
结构名  ENDS  ┘
```

说明：

(1) 结构定义并不保留任何存储空间，也不为任何存储单元赋值，它仅仅是一种模式，因而在引用结构和其他字段之前，必须为结构分配空间或赋值。要给结构分配存储空间或赋值，必须有一个援用该结构的语句。其格式如下：

变量　结构名称　<赋值说明>

(2) 通过援用语句对结构进行存储空间分配和预置之后，结构及其字段就以变量的形式出现，可以像使用其他变量一样使用。但对结构的访问必须用变量路径名的方法进行，路径名的格式为

变量名.字段名

9) 控制汇编语言程序语句伪指令

汇编语言的高级版本MASM6.X提供了控制程序流程的三种高级语言结构的汇编语句。

① IF语句。其格式为

```
.IF     表达式
        语句1
.ELSE
        语句2
.ENDIF
```

② DO　WHILE语句。其格式为

```
.WHILE   表达式
         语句
.ENDW
```

③ REPEAT-UNTIL语句。其格式为

```
.REPEAT
         语句
.UNTIL   表达式
```

4．宏指令及其应用

(1) 宏指令：用户定义的，由指令系统中指令组成的新指令，先定义后调用，与使用其他指令一样方便。其格式为

```
宏指令    MACRO    <形参>
            ⋮        ⎫
                     ⎬ 宏体
          ENDM       ⎭
```

说明：

① 宏指令名是必需的，起名规则与标号相同，供调用。

② 宏体由一系列完成某功能的指令构成，以ENDM结束。

③ 形参可有可无，多个形参间以“，”分隔，参数个数不限，总字符数小于等于132　(调用时以实参代替)。形参出现在助记符中，若不在其首，应在助记符形参处加“&”字符。

(2) 宏调用：其格式为

宏指令名　<实参>

注意：

① 实参顺序与形参对应按顺序结合。

② 若实参个数＞形参个数，则多余的实参忽略不计；若实参个数＜形参个数，则多余

形参变为空(即消失不存在)。

(3) 宏展开：汇编过程中遇到宏定义语句，以宏定义中的宏体代替宏调用语句。

(4) 宏嵌套。宏定义中允许使用宏调用，但所调用的宏指令必须先定义过。不仅如此，宏定义中还可以包含宏定义。

(5) 宏定义中的标号与变量。在宏定义中的标号与变量，当多次宏调用、宏展开后程序中会出现多个相同的变量和标号，用 LOCAL 解决此类问题。

在宏定义中使用伪指令 LOCAL 定义的局部变量/标号，在汇编时将对它们赋以新的编号以避免重复。用 LOCAL 伪指令定义局部变量/标号的格式为

LOCAL　参数表

说明：

① 参数表为宏体中所用到的标号/变量。

② LOCAL 应为宏体中的第一个语句。

③ 汇编时，汇编程序将依次用？？0000、？？0001、？？0002 等来代替程序中的各个标号。

(6) 宏指令与子程序。

① 相同点：多次使用、调用方便。

② 不同点：

(a) 子程序省内存，宏指令则不省。因子程序汇编后产生一次，宏随调用次数产生多次。

(b) 子程序执行速度慢(用调用语句进出堆栈)，而宏运行速度快。

4.1.3　实模式下的汇编语言程序设计

1．程序设计步骤

(1) 分析物理过程；

(2) 建立数学模型；

(3) 确定算法(用自然语言、传统流程图表示)；

(4) 编制程序，汇编语言编程时要明确：

① CPU 内部编程模型、寻址方式、指令系统、伪指令；

② 存储器空间地址分配。

注意：用标号、变量代替绝对地址及常数，多次使用的程序段用子程序或宏指令。

(5) 上机、调试、分析；

(6) 形成文档(说明程序的功能、使用方法、程序结构、算法流程)。

2．汇编语言源程序结构及程序设计方法

源程序有存储分段，一般程序由代码段、数据段和堆栈段三部分构成，也可以有多个代码段、多个数据段，代码段是主体。通常指令放在代码段，变量放在数据段。

1) *顺序程序设计*

顺序程序是一种最简单的程序，每条指令按其在程序中的排列顺序执行。

注意：

① 指令选取(采用何种寻址方式等)；

② 内存空间分配，寄存器使用(存储数据及结果)；

③ 算法选取；

④ 表格处理(一般表格存放在 ES 段)。

2) 分支程序设计

在分支程序中，程序的分支主要是靠条件转移指令来实现的。这里需要注意的是条件转移语句都是近程跳转。若程序所要转移的地址超出其范围时，需利用一条无条件转移语句作为中转。程序的分支分为单分支与多分支。

(1) 单分支程序：IF_THEN_ELSE 结构。

(2) 多分支程序：CASE 结构。

注意：

① 正确选择条件(有/无符号数)和相应指令(不同条件下不同指令)；

② 每分支中需有完整的结果(终结点)；

③ 对多分支程序，需逐个检查程序正确与否。

3) 循环程序设计

循环程序设计主要用于某些需要重复进行的操作。使用循环的程序设计可简化程序，节省内存。主要使用循环指令 LOOP、LOOPZ 或 LOOPNZ 或条件转移指令。循环程序的设计可分为设置循环初始状态、循环体和循环控制条件三部分。

(1) 设置循环初始状态，主要是指设置循环次数的计数初值，以及其他为能使循环体正常工作而设置的初始状态等。

(2) 循环体是循环操作(重复执行)的部分，包括循环的工作部分及修改部分。循环的工作部分是实现程序功能的主要程序段；循环的修改部分是指当程序循环执行时，对一些参数如地址、变量的有规律的修正。

(3) 循环控制部分是循环程序设计的关键。每个循环程序必须选择一个控制循环程序运行和结束的条件。

要点：

① 找出循环的规律；

② 确定控制循环的方法。

4) 子程序设计

子程序是一个独立的程序段，具有确定的功能，可被其他程序调用，调用它的程序一般为主程序。子程序设计具有以下优、缺点：

① 模块化程序设计，省内存、省时间(研制周期)，能独立编辑、编译，但不能运行；

② 通用功能程序(如数值计算、三角函数、代码转换运算)编成子程序可方便用户；

③ 运行时间长(因调用/返回需要时间)。

(1) 过程的定义和调用。其格式为

```
过程名  PROC  属性
        ⋮
        RET
过程名  ENDP
```

调用过程时只要在 CALL 指令后写上该过程名即可。属性字段用来指明过程的类型属性是 NEAR 还是 FAR。RET 指令总是放在过程体的末尾，用来返回主程序。

(2) 寄存器内容的保护和恢复。通常主程序和过程的设计是分开进行的，因而它们所使用的寄存器往往会发生冲突，所以在进入过程时应将该过程所用寄存器的内容保存起来，这称为保护现场。过程返回主程序前，应将这些寄存器内容恢复，称为恢复现场。保护现场和恢复现场通常分别用堆栈压入指令和弹出指令来实现。

必须注意：并不是过程中用的所有寄存器内容都要保护(只有那些子程序和主程序都要用的寄存器才予以保护)，例如，若用寄存器在主程序和过程间传递参数就不需要保护。

(3) 主程序和过程间的参数传递。主程序调用过程时，必须先把过程所需的初始数据(即入口参数)设置好，过程执行完毕返回主程序时也必须将过程运行所得的结果(即出口参数)送给主程序。过程入口参数传入和出口参数的送出称为主程序和过程间的参数传递。参数传递的方法主要有以下 4 种：

① 用 CPU 内部的寄存器传递参数。

② 指定内存单元(变量)传递参数。当过程和主程序同在一个代码段时，过程可以直接访问该代码段中的变量(即参数)。

③ 通过地址表传送变量地址。该方法是将所有变量的偏移地址顺序存放在一张地址表中，然后通过寄存器将地址表的地址传送给过程，进入过程后可用寄存器间接寻址方式从地址表中取出变量地址，以便访问所需变量。

④ 通过堆栈传递参数或参数地址。该方法是：调用过程前在主程序中用 PUSH 指令将参数地址压入堆栈；进入过程后再用基址寄存器 BP 从堆栈中取出这些参数地址，并送寄存器，以便寄存器间接寻址方式访问所需变量。

(4) 过程的嵌套、递归调用和可重入性。

① 过程的重入：当一个公用子程序被某一个程序调用且还未执行完时被另一个程序中断；同时，后一个程序执行时又一次调用该公用子程序，这样公用子程序便被再一次进入。若该公用子程序的设计能保证两次调用都得到正确结果，则称该公用子程序具有可重入性。保证子程序可重入性的方法，通常也是将每次调用子程序时所用到的参数和中间结果逐层压入堆栈，以达到每次调用的结果都能正确保存的目的。

② 过程的嵌套：被调用的子程序又调用另一子程序。一般来说，嵌套的层次是没有限制的，只要堆栈空间允许即可。但当嵌套层次较多时，应特别注意寄存器内容的保护和恢复，以免发生冲突。

堆栈的作用：自动保证，按层次返回各自断点。

③ 递归调用：当子程序嵌套时，若某子程序要调用的子程序就是其本身，称为递归调用。递归调用的实现如下：

(a) 保证每次调用保护现场，即保留该次所用到的参数和运行结果。

(b) 保证递归满足结束条件，否则将无限嵌套。

(c) 保护现场方法。为了保留每次所用的参数和运行结果，必须将其在每次调用时都存在不同存储区，以免受到破坏。通常将一次递归调用所存储的信息称为帧，一帧信息包括递归调用时的入口参数、寄存器内容及返回地址等。存储每次递归调用每帧信息的最好方法是采用堆栈，每次递归调用时用 PUSH 指令将一帧信息压入堆栈；每次返回时，再从堆栈中弹出一帧信息。

5) 多模块程序设计

模块是整个大程序中一个独立的小部分，该程序块可独立编辑和汇编。前面介绍的程序属“单模块”，即标识符(变量、标号、段名、过程名)在本程序定义与本程序之外再不发生任何联系。

多模块是模块化程序设计的方法，一般按功能可将整个程序划分为若干独立模块，独立形成目标模块，最后由 LINK 程序组成整体的.EXE 文件。多模块程序的各源模块中只能有一个源模块有 END 伪指令。

模块化设计的主要优点如下：

① 分工编写设计，缩短程序设计周期；

② 程序容易编写，调试，维护、修改方便，可直接利用现成模块。

进行模块化程序设计时要注意三方面的问题，即模块间的数据传递，标识符的交叉引用及块间的段的连接。下面简单介绍多模块间段的连接和模块间标识符的交叉访问。

(1) 多模块间段的连接。LINK 程序在进行多模块程序连接时是依 SEGMENT 语句中提供的组合类型和类名信息进行连接的。使用 PUBLIC、STACK、COMMON 组合为一段，前提是同类型且段名、类别名相同(段基址相同)；同“类别”组合为一物理段(但段基址不同)，段名、组合类型可不同，只要“类别”相同，就可用于程序固化。

(2) 模块间的交叉访问。一个模块中要引用另一模块中定义的标识符(如标号、过程名、变量等)，称模块间标识符的交叉访问。存在于源模块中定义的标识符有两类标识符：① 仅供本模块使用的局部标识符；② 同时供本模块及其他模块使用的全局标识符。如何区别这两类标识符，主要要掌握前面介绍的两个伪指令 PUBLIC、EXTRN 的使用。

4.1.4 汇编程序及上机过程

1. 汇编语言源程序的汇编、连接和装入运行

汇编语言源程序的汇编、连接和装入运行过程如图 4.3 所示，下面简述该过程。

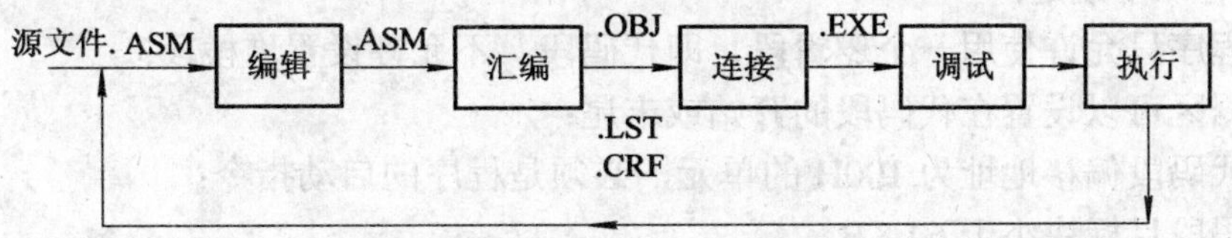

图 4.3　汇编语言源程序的汇编、连接和装入运行

(1) 编辑(EDIT)：输入、建立源程序(文件名.ASM)，并以 ASCII 的形式存入内存缓冲区。

(2) 汇编(MASM)：将源程序(文件名.ASM)经汇编翻译后生成.OBJ 目标文件(机器代码)、.LST 列表文件和.CRF 交叉索引文件。

注意：.OBJ 文件是必需的，.LST、.CRF 文件不是必需的，可通过汇编时的命令加以选择。

(3) 连接(LINK)：将.OBJ 文件(一个或多个)与系统提供的.LIB 库文件连接形成.EXE 可执行文件和.MAP 内存分配文件。

(4) 上机过程(假定在微机硬盘某子目录下装入汇编系统程序)。

① 使用文本编辑工具 EDIT 等编辑源文件　　驱动器：\>…> EDIT　　file.asm

② 使用 MASM6X(如 MASM611)汇编　　驱动器：\>…>MASM　file

③ 使用 LINK 连接　　驱动器：\>…>LINK　file

④ 使用 TD 调试　　驱动器：\>…> TD　file.exe

2．汇编程序对源程序的汇编过程

汇编程序对源程序的汇编采用二次扫描方式。第一次扫描确定各标识符的位置，建立符号表。为确定标识符的位置，汇编程序预先提供指令码表和伪指令表，汇编过程中用位置计数器，该计数器初值为 0，换段清零，增值为每条语句所占用的字节数，并累计至 END 段结束。

第二次扫描根据伪指令表、指令码表、符号表产生机器代码，同时将伪指令中数据置入相应位置，计算表达式的值。

如果一个标号或变量名在操作数字段出现时已定义过，则称为向后引用；反之称为向前引用。向前引用扫描过程中的位置计数器的计数值是与语句的长度相关的，而语句的长度又与操作数的类型有关。因此，当出现向前引用时，汇编程序就需要猜测语句长度，当猜测的长度与实际的长度不一致时，汇编程序就可能发生错误。为克服这一点，对于需要向前引用的指令最好用属性操作符指明所引用符号的属性。编写源程序时应尽量采用向后引用的方法。

3．汇编语言和 PC-DOS 的接口

汇编源程序有两种编程格式：一种格式只能生成扩展名为.EXE 的可执行文件，称为.EXE 的文件汇编格式；另一种格式可以生成扩展名为.COM 的可执行文件，称为.COM 文件的汇编格式。.COM 文件的执行级别高于.EXE 文件，同名的.BAT 文件执行级别最低。

1) .EXE 文件汇编格式

该格式允许源程序使用多种逻辑段，适合编写大型程序。

2) .COM 文件汇编格式

该格式有以下规定：

(1) 源程序只允许使用一个逻辑段，即代码段，不允许设置堆栈段；

(2) 数据区可以设置在代码段的开始或末尾；

(3) 在代码段偏移地址为 100H 的单元，必须是程序的启动指令；

(4) 代码段目标块小于 64 KB。

.COM 文件汇编语言程序格式如下：

```
    CODE    SEGMENT
      ASSUME  CS：CODE，DS：CODE
            ORG   100H
  START：   JMP  BEG
  MESG      DB ？
  BEG：     MOV  AX，CS
            MOV  DS，AX
              ⋮
  CODE      ENDS
```

```
        END    START
```

3) 程序段前缀

磁盘上的.EXE 文件包括两部分：一部分为装入模块，另一部分为“重定位信息”。装载.EXE 文件时，这两部分都调入内存。DOS 测试内存环境，根据重定位信息完成对装入模块的重定位之后，重定位信息即被丢弃。DOS 再在同一内存块的用户上方(低地址处)偏移地址为 00H～FFH 的单元自动生成一个有 256 B 的数据块，该数据块称为“程序段前缀 PSP”，如图 4.4 所示。

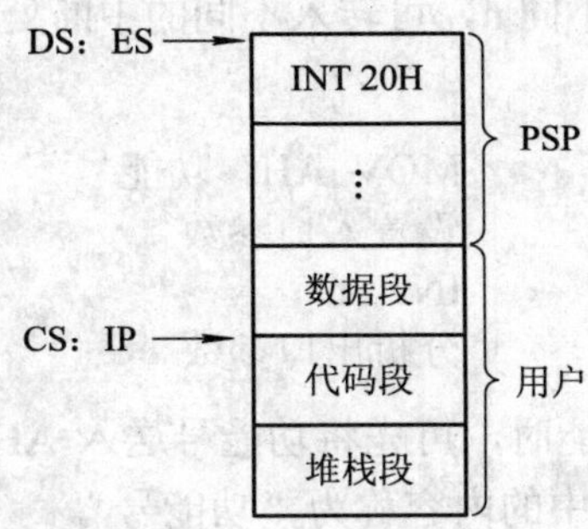

图 4.4　程序段前缀

4) 返回 DOS 的其他方法

(1) 常用方法：调用 INT　21H 的 4CH 功能，例如：

```
    MOV   AH，4CH
    INT   21H
```

(2) 借用 PSP 首单元的 INT 20H 返回 DOS。这种方法较麻烦。因执行 INT　20H 的前提是 CS：IP 必须指向 PSP 首单元，否则执行 INT　20H 而会造成死机，因此在.EXE 文件汇编格式中，不能直接执行 INT　20H。用下列方法可使在需返回 DOS 时，CS：IP 指向 PSP 首单元。

① 把整个执行程序包括在一个远过程中。

② 在用户程序给 SS、SP 赋初值之后(DOS 已经给它们赋过值了，不需再赋)，给 DS 赋初值之前，用下列三条指令，把 PSP 首单元的物理地址压入栈顶，即

```
    PUSH   DS          ；PSP 段基值压栈
    MOV    AX，0
    PUSH   AX          ；双字节 0 压栈
```

③ 采取了以上措施之后，程序在返回 DOS 的时候，执行一条 RET 指令即可返回 DOS。因为这条 RET 指令是远过程中的 RET 指令，它将从栈顶弹出四个元素，即把 PSP 首单元的物理地址反弹到 CS：IP 之中，于是 CPU 就自动从 PSP 首单元取出 INT 20H，执行它返回 DOS。

4.1.5　DOS 及 BIOS 功能调用

80386/80486 微机系统兼容 8086/8088，软件中断可分为以下三种：

① DOS 中断，占用类型号为 20H～3FH。目前使用的有 20H～27H 和 2FH，其余类型

号保留，它是较高层次的系统软件，许多功能是调用 BIOS 实现的。

② ROM　BIOS 中断，占用类型号为 10H～1FH，更接近系统硬件，是最底层的系统软件。

③ 自由中断，占用类型号为 40H～FFH，可供系统或应用程序设置开发的中断处理程序使用。

(1) 调用方法：设置用软中断指令 INT　n。

① 软中断：指以指令方式产生的中断，区别于硬(外部)中断；

② n：中断类别号，对于不同 n，可转入不同的中断处理程序，完成不同的功能。

(2) 具体方法：功能调用为

MOV　AH，功能号
设置入口参数
INT　n
分析出口参数

相同中断类型号有多种功能时，可先将功能号送入 AH，入口参数在 AH 中设置不同的值，将完成不同的功能，AH 中的内容称为"功能号"。

例如：写出用功能号为 02H 的系统功能调用在控制台上输出一个字母"B"的程序段。

查表知：

功能号	入口参数
02H	DL=输出字符

程序段如下：

```
MOV   AH，2          ；功能号 2 送入 AH
MOV   DL，'B'        ；'B'的 ASCII 码送入 DL
INT   21H            ；执行 INT　21H(系统调用)指令
```

无论是用户程序还是 DOS 系统本身，都离不开输入/输出操作，为了方便起见，PC DOS 系统将输入/输出管理程序编成一系列子程序，用户可以像调用子程序一样方便地使用它们。

DOS 系统功能调用的方式是通过执行软中断指令 INT 21H 实现的。当寄存器 AX 中设置不同的值时，该指令将完成不同的功能。这里，我们将主要介绍输入/输出设备管理的调用方式及功能。

1. DOS 中断及功能调用

目前 DOS 常用的 9 类中断(20H～27H 和 2FH)分为两种：

(1) DOS 专用中断：INT　22H、INT　23H 和 INT　24H，用户不能使用；

(2) DOS 可调用中断：INT　20H、INT　27H(程序退出)；INT　21H(系统功能调用)；INT　25H、INT　26H(磁盘 R/W 中断)；INT　2FH(假脱机打印文件)。

2. BIOS 中断调用

(1) 键盘输入子程序：INT　16H。

(2) 显示程序：INT　10H。

(3) 打印输出子程序　：INT　17H。

对于入口参数，可查看教材中的表 4.15、4.16。教材中的标准设备，输入指键盘，输出指显示器。

4.1.6　汇编语言与高级语言的混合编程

混合语言编程实际上是一种程序接口技术，主要应解决程序控制权问题和参数传递问题。

1．程序控制权问题

通过对过程(子程序)的定义与调用来实现程序控制权转移。注意，被调用的过程必须在调用它的模块中被说明为外部类型，而在定义它的模块中必须说明为公用型(PUBLIC)(与多模块程序设计中的概念一致，但在高级语言中声明外部类型不是用伪指令 EXTRN，如在 C 语言中用 extern)。

2．参数传递问题

参数传递采用堆栈传递，调用程序将初始数据依次压入堆栈，被调用程序再从堆栈中逐个获取入口参数(直接数据或数据地址)。参数传递需注意以下问题：

(1) 调用程序是按什么顺序将参数压入堆栈的。(C 语言调用汇编时，按从右到左的顺序向堆栈压入参数；PASCAL 语言调用汇编时，按从左到右的顺序向堆栈压入参数。)

(2) 调用后返回值在哪里。(C 语言调用汇编后，返回值一般在 AL，AX 或 DX：AX 中，当返回值多于 4 个字节时，一般放在内存中，内存由 C 分配，段地址存放在 DX 中，段内偏移地址存放在 AX 中。)

(3) 堆栈桢(用于传递参数的)的释放工作。(在 C 调用汇编时，由 C 释放堆栈桢；在 PASCAL、BASIC、FORTRAN 等调用汇编时，由汇编程序在返回前做释放堆栈桢的工作，即返回指令用带参数的 RET　n 指令。)

4.2　难点和重点

本章的重点和难点在于掌握汇编源程序的框架及程序结构。

1．源程序模块

一个源程序模块能允许包括多个代码段和其他段，也允许多次使用 ASSUME 语句，并重新约定段寄存器和段的关系。但 ASSUME 语句并不意味着汇编后这些段地址已经装入相应的段寄存器中了，除了 CS 寄存器以外，其他各个段寄存器的实际值，还要用 MOV 指令来赋值，例如：

```
            ⋮
MYCODE  SEGMENT
    ASSUME  CS：MYCODE，DS：MYDATA，ES：MYEXTRA，SS：MYSTACK
START：     MOV   AX，MYDATA
            MOV   DS，AX
            MOV   AX，MYEXTRA
```

```
            MOV   ES，AX
            MOV   AX，MYSTACK
            MOV   SS，AX
            ⋮
MYCODE  ENDS
            ⋮
```

然而，也不能只用赋值语句而将 ASSUME 语句省略，这样汇编程序就会找不到所定义的各个段。

2．跳转表法

当程序是 CASE 结构，即需引出多个分支时，最好利用跳转表法。其主要设计思想是：首先将 n 个选择项所对应的 n 个分支程序的标号存放在一个数据表(即跳转表)中，然后判别程序是否满足第一个条件，若满足就根据分支程序标号在跳转表中存放的地址将程序转入相应的分支；否则继续判别下一个条件是否满足，……

例 4.1 下面是利用跳转表实现多分支结构的汇编语言程序，根据变量 BRANCH_N 中的值(0～3)，实现 4 路分支。

```
BRANCH_ADDR         SEGMENT
BRANCH_TAB    DD    ROUTINE1
              DD    ROUTINE2
              DD    ROUTINE3
              DD    ROUTINE4
BRANCH_N      DW    ?
BRANCH_ADDR         ENDS
ROUTINE_SELECT      SEGMENT
          ASSUME    CS:ROUTINE_SELECT,DS:BRANCH_ADDR
START:    MOV       AX,BRANCH_ADDR
          MOV       DS,AX
          MOV       AL, BRANCH_N
          LEA       BX,BRANCH_TAB
          MOV       CL,4
          MUL       CL
          ADD       BX,AX
          JMP       DWORD PTR [BX]
ROUTINE_SELECT      ENDS
ROUTINE             SEGMENT
          ASSUME    CS:ROUTINE
ROUTINE1: MOV       CL,0
          JMP       DONE
```

```
ROUTINE2: MOV     CL,1
          JMP     DONE
ROUTINE3: MOV     CL,2
          JMP     DONE
ROUTINE4: MOV     CL,3
DONE:     MOV     AH,4CH
          INT     21H
ROUTINE  ENDS
         END      START
```

分析：此程序是用跳转表转移法(实质上是查表法)来实现多分支的功能的。

解：(1) 跳转表中存放“无条件转移指令”在代码段。

(2) 根据变量 BRANCH_N 中的值(假设为 N)，计算对应转向指令在表 BRANCH_TAB 中的偏移地址为 BRANCH_TAB + 4*N。

(3) 因变量 BRANCH_TAB 类型是双字型，所以用段间间接转移指令转向。

说明：关键掌握 JMP　DWORD PTR [BX]语句的用法。

3．循环程序

例 4.2　将内存的二进制数转化成以压缩的 BCD 码形式存储的十进制数。

解：存储单元及寄存器分配如下：

BINNUM——双字单元存放 32 位的无符号的二进制数。

DECINUM——3 个字单元存放转化成的压缩 BCD 十进制数。(因为 $2^{32} = 2^{10} \times 2^{10} \times 2^{10} \times 2^{2} = 1024 \times 1024 \times 1024 \times 4 \approx 4 \times 10^{9}$，即 40 亿，所以在此设置 10 个十进制数位，用 5 个 byte 单元。)

NUMBER——减数表，存的是十进制数，DOS 自动将其转换成二进制数。

ESI——指向 BCD 码存储区。

EDI——指向减数区。

EAX——被转换二进制数 X。

CH：CL——压缩的 BCD 数。

算法分析：

(1) 用二进制数 BINNUM 减 NUMBER 中最大的数 1000000000，直到不够减，则减的次数就是 BCD 数最高位的值，即该数有几个 1000000000。

(2) 用与(1)类似的方法分别用余下的值减 100000000, 直到不够减，则减的次数就是 BCD 数次高位的值；

(3) 再用余下的值分别减 10000000、1000000、100000、10000、1000、100、10、1，依次求得 BCD 数各位的值，直到最后的数为个位。

程序框图如图 4.5 所示。

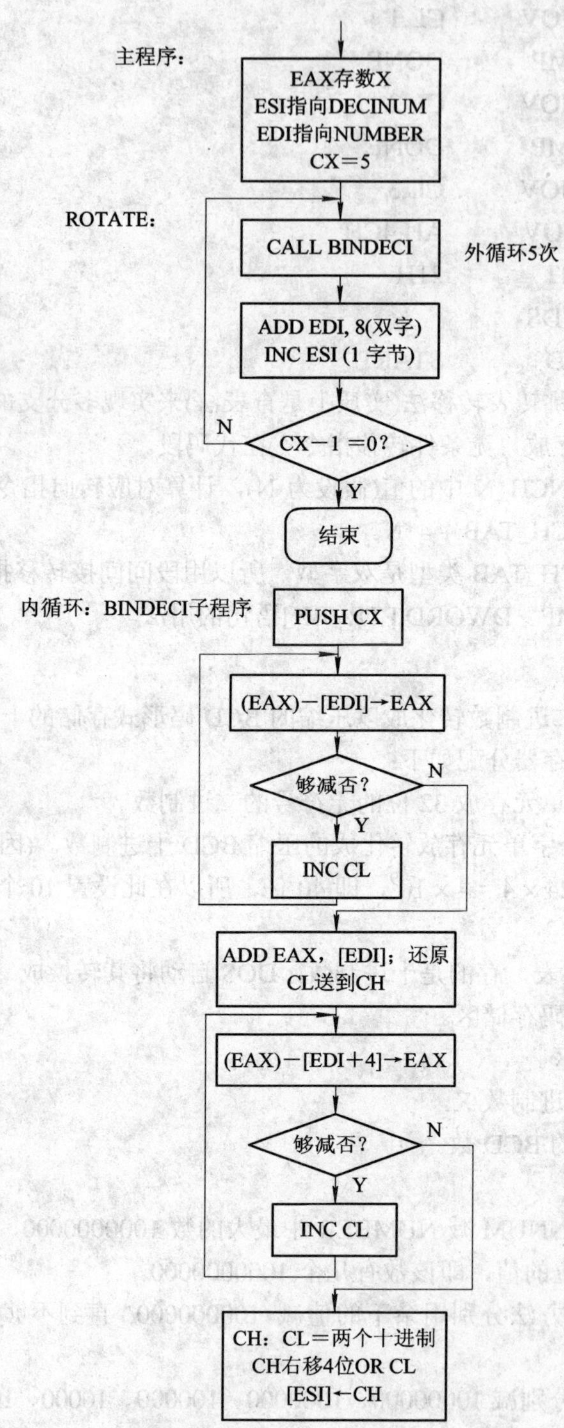

图 4.5　二进制数转换为十进制数的程序框图

程序清单见教材例 4.14。

例 4.3　将内存中以压缩的 BCD 码形式存储的十进制数转化成二进制数。

解：先进行算法分析：存储单元及寄存器分配如下：

DECINUM——5字节单元，存10位压缩的BCD码，高位数放在低地址处；

BINNUM——1个双字单元，存32位二进制数结果；

ESI——指向DECINUM；

EAX——存中间结果单元，初始化为零。

算法分析：设BCD字单元中的数为

0001 0010 0011 0100 0101 0110 0111 1000 1001 0000

则等值的十进制数应为

1234567890

等值的二进制数为

1001001100101100000001011010010

假设十位的BCD码数的形式为

$D_9D_8D_7D_6D_5D_4D_3D_2D_1D_0$

其中，D_9为10亿位BCD码，D_8为1亿位BCD码，……，D_0为个位BCD码，则

$$\begin{aligned}\text{等值的二进制数} &= D_9\times10^9+D_8\times10^8+D_7\times10^7+D_6\times10^6+D_5\times10^5+D_4\times10^4+D_3\times\\&\quad 10^3+D_2\times10^2+D_1\times10^1+D_0\times10^0\\&=((((\underline{D_9\times10+D_8})\times100+\underline{D_7\times10+D_6})\times100+\underline{D_5\times10+D_4})\times100+\\&\quad \underline{D_3\times10+D_2})\times100+\underline{D_1\times10+D_0}\end{aligned}$$

分析以上算式可知，编程的核心技巧是：首先分离出BCD码数的最高位D_9、次高位D_8，一直到个位D_0，再设计一个可变参数的子程序，采用算法如下：

	7　4	3　0		
低	BCD_4^H	BCD_4^L	00010010	12H
	BCD_3^H	BCD_3^L	00110100	34H
	BCD_2^H	BCD_2^L	01010110	56H
	BCD_1^H	BCD_1^L	01111000	78H
高	BCD_0^H	BCD_0^L	10010000	90H

自高位开始转换(CH保留高4位，CL保留低4位，相当于非压缩的BCD码)，其步骤如下：

(1) (EAX)×100；

(2) 高位(CH)×10＋低位(CL)→(CL)，(CH)清零；

(3) (EAX)＋(ECX)→(EAX)；

(4) 直至所有位转换完。

程序框图如图4.6所示。

程序清单见教材例4.15。

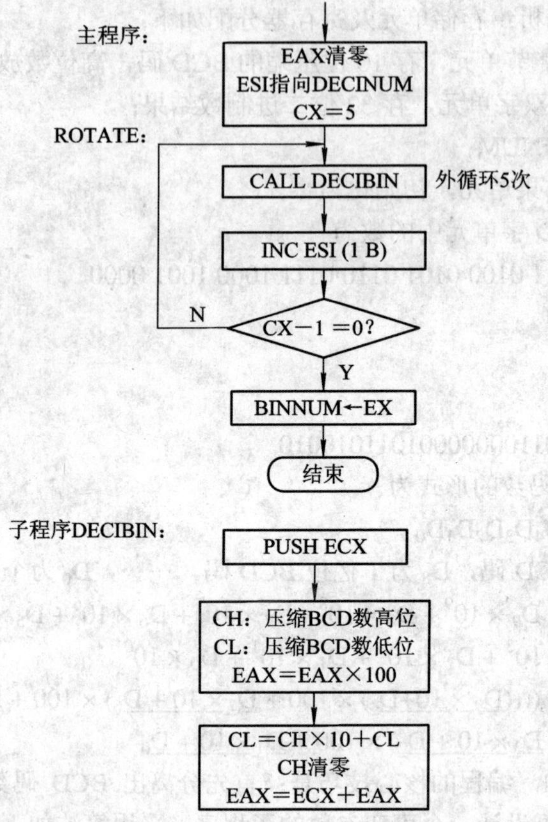

图 4.6　十进制数转换为二进制数的程序框图

4．子程序设计

1) 用 CPU 内部的寄存器传递参数

例 4.4　编写一个过程，完成将 4 位十六进制 ASCII 码转换为等值二进制数，已知 4 位十六进制 ASCII 码存放在内存的某一区域中，且低位数的地址号低，而高位数的地址号高。

解：先进行如下分析。

子程序入口参数：4 位十六进制 ASCII 码的内存首地址送入 DS：SI，ASCII 码的位数 4 存放在 CL 中。

子程序出口参数：转换结果(等值二进制数)存放在 DX 中。

方法：从最低位 ASCII 码开始，逐位将一个字节的 ASCII 码转换为等值二进制数，当数在 0～9 范围之内时，将其减 30H；当其大于 9 时，将其减 37H。

程序清单如下：

```
STACK       SEGMENT
            DW 256 DUP(?)
TOP         LABEL    WORD
STACK       ENDS
DATA        SEGMENT
ASC_STG     DB '1234'
```

```
BIN_RESULT   DW ?
DATA         ENDS
XSEG         SEGMENT
             ASSUME    CS:XSEG,DS:DATA,SS:STACK
START:       MOV       AX,DATA
             MOV       DS,AX
             MOV       AX,STACK
             MOV       SS,AX
             MOV       SP,OFFSET TOP
             MOV       SI,OFFSET ASC_STG   ；SI 指向 ASC_STG
             MOV       CL,4                ；ASCII 码位数 4 存入 CL
             CALL      FAR PTR ASC_BIN     ；调用 ASC_BIN
             MOV       BIN_RESULT,DX       ；转换结果存入 BIN_RESULT
             MOV       AH,4CH              ；返回 DOS
             INT       21H
XSEG         ENDS
CSEG         SEGMENT
             ASSUME    CS:CSEG
ASC_BIN      PROC      FAR
             PUSH      AX
             MOV       CH,CL               ；ASCII 码位数→CH
             CLD                           ；DF=0
             XOR       AX,AX
             MOV       DX,AX               ；AX、DX 清零
AGAIN:       LODSB                         ；取 ASC_STG 中的一个字节
             ;AND      AL,7FH              ；屏蔽最高位，得一位 ASCII 码
             CMP       AL,'9'              ；该 ASCII 码大于‘9’，转 ATOF
             JG        ATOF
             SUB       AL,30H              ；否则，该 ASCII 码减去 30H，
                                           ；得 0～9 二进制数
             JMP       SHORT ROTATE        ；转 ROTATE
ATOF:        SUB       AL,37H              ；大于‘9’，则 ASCII 码减 37H，
                                           ；得 A～F 二进制数
ROTATE:      OR        DL,AL               ；1 位 ASCII 码转换结果送 DL
             ROR       DX,CL               ；DX 循环右移 4 位，4 次循环
                                           ；右循环移 4 次后，结果顺序
                                           ；已排好
             DEC       CH
             JNZ       AGAIN               ；4 位 ASCII 码未转换完继续
```

```
            POP         AX
            RET
ASC_BIN     ENDP
CSEG        ENDS
            END         START
```

2) 指定内存单元(变量)传递参数

例 4.5　在某一程序中，若需对 N 个元素的数组求和，便可设计一个属性为 FAR 的过程，它用来完成数组 N 个元素的求和，且过程和数组及主程序在同一代码段。

解：先进行如下分析：

SI——指向 ARY 数组；

CX——指向 COUNT 元素个数；

SUM——和。

主程序将子程序入口参数在调用前放入内存区，子程序从内存中取数据，运行结果放入内存区。

注意：

(1) 在子程序中要特别注意保护现场。

(2) 指定内存单元(变量)传递参数的方法适用于求和的数组固定为 ARY 的情况。对于不固定的，则需通过地址表和堆栈来传递参数。

程序如下：

```
DSEG        SEGMENT
ARY         DW 100 DUP(?)
COUNT       DW ?
SUM         DW 2 DUP(?)
DSEG        ENDS
SSEG        SEGMENT STACK
            DB 100 DUP (?)
SSEG        ENDS
CSEG        SEGMENT
            ASSUME CS:CSEG,DS:DSEG,SS:SSEG
START:      MOV         AX,DSEG
            MOV         DS,AX
            CALL        FAR PTR PROADD
            MOV         AH,4CH
            INT         21H
CSEG        ENDS
XSEG        SEGMENT
            ASSUME   CS:XSEG
PROADD      PROC        FAR
            PUSH        AX              ；保护现场
```

```
            PUSH    CX
            PUSH    DX
            PUSH    SI
            LEA     SI,ARY          ；ARY 偏移地址送 SI
            MOV     CX,COUNT        ；数组元素个数送 CX
            XOR     AX,AX
            MOV     DX,AX           ；AX、DX 清 0
AGAIN:      ADD     AX,[SI]         ；累加 N 个元素的低位字
            JNC     NEXT
            INC     DX              ；若有进位，则和的高位字加 1
NEXT:       ADD     SI,2            ；修正后指向下一个元素
            LOOP    AGAIN           ；元素未加完继续
            MOV     SUM,AX          ；元素求和完毕存结果
            MOV     SUM[2],DX
            POP     SI              ；恢复现场
            POP     DX
            POP     CX
            POP     AX
            RET
PROADD      ENDP
XSEG        ENDS
            END     START
```

3) 通过地址表传送变量地址

例 4.6 仍以例 4.5 中的数组元素求和为例。

解：先进行如下分析。

在这种传送参数的方法中，通过内存传送数据，以地址表传送而不是数据本身。

主程序调用前将入口参数(数据地址信息)送指定变量内存区，子程序直接对该指定内存区变量操作。

该问题中有 3 个变量，即数组名、数组元素个数及累加和。将它们所对应的偏移地址顺序存放在地址表中，将其表的首地址送 BX 中，采用寄存器间接寻址方式从地址表中取出变量地址，以便访问所需变量。

程序如下：

```
DSEG        SEGMENT
ARY1        DW 1,2,3,4,5
COUNT1      DW 5
SUM1        DW 2 DUP(?)
NUM         DW 6,7,8,9,0AH
N           DW 5
TOTAL       DW 2 DUP(?)
```

```
TABLE       DW 3 DUP(?)
DSEG        ENDS
SSEG        SEGMENT
            DB 100 DUP (?)
TOP         LABEL    BYTE
SSEG        ENDS
CSEG        SEGMENT
            ASSUME CS:CSEG,DS:DSEG,SS:SSEG
START:      MOV     AX,DSEG
            MOV     DS,AX
            MOV     AX,SSEG
            MOV     SS,AX
            MOV     SP,OFFSET TOP
            MOV     TABLE,OFFSET ARY1
            MOV     TABLE[2],OFFSET COUNT1
            MOV     TABLE[4],OFFSET SUM1
            MOV     BX,OFFSET TABLE
            CALL    FAR PTR PROADD
            MOV     TABLE,OFFSET NUM
            MOV     TABLE[2],OFFSET N
            MOV     TABLE[4],OFFSET TOTAL
            MOV     BX,OFFSET TABLE
            CALL    FAR PTR PROADD
            MOV     AH,4CH
            INT     21H
CSEG        ENDS
XSEG        SEGMENT
            ASSUME CS:XSEG
PROADD      PROC    FAR
            PUSH    AX
            PUSH    CX
            PUSH    DX
            PUSH    SI
            MOV     SI,[BX]             ; 数组偏移地址送 SI
            MOV     DI,[BX+2]           ; 数组元素个数地址送 DI
            MOV     CX,[DI]             ; 数组元素个数送 CX
            MOV     DI,[BX+4]           ; 和的偏移地址送 DI
            XOR     AX,AX
            MOV     DX,AX               ; AX、DX 清 0
```

```
AGAIN:      ADD     AX,[SI]          ；元素求和，直到所有元素加完
            JNC     NEXT
            INC     DX
NEXT:       ADD     SI,2
            LOOP    AGAIN
            MOV     [DI],AX          ；存结果
            MOV     [DI+2],DX
            POP     SI
            POP     DX
            POP     CX
            POP     AX
            RET
PROADD      ENDP
XSEG        ENDS
            END      START
```

4) 通过堆栈传递参数或参数地址

例 4.7　仍以例 4.5 中的数组元素求和为例。

解：先进行如下分析。

程序用寄存器相对寻址来完成数组元素求和。主程序与子程序之间通过堆栈传递参数。子程序的类型是 FAR。

子程序入口参数：数组 ARY 的偏移地址；长度 COUNT 的偏移地址；和 SUM 的偏移地址。

主程序在调用前将入口参数压入堆栈。子程序从堆栈中取参数，事先必须约定参数压入的顺序。从图 4.7 中可看到子程序从堆栈中取出的元素个数与和数地址恰与主程序压入堆栈的顺序相反。调用过程应是远程调用，过程执行完毕，返回主程序时，压入堆栈的 3 个变量已无用，可从堆栈中清除掉，故采用 RET 6。

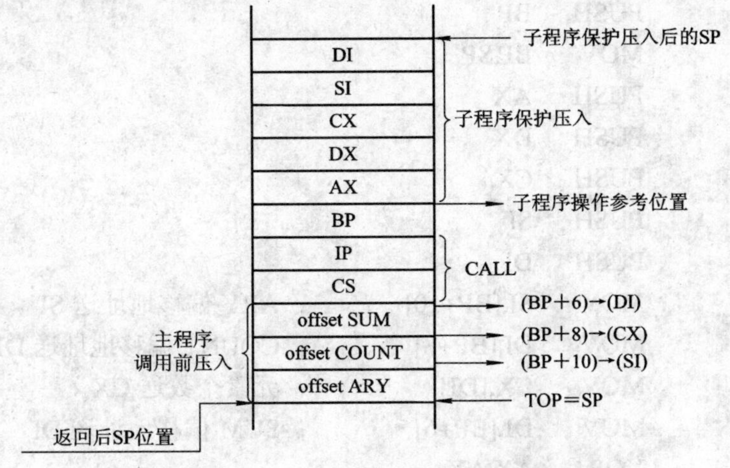

图 4.7　PROADD 子程序执行时堆栈的内容

程序如下：

```
DSEG      SEGMENT
ARY       DW 100 DUP(?)
COUNT     DW ?
SUM       DW 2 DUP(?)
DSEG      ENDS
SSEG      SEGMENT STACK
          DB 100 DUP (?)
SSEG      ENDS
CSEG      SEGMENT
          ASSUME CS:CSEG,DS:DSEG,SS:SSEG
START:    MOV    AX,DSEG
          MOV    DS,AX
          MOV    BX,OFFSET ARY
          PUSH   BX
          MOV    BX,OFFSET COUNT
          PUSH   BX
          MOV    BX,OFFSET SUM
          PUSH   BX
          CALL   FAR PTR PROADD
          MOV    AH,4CH
          INT    21H
CSEG      ENDS
XSEG      SEGMENT
          ASSUME CS:XSEG
PROADD    PROC   FAR
          PUSH   BP
          MOV    BP,SP
          PUSH   AX
          PUSH   DX
          PUSH   CX
          PUSH   SI
          PUSH   DI
          MOV    SI,[BP+10]          ; ARY 偏移地址送 SI
          MOV    DI,[BP+8]           ; COUNT 偏移地址送 DI
          MOV    CX,[DI]             ; 元素个数送 CX
          MOV    DI,[BP+6]           ; SUM 偏移地址送 DI
          XOR    AX,AX
          MOV    DX,AX
```

```
NEXT:      ADD    AX,[SI]        ；元素求和，直到所有元素加完
           JNC    NO_CARRY
           INC    DX
NO_CARRY:
           ADD    SI,2
           LOOP   NEXT
           MOV    [DI],AX        ；存结果
           MOV    [DI+2],DX
           POP    DI
           POP    SI
           POP    CX
           POP    DX
           POP    AX
           POP    BP
           RET    6
PROADD     ENDP
XSEG       ENDS
           END    START
```

4.3　习题与思考题选解

2．有下列数据段：

```
DATA    SEGMENT
MAX     EQU 03f9H
VAL1    EQU   MAX   MOD 0AH
VAL2    EQU   VAL1*2
BUFF    DB   4,5,'1234'
BUF2    DB ?
LEND    EQU   BUF2 – BUFF
DATA    ENDS
```

请写出数据段中 MAX,VAL1,VAL2,LEND 符号所对应的值。

解：

MAX:03f9H

VAL1:07H

VAL2:0eH

LEND:06H

3．设下列指令语句中的标识符均为字变量，请指出哪些指令是非法的，并指出其错误之处。

(1) MOV　WORD1[BX+2][DI]，AX

(2) MOV　AX，WORD1[DX]

(3) MOV　WORD1，WORD2

(4) MOV　SWORD，DS

(5) MOV　SP，DWORD[BX][SI]

(6) MOV　[BX][SI]，CX

(7) MOV　AX，WORD1+WORD2

(8) MOV　AX，WORD2+0FH

(9) MOV　BX，OFFSET　WORD1

(10) MOV　SI，OFFSET　WORD2[BX]

解：(1)、(5)、(6)、(8)、(9)正确；

(2) 非法，因为DX不能作为基址寄存器；

(3) 非法，因为目的操作数和源操作数不能均在存储器；

(4) 非法，因为段寄存器不能送立即数；

(7) 非法，因为两个变量不能直接相加；

(10) 非法，因为OFFSET后应跟变量或标号。

4．编写一个字符串拷贝的宏，有三个参数：分别是源字符串地址、目的字符串地址、要拷贝的字节数。

解：宏定义如下：

```
COPY    MACRO BUF1,BUF2,NUM
        LEA   SI, BUF1
        LEA   DI, BUF2
        MOV   CX, NUM
        CLD
        REP   MOVSB
        ENDM
```

5．试编制一程序，统计出某数组中相邻两数之间符号变化的次数。

解：设计思想：两数间符号位的变化，可通过两个数符号位的逻辑异或操作来测试，若两符号位异或的结果为1，表明两数符号位相异。

程序如下：

```
    .MODEL   SMALL
    .8086
    .DATA
     ARRAY   DB   20 DUP(?)
     NUM   DB   0
    .CODE
    .STARTUP
            LEA   SI, ARRAY          ；SI指向数组首址
            MOV   AL,[SI]            ；取第一个字符
```

```
        MOV   BL,0          ；结果计数器清零
        MOV   CX,19         ；置循环计数器
AGAIN:  INC   SI            ；指向下一数组单元
        XOR   AL,[SI]       ；两个数按位进行逻辑异或操作
        JNS   NEXT          ；符号位非负表明两数符号相同，跳过不计数
        INC   BL            ；结果计数器 BL 加 1
NEXT:   MOV   AL,[SI]       ；当前数组元素送 AL
        LOOP  AGAIN
        MOV   NUM,BL        ；保存结果
        .EXIT               ；返回 DOS
        END
```

6．试编制一程序，用乘法指令实现 32 位二进制数与 16 位二进制数相乘。

解：进行两个 32 位无符号二进制数的乘法运算。

算法分析：如图 4.8 所示，设 A、B 为被乘数的高、低 16 位二进制数，C 为 16 位二进制乘数，则通过分析可知，共需进行两次乘法运算，每次进行两个 16 位二进制数的乘法，共得到两个部分积，然后再求部分积累加和。

$$N_1 \times N_2 = (A \times 2^{16} + B) \times C = AC \times 2^{16} + BC$$

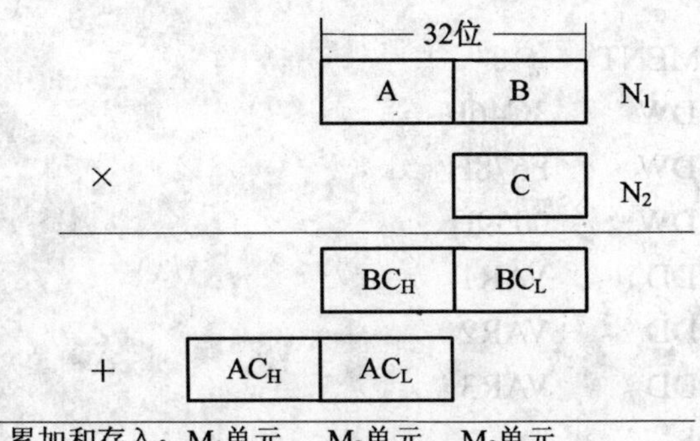

图 4.8　32 位与 16 位二进制数乘法

程序如下：

```
.MODEL  SMALL
.8086
.DATA
N1  DW 1234H        ；A 数
N2  DW 5678H        ；B 数
N3  DW 4444H        ；C 数
M1  DW    0
M2  DW    0
M3  DW    0
.CODE
```

```
.STARTUP
    MOV   AX, N2
    MUL   N3          ; B×C
    MOV   M3, AX
    MOV   M2, DX
    MOV   AX, N3
    MUL   N1          ; A×C
    ADD   M2,AX
    ADC   M1,DX
    .EXIT
    END
```

说明：也可用 80386 CPU 即 32 位指令编制程序，试比较这两种方法。

7．设有 3 个字变量的变量名及其内容如下：

VAR1　3C46H
VAR2　F678H
VAR3　0059H

试设计一个数据段定义这 3 个变量及其地址(包括段地址和偏移地址)表变量 ADDRTABL。

解：数据段如下：

```
DATA     SEGMENT
VAR1          DW     3C46H
VAR2          DW     F678H
VAR3          DW     0059H
ADDRTABL      DD     VAR1
              DD     VAR2
              DD     VAR3
DATA     ENDS
```

8．试编制程序，找出前 10 个质数。

解：本题使用了宏定义、DOS 调用、子程序调用等多种方法，目的在于开拓学生的编程思路。

存储单元及寄存器分配如下：

BX：指向第一个质数，作为变址寄存器。

SI：指向质数数组首地址，作为基址寄存器。

DX：存放整数。

End_flag：指向最后小于 N 的质数。

PrimeAry：质数数组。

算法分析：

(1) 首先设置第一个质数 2，然后依次计算判断 3、4、……、N 是否为质数。

(2) 判断方法：判断一个数是否为质数，用该数除以所有小于该数并大于 1 的整数，如果都不能整除则该数为质数。

(3) 程序中定义了两个宏：① 十六进制数转换到 ASCII 码的宏 MStrN；② 显示字符串宏 MDispStr。

(4) 程序中定义了一个子程序 WordToStr，将 AX 的值转换成十进制 ASCII 串，放入 SI-5 开始的 5 个内存字节串中，供显示使用。用 AX 除以 10，余数依次放入个位、十位、……、万位。

程序如下：

```
N equ 5000                                  ; 找到前 N 个质数，最大 N=6542

MDispStr Macro Pos                          ; 显示字符串
    mov dx,offset Pos
    mov ah,9
    int 21H
    endm

MStrN    Macro Num,Pos                      ; WORD 转换成字符串
    mov ax,Num
    mov si,offset Pos
    add si,length Pos -1                    ; 从最后开始存放 5 个字符
    call WordToStr
    endm

data segment
    PrimeAry     dw 30000 dup(0)            ; 质数数组
    end_flag     dw ?                       ; 最后一个质数地址指针
PrimeNum         dw ?                       ; 已计算质数个数
    Str1         db "Find the first N="
    Str2         db 6 dup(" ")              ; 存放 N 的字符串
                 db " primes",13,10
                 db " No. Prime",13,10,"$"

    Str3         db "Useage 'LPrime>XXX.txt' to save result.",13,10,"$"

    StrNo        db 6 dup(" ")              ; 用于存放序号显示字符串
    StrPrime     db 6 dup(" ")              ; 用于存放质数显示字符串
    Crlf         db 13,10,"$"
    data ends

stack segment para stack
    db 100 dup(0)
```

```
stack ends

;code segment define
code segment
assume cs:code,ds:data,ss:stack,es:data
START:
    mov ax,data
    mov ds,ax
    mov es,ax
    mov ax,stack
    mov ss,ax

    MStrN N,Str2
    MDispStr Str1
    mov PrimeAry,2
    mov ax,N
    cmp ax,2
    jb   DispIn
    cmp ax,6542
    ja   Quit1

    ;主程序
    mov si,offset PrimeAry                ；质数数组地址
    mov bx,0
    mov PrimeAry[si+bx],2                 ；第一个质数=2
    mov end_flag,0                        ；最后一个质数的地址
    mov dx,2                              ；从 2+1 开始计算
    mov PrimeNum,1
Loop1:
    inc dx                                ；指向下一个整数
    mov bx,0                              ；指向第一个质数
Loop2:
    push dx
    mov ax,dx                             ；被除数=DX
    mov dx,0                              ；
    div   bx                              ；除以所有小于被除数的质数
    inc   bx                              ；指向下一个整数
    cmp dx,0                              ；判余数是否为 0，即能否整除
    pop dx
```

```
        jz   Loop1                          ; 除尽则计算下一个整数 dx+1
        cmp bx,end_flag                     ; 否则，除下一个质数
        jb   Loop2                          ;
        add   end_flag,2                    ; 取一个字
        mov end_flag,bx                     ; 保存质数到 DS:[end_flag+2]
        mov PrimeAry[si+bx],dx              ; 此处将 SI 作为基址寄存器，而 BX 作
                                            ; 为变址寄存器
        add PrimeNum,1                      ; 质数个数+1
        cmp PrimeNum,N                      ; =N 结束
    j   nz Loop1                            ; 否则，继续

;显示结果
    DispIn:
        mov PrimeNum,1
        mov di,offset PrimeAry
    DispGo:
        MStrN PrimeNum,StrNo                ; 转换序号→字符串
        mov ax,ds:[di]
        MStrN ax,StrPrime                   ; 转换质数→字符串
        MDispStr StrNo
        inc di
        inc di
        add PrimeNum,1
        cmp PrimeNum,N
        jbe DispGo                          ; 显示所有质数
    Quit1:
        MDispStr Str3                       ; 显示提示

        mov ax,4c00h                        ; 返回 DOS
        int 21h

    ;================Sub==========================
    ;Sub StrN(AX) to StrN,    [SI]=ptrStrN
    WordToStr proc far
        push si
        mov cx,5
    NextDigit:mov dx,0
        mov bx,10
        cmp ax,0
```

```
          jz   Blank
          div bx
          add dx,30H
     SetChar:  mov [si],dl
          dec si
          mov dx,0
          loop NextDigit
          pop si
          cmp byte ptr [si],20H
          jz Zero
          ret
     Zero:mov byte ptr [si],30H
          ret

     Blank: mov dl,20H
          jmp SetChar

     WordToStr endp

     code    ends
             end START
```

显示结果如下：

```
     Find      the  first      N=        Primes
        No.          Prime
        1              2
        2              3
        3              5
        4              7
        5              11
        6              13
        ⋮              ⋮
     Useage 'Prime>xxx.txt' to save result
```

9. 已知X、Y、Z被赋值如下：

```
X    EQU    60
Y    EQU    70
Z    EQU    8
```

试求下列表达式的值：

(1) X*Y−Z

(2) X/8+Y

(3) X　MOD(Y/Z)

(4) X*(Y　MOD　2)

(5) X　GE　Y

(6) Y　AND　Z

解：(1) 1060H；(2) 004DH；(3) 0004H；(4) 0000H；(5) 0000H；(6) 0000H

10．设有一个有符号数数组，共 M 个字，试编一程序求其中最大的数。若需求绝对值最大的数，则程序应如何修改？又若数组元素为无符号数，则最大数的程序又应如何修改？

解：程序如下：

```
.MODEL SMALL
.8086
M       EQU     10
.DATA
DAT     DW M    DUP(？)
MAX     DW ？
.CODE
.STARTUP
        MOV     AX,DAT          ；数组中第一个字放入 MAX 字变量中
        MOV     MAX,AX
        CLD                     ；方向标志 DF 清零
        LEA     SI,DAT          ；数值首址送 SI
        MOV     CX,M            ；字数送 CX
L1:     LODSW                   ；从数组中取 1 个字，且 SI+2
        CMP     AX,MAX          ；与 MAX 中 1 个字比较
        JNG     LAB             ；(AX)≤MAX，转 LAB
        MOV     MAX,AX          ；(AX)>MAX，则 MAX←(AX)
LAB:    LOOP    L1              ；数组中 10 个字未比较完，继续
.EXIT
        END
```

若需求绝对值最大的数，则需将每个数取绝对值后再比较，要在 LODSW 语句后插入下面程序：

```
        AND     AX,AX
        JNS     LAB1
        NEG     AX
LAB1:   CMP     AX,MAX
```

且在程序初始化 MAX 的值时应送入 0(最小的绝对值)。

若要对无符号数求最大数，则只需改变判别条件：

```
        CMP     AX,MAX
        JNG     LAB
改为：  CMP     AX,MAX
```

```
    JBE         LAB
```

11．试编制一程序，把 20 个字节的数组分成正数组和负数组，并分别计算两个数组中数据的个数。

解：程序如下：

```
.MODEL SMALL
.8086
.DATA
DAT      DB  20   DUP(?)
PDAT     DB  20   DUP(?)
PLEN     DB  ?
NDAT     DB  20   DUP(?)
NLEN     DB  ?
.CODE
.STARTUP
         XOR     BX,BX          ；负数个数寄存器清零
         LEA     SI,DAT
         XOR     DI,DI          ；正数个数寄存器清零
         CLD
         MOV     CX,20
LOOP0:   LODSB
         CMP     AL,0           ；每个数与 0 比，大于等于 0 为正，否则为负
         JGE     LOOP1
         MOV     NDAT[BX],AL
         INC     BX
         JMP     LAB
LOOP1:   MOV     PDAT[DI],AL
         INC     DI
LAB:     DEC     CX
         JNZ     LOOP0
         MOV     PLEN,DI
         MOV     NLEN,BX
.EXIT
         END
```

12．设有两个等字长、字节型字符串，试编写一汇编语言程序，比较它们是否完全相同；若相同则将字符 Y 送入 AL 中，否则将字符 N 送入 AL 中。

解：

```
    .MODEL SMALL
    .386
    .DATA
```

```
        STRING1 DB 'ASdAS'
        STRING2 DB 'ASASd'
    .CODE
    .STARTUP
            MOV     AX,DS
            MOV     ES,AX
            LEA     SI,STRING1
            LEA     DI,STRING2
            MOV     CX,5
            REPZ    CMPSB  STRING1,STRING2
            JNZ     LABNE
            MOV     AL,'Y'
            JMP     EXIT
    LABNE:  MOV     AL,'N'
    EXIT:   .EXIT
            END
```

13．试编写一个通用多字节数(3 个字节以上)相加的宏定义，并调用它实现多字节数的加法。注意观察汇编时宏调用被展开的情况。(提示：用 MASM 命令汇编时，加选项-L，在生成 .OBJ 文件时，同时生成 .LST 文件，观察 .LST 列表文件可以看到宏展开的情况。)

解：宏定义如下：

```
ADDMB   MACRO   MB1, MB2, N
        MOV     SI, OFFSET  MB2
        MOV     DI, OFFSET  MB1
        MOV     CX, N
        CLC
XX1:    MOV     AL, [SI]
        ADC     [DI], AL
        INC     SI
        INC     DI
        LOOP    XX1
        ENDM
```

14．自己设计一程序，包含 DOS(INT 21H)的设置中断向量(25H)和退出并驻留(31H)功能调用。观察这两个功能调用的效果，把 31H 和 4CH 功能调用作以比较。

解：程序如下：

```
DATA    SEGMENT
            ⋮
DATA    ENDS
CODE    SEGMENT
            ⋮
```

```
START:
                :
        MOV     AH，25H
        MOV     AL，1CH         ；定时器中断
        MOV     DX，SEG    MyTimer
        MOV     DS,  DX
        MOV     DX,  OFFSET     MyTimer
        INT     21H
        :
        MOV     AH, 31H
        MOV     AL, 1H
        MOV     DX, 2000H       ；程序代码长度
        INT     21H
            :
MyTimer  PROC  FAR
            :
MyTimer  ENDP
CODE     ENDS
         END   START
```

31H：程序退出后，指定长度的程序代码驻留内存，该内存不会释放。

4CH：程序所分配的内存全部释放，下次装入别的程序时，会覆盖这些内存。

15．编写程序实现 67H / 12H，商存储在 RESULT 中，余数在 REST 中，程序的开头代码如下：

```
DATA    SEGMENT
VAR1    DB 67H
VAR2    DB 12H
RESULT DB ?
REST    DB ?
DATA    ENDS
```

解：程序如下：

```
    DATA    SEGMENT
    VAR1    DB 67H
    VAR2    DB 12H
    RESULT DB ?
    REST    DB ?
    DATA    ENDS
    CODE    SEGMENT
            ASSUME      CS: CODE, DS: DATA
START:      MOV     AX, DATA
```

```
        MOV     DS, AX
        MOV     AL, VAR1
        MOV     AH,00H
        MOV     BL,VAR2
        DIV     BL
        MOV     [RESULT], AL
        MOV     [REST], AH
        MOV     AH, 4CH
        INT     21H
CODE    ENDS
        END     START
```

16．试编制设密码程序。要求在屏幕上显示字符串“Password:”，随后从键盘再输入字符串，并将这个字符串与程序内部设定的字符串相比较。若二者相同则显示“Hello!”，否则显示“Sorry!”，注意：要求键盘输入字符不能直接回显在显示器上，而要用*号代替。

解：程序如下：

```
CRLF    MACRO
        MOV     AH,02H
        MOV     DL,0DH
        INT     21H
        MOV     AH,02H
        MOV     DL,0AH
        INT     21H
        ENDM
DATA    SEGMENT
PASSWORD  DB    21 DUP(?)
STRING1   DB    'Please input the password: ',0dh,0ah,'$';最多 20 个字
STRING2   DB    'Please confirm the password:',0dh,0ah,'$';
STRING4   DB    'Hello!',0dh,0ah,'$';
STRING5   DB    'Sorry!',0dh,0ah,'$'
DATA      ENDS
CODE      SEGMENT
        ASSUME  DS:DATA,CS:CODE
START:
          MOV     AX,DATA
          MOV     DS,AX
          MOV     AH,09H
          LEA     DX,STRING1
          INT     21H
          MOV     CX,20
```

```
        LEA     SI,PASSWORD
INPUT:
        MOV     AH,08H
        INT     21H
        CMP     AL,0DH
        JZ      NEXT
        MOV     [SI],AL
        INC     SI
        MOV     DL,'*';
        MOV     AH,02H
        INT     21H
        LOOP    INPUT
NEXT:
        MOV     AL,'$'
        MOV     [SI],AL
        CRLF
        MOV     AH,09H
        LEA     DX,STRING2
        INT     21H
        LEA     SI,PASSWORD
        MOV     AH,08H
        INT     21H
        PUSH    AX
        MOV     DL,'*'
        MOV     AH,02H
        INT     21H
        POP     AX
        CMP     [SI],AL
        JNE     PASSERROR
CONFIRM:
        INC     SI
        MOV     DL,'$'
        CMP     [SI],DL
        JE      ACCEPPT
        MOV     AH,08H
        INT     21H
        PUSH    AX
        MOV     DL,'*'
        MOV     AH,02H
```

```
            INT     21H
            POP     AX
            CMP     [SI],AL
            JE      CONFIRM
PASSERROR:
            CRLF
            MOV     AH,09H
            LEA     DX,STRING5
            INT     21H
            JMP     EXIT
ACCEPPT:
            CRLF
            MOV     AH,09H
            LEA     DX,STRING4
            INT     21H
EXIT:
            MOV     AH,4CH
            INT     21H
CODE  ENDS
            END     START
```

4.4 自 测 题

1．假设程序中的数据定义如下：

```
QNO       DW  ?
QNAME     DB   8 DUP(？)
CNT       DD  ?
QLEN      EQU  $－QNO
```

则 QLEN 的值为多少？它表示什么含义？

2．图示以下数据段在存储器中的存放形式：

```
DATA    SEGMENT
NUM     DB  5，6，7
STR     DB  'CDE'
ETY     DW  3 DUP(0)
N       EQU  18
X       DD  0ABCH
DATA    ENDS
```

3．试编写一个汇编语言程序，要求将键盘输入的“h～n”用“H～N”显示出来。

4．试编制程序，求级数 $1^2+2^2+3^2+\cdots$ 的前 n 项和刚大于 100 的项数 n。

5．试使用.REPEAT 和.UNTIL　CXZ 语句编程,实现将 BUF 缓冲区 50 个字节数据传送到 BLK 缓冲区.

6．在内存 DEST 开始的 8 个单元寻找字符‘B’，如找到将字符‘B’的地址送入 ADDR 单元，否则 0FFH 送入 ADDR 单元。

7．写一个实现 $2^2 \cdot x + 2^5 \cdot y$ 的程序(使用宏指令)。

8．设计一个子程序，求正整数 N 的开平方近似值。(提示：N 的开平方近似值等于 N 依次减去前 i 个奇数，一直到不够减的时候，i−1 就是 N 的开平方近似值。)

(本章自测题未提供答案，请读者自行完成。)

第 5 章　80X86 微处理器引脚功能与总线时序

5.1　学 习 要 点

- 8086/8088 CPU 引脚的功能(最小模式和最大模式)
- 80386/80486 CPU 引脚的功能
- 总线的三态性与分时复用特性
- 总线操作时序
- 复位状态

5.1.1　CPU 的引脚功能

1. 总线

CPU 的外部是数量有限的输入输出引脚，正是依靠这些引脚与其他逻辑部件相连，才能组成多种型号的微型计算机系统，这些引脚就是微处理器的外部总线，称为微处理器级总线。换句话说，CPU 通过外部总线沟通与外部部件和设备之间的联系。

总线(BUS)：是一组由并行导线组成的传递信息的公共通路，各部件之间的信息可以分时地在此通路上传递。

在计算机系统中，总线必须完成以下功能：

(1) 和存储器之间交换信息；

(2) 和 I/O 设备之间交换信息；

(3) 为了系统工作而接收和输出必要的信号，如输入时钟脉冲、复位信号、电源和接地等。

按功能分，这些总线可以分为三种：

(1) 送信息(指令或数据)的数据总线(Data Bus)。

(2) 指示欲传送信息的来源或目的地址的地址总线(Address Bus)。

(3) 管理总线上活动的控制总线(Control Bus)。

外部数据总线用于 CPU 和存储器或 I/O 接口之间传送数据，它的条数决定了 CPU 和存储器或 I/O 设备一次能交换数据的位数，是区分微处理器是多少位的依据。如 8088 CPU 的数据总线是 8 条，则称 8088 CPU 是 8 位微处理器；8086 CPU 的数据总线是 16 条，则称 8086 CPU 是 16 位微处理器；80386 CPU 则是 32 位微处理器。

CPU 通过外部地址总线输出地址码来选择某一存储器单元或某一称为 I/O 端口的寄存器。地址总线的条数即为二进制地址码的位数，它决定了可寻址地址空间的大小。若地址总线共有 n 条，则可有 2^n 个地址($0\sim2^n-1$)。

外部控制总线用来传送自 CPU 发出的或送到 CPU 的控制信息与状态信息。

2．8086/8088 CPU 引脚功能

8086/8088 CPU 是 40 脚双列直插式芯片，图 5.1 是 8086/8088 的引脚信号图。

8086 CPU 信号	引脚	引脚	8086 CPU 信号	8088 CPU 信号	引脚	引脚	8088 CPU 信号
GND	1	40	VCC(+5 V)	GND	1	40	VCC(+5 V)
AD_{14}	2	39	AD_{15}	A_{14}	2	39	A_{15}
AD_{13}	3	38	A_{16}/S_3	A_{13}	3	38	A_{16}/S_3
AD_{12}	4	37	A_{17}/S_4	A_{12}	4	37	A_{17}/S_4
AD_{11}	5	36	A_{18}/S_5	A_{11}	5	36	A_{18}/S_5
AD_{10}	6	35	A_{19}/S_6	A_{10}	6	35	A_{19}/S_6
AD_9	7	34	$\overline{BHE}/S_7$	A_9	7	34	$\overline{SS0}$
AD_8	8	33	$MN/\overline{MX}$	A_8	8	33	$MN/\overline{MX}$
AD_7	9	32	$\overline{RD}$	AD_7	9	32	$\overline{RD}$
AD_6	10	31	HOLD	AD_6	10	31	HOLD
AD_5	11	30	HLDA	AD_5	11	30	HLDA
AD_4	12	29	$\overline{WR}$	AD_4	12	29	$\overline{WR}$
AD_3	13	28	$M/\overline{IO}$	AD_3	13	28	$\overline{M}/IO$
AD_2	14	27	$DT/\overline{R}$	AD_2	14	27	$DT/\overline{R}$
AD_1	15	26	$\overline{DEN}$	AD_1	15	26	$\overline{DEN}$
AD_0	16	25	ALE	AD_0	16	25	ALE
NMI	17	24	$\overline{INTA}$	NMI	17	24	$\overline{INTA}$
INTR	18	23	$\overline{TEST}$	INTR	18	23	$\overline{TEST}$
CLK	19	22	READY	CLK	19	22	READY
GND	20	21	RESET	GND	20	21	RESET

图 5.1　8086/8088 CPU 的引脚信号图(最小模式下)

引脚信号定义与功能见表 5.1。

表 5.1　8086 CPU 的引脚信号定义与功能(最小模式下)

信 号 定 义	输入/输出	功 能 说 明
$AD_{15}\sim AD_0$ (Address Data Bus)	双向	地址总线的低 16 位与数据总线复用。总线周期的 T_1 状态输出访问地址的低 16 位，其他状态输入/输出数据或高阻
$A_{19}/S_6\sim A_{16}/S_3$ (Address/Status)	输出	地址总线的高 4 位与状态线复用。总线周期的 T_1 状态输出访问地址的高 4 位，其他 T 状态输出状态信息
$\overline{BHE}/S_7$ (Bus High Enable/Status)	输出	高 8 位数据总线允许/状态复用引脚。在总线周期的 T_1 状态输出 $\overline{BHE}$，总线周期的其他状态输出 S_7(暂无定义)
$\overline{RD}$ (Read)	输出	读信号，指出将要执行一个对内存或 I/O 端口的读操作
$\overline{WR}$ (Write)	输出	写信号，指出将要执行一个对内存或 I/O 端口的写操作
$M/\overline{IO}$ (Memory/Input and Output)	输出	存储器/输入输出控制信号，区分进行存储器还是 I/O 访问。8086 CPU 中存储器空间与 I/O 空间是独立编址的
ALE (Address Latch Enable)	输出	地址锁存允许信号，在总线周期的 T_1 状态输出高有效电平

续表

信号定义	输入/输出	功能说明
$\overline{TEST}$	输入	测试信号，低电平有效，与 WAIT 指令结合使用，用来使处理器与外部硬件同步
$\overline{INTA}$ (Interrupt Acknowledge)	输出	中断响应信号输出，用来对外设的中断请求做出响应，通常与中断控制器 8259A 的 $\overline{INTA}$ 相连
READY	输入	准备就绪信号，在总线周期的 T_3 状态若 READY 为低，插入 T_W 状态，直至 READY 变为高，才进入 T_4，从而结束当前总线周期
$\overline{DEN}$ (Data Enable)	输出	数据允许信号，常用作总线收发器的输出允许信号；在 DMA 模式时，被置为高阻状态
DT/$\overline{R}$ (Data Transmit/Receive)	输出	数据收发方向控制信号，用于数据总线收发器的数据传送方向。为高电平时，数据发送；低电平时，数据接收
HOLD (Hold Request)	输入	保持请求信号，请求使用总线信号，高电平有效
HLDA (Hold Acknowledge)	输出	总线保持响应信号，这是对 HOLD 的应答信号
NMI (Non-maskable Interrupt)	输入	非屏蔽中断信号输入端，上升沿有效
INTR (Interrupt Request)	输入	可屏蔽中断信号输入端，高电平有效
CLK (Clock)	输入	为 CPU 和总线控制逻辑电路提供定时信号，要求时钟信号占空比为 30%
RESET	输入	复位信号，高电平有效，要求高电平至少持续 4 个时钟周期
GND	输入	电源地信号，8086/8088 CPU 有两个接地端
VCC	输入	+5 V 电压供电
MN/$\overline{MX}$ (Minimum/Maximum Mode Control)	输入	最小/最大模式选择控制信号

注：在总线周期的 T_2～T_4 状态中，S_6 始终为低电平，指示 8086/8088 当前与总线相连；

S_5 是标志寄存器 FLAGS 中的中断允许标志位 IF 的当前状态；

S_4、S_3 组合用来指示当前正在使用的段寄存器，见表 5.2。

表 5.2　S_4 和 S_3 的功能

S_4	S_3	段寄存器
0	0	ES
0	1	SS
1	0	CS(或 I/O，中断响应)
1	1	DS

3．8086 CPU 的工作方式

为了尽可能适应各种各样的使用场合，在设计 8086/8088 CPU 芯片时，使它们可以在两种模式下工作，即最小模式和最大模式。

所谓最小模式，就是在系统中只有 8086/8088 一个微处理器。在这种系统中，所有的总线控制信号都直接由 8086/8088 产生，因此，系统中的总线控制电路被减到最少。这些特征就是最小模式名称的由来。

最大模式是相对最小模式而言的。最大模式用在中等规模的或者大型的 8086/8088 系统中。在最大模式系统中，总是包含两个或两个以上的微处理器，其中一个主处理器就是 8086/8088，其他的处理器称为协处理器，它们是协助主处理器工作的。

引脚 $MN/\overline{MX}$ 的状态决定了 8086/8088 的工作模式，影响 CPU 的 8 个引脚(24～31 脚)的功能。两种模式的最大区别在于控制信号的产生上：最小模式下，所有的控制信号由 CPU 直接产生，见表 5.1；在最大模式下，大多数控制信号由专用的总线控制器 8288 对 8086/8088 CPU 输出的状态信号组合产生。关于最大模式下 8086/8088 CPU 引脚的功能可参看有关教材，不再赘述。

4．80386 CPU 引脚功能简介

80386 采用 132 条引脚的栅状阵列封装(PGA)，其中 34 条地址线(A_{31}～A_2、$\overline{BE_3}$～$\overline{BE_0}$)，32 条数据线(D_{31}～D_0)，3 条中断线，1 条时钟线，13 条控制线，20 条电源线 VCC，21 条地线 VSS，还有 8 条为空。图 5.2 是 80386 CPU 的逻辑引脚图。

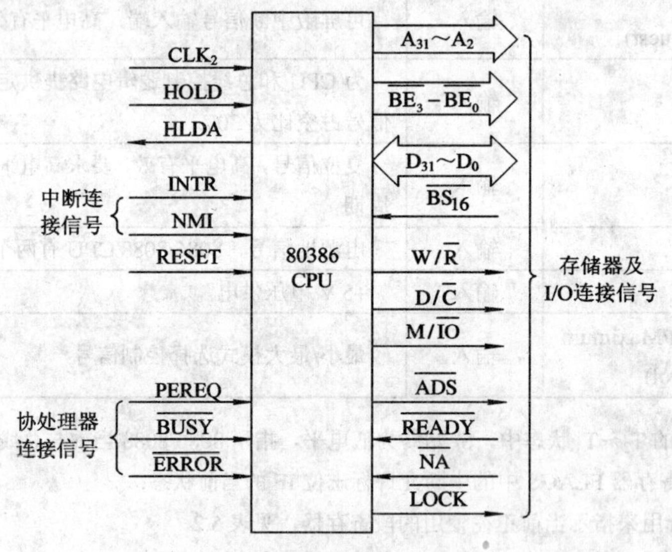

图 5.2　80386 的信号逻辑图

与 8086/8088 相比，需说明的是：

(1) 80386 CPU 中具有独立的数据总线和地址总线。

(2) 地址线由 A_{31}～A_2 和 $\overline{BE_3}$～$\overline{BE_0}$ 组成，三态、单向输出。A_{31}～A_2 是地址总线的高 30 位，$\overline{BE_3}$～$\overline{BE_0}$ 充当了地址总线的低位，提供了对连续 4 个字节的选择。简单地看，$\overline{BE_3}$～$\overline{BE_0}$ 就是 A_1、A_0 的译码输出。

(3) 时钟输入线 CLK_2 提供时钟信号，不同于 8086/8088 的时钟输入，在 80386 CPU 中，要求 CLK_2 输入的是双倍频率的时钟信号，16 MHz 的 386 CPU 使用一个 32 MHz 的 CLK_2 时钟信号，也就是说，80386 CPU 所使用的时钟 CLK 是 CLK_2 时钟频率的 2 分频信号。

5.1.2　总线的三态性与分时复用特性

1. 总线的三态性

总线的三态性是现在问世的所有微处理器的共性，任何微处理器的地址总线、数据总线及部分控制总线均采用三态缓冲器式总线电路。所谓三态，是指它们的输出可以有逻辑“1”、逻辑“0”和“浮空”三种状态。当处于浮空状态时，总线电路呈现极高的输出阻抗，如同与外界“隔绝”一样。总线电路的这种三态性，一方面保证了在任何时刻，只能允许相互交换信息的设备占用总线，其他设备和总线脱离，对总线几乎没有影响，另一方面为数据的快速传送方式(即直接存储器存取方式 DMA)提供了必要的条件，因为当进行 DMA 传送时，CPU 将与外部总线“断开”，外部设备将直接利用总线和存储器交换数据。

2. 总线的分时复用特性

在许多微处理器中，因为外部引脚数量的限制，常采用总线分时复用的技术。在 8086 CPU 中，数据总线与地址总线的低 16 位就是分时复用的，即在某一时刻 AD_{15}～AD_0 上出现的是地址信息，另一时刻，AD_{15}～AD_0 出现的是数据信息；而且，A_{19}/S_6～A_{16}/S_3 也是地址线的高 4 位与状态线的复用。正是这种引脚的分时使用才能使 8086/8088 用 40 条引脚实现 20 位地址、16 位数据及众多控制信号和状态信号的传输。不过，8086 和 8088 是有差别的，由于 8088 只能传输 8 位数据，所以 8088 CPU 只有 8 个地址引脚兼作数据引脚，8086 CPU 则具有独立的数据总线和地址总线，大大提高了数据的吞吐能力。

5.1.3　总线操作时序

1. 总线周期与时钟周期

总线周期：CPU 通过系统总线对外部存储器或 I/O 接口进行一次访问所需的时间。

时钟周期：CPU 的基本时间计量单位，由计算机的主频决定。比如，8086 CPU 的主频为 5 MHz 时，1 个时钟周期就是 200 ns。

在 8086/8088 CPU 中，一个基本的总线周期由 4 个时钟周期组成，习惯上将 4 个时钟周期分别称为 4 个状态，即 T_1、T_2、T_3 和 T_4 状态。当存储器和外设速度较慢时，要在 T_3 状态之后插入 1 个或几个等待状态 T_W。

对总线操作时序的理解是理解 CPU 对外操作的关键。

2. 总线读操作时序

总线读操作就是指 CPU 从存储器或 I/O 端口读取数据。图 5.3 是 8086 在最小模式下的总线读操作时序图。

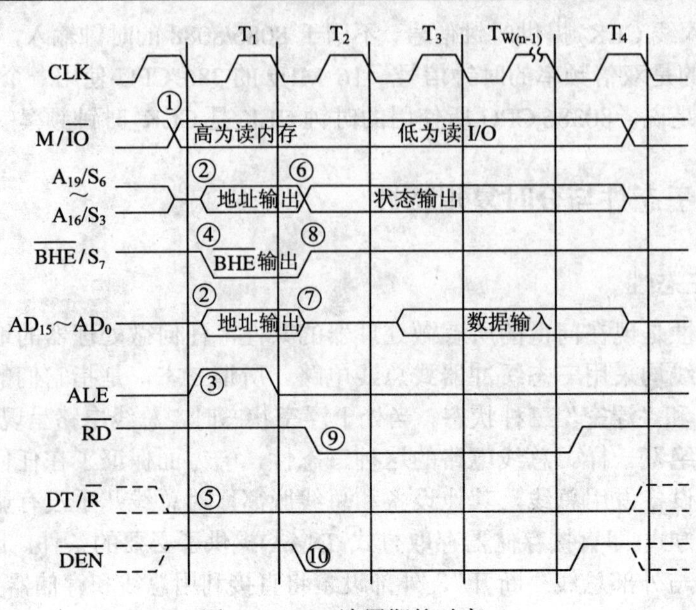

图 5.3　8086 读周期的时序

1) T_1 状态

为了从存储器或 I/O 端口读出数据，首先要用 M/$\overline{IO}$ 信号指出 CPU 是要从内存还是 I/O 端口读，所以 M/IO 信号在 T_1 状态成为有效(见图 5.3①)。M/$\overline{IO}$ 信号的有效电平一直保持到整个总线周期的结束即 T_4 状态。

为指出 CPU 要读取的存储单元或 I/O 端口的地址，8086 的 20 位地址信号通过多路复用总线 A_{19}/S_6～A_{16}/S_3 和 AD_{15}～AD_0 输出，送到存储器和 I/O 端口(见图 5.3②)。

地址信息必须被锁存起来，这样才能在总线周期的其他状态，往这些引脚上传输数据和状态信息。为了实现对地址的锁存，CPU 便在 T_1 状态从 ALE 引脚上输出一个正脉冲作为地址锁存信号(见图 5.3③)。在 ALE 的下降沿到来之前，M/$\overline{IO}$ 信号、地址信号均已有效。锁存器 8282 正是用 ALE 的下降沿对地址进行锁存的。

$\overline{BHE}$ 信号也是通过 $\overline{BHE}$ /S_7 引脚送出的(见图 5.3④)，它用来表示高 8 位数据总线上的信息可以使用。

此外，当系统中接有数据总线收发器时，在 T_1 状态 DT/$\overline{R}$ 输出低电平，表示本总线周期为读周期，即让数据总线收发器接收数据(见图 5.3⑤)。

2) T_2 状态

地址信号消失(见图 5.3⑦)，AD_{15}～AD_0 进入高阻状态，为读入数据做准备；而 A_{19}/S_6～A_{16}/S_3 和 $\overline{BHE}$ /S_7 输出状态信息 S_7～S_3(见图 5.3⑥和⑧)。

信号变为低电平(见图 5.3⑩)，从而在系统中接有总线收发器时，获得数据允许信号。

CPU 于 $\overline{RD}$ 引脚上输出读有效信号(见图 5.3⑨)， 送到系统中所有存储器和 I/O 接口芯片，但是，只有被地址信号选中的存储单元或 I/O 端口，才会被 $\overline{RD}$ 信号从中读出数据，而将数据送到系统数据总线上。

3) T_3 状态

在 T_3 状态前沿(下降沿处)，CPU 对引脚 READY 进行采样，如果 READY 信号为高，则 CPU 在 T_3 状态后沿(上升沿处)通过 AD_{15}～AD_0 获取数据；如果 READY 信号为低，将插入等待状态 T_W，直到 READY 信号变为高电平。

4) T_W 状态

当系统中所用的存储器或外设的工作速度较慢，从而不能用最基本的总线周期执行读操作时，系统中就要用一个电路来产生 READY 信号。低电平的 READY 信号必须在 T_3 状态启动之前向 CPU 发出，则 CPU 将会在 T_3 状态和 T_4 状态之间插入若干个等待状态 T_W，直到 READY 信号变高。在执行最后一个等待状态 T_W 的后沿(上升沿)处，CPU 通过 AD_{15}～AD_0 获取数据。

5) T_4 状态

总线操作结束，相关系统总线变为无效电平。

3．总线写操作时序

总线写操作就是指 CPU 向存储器或 I/O 端口写入数据。图 5.4 是 8086 在最小模式下的总线写操作时序图。

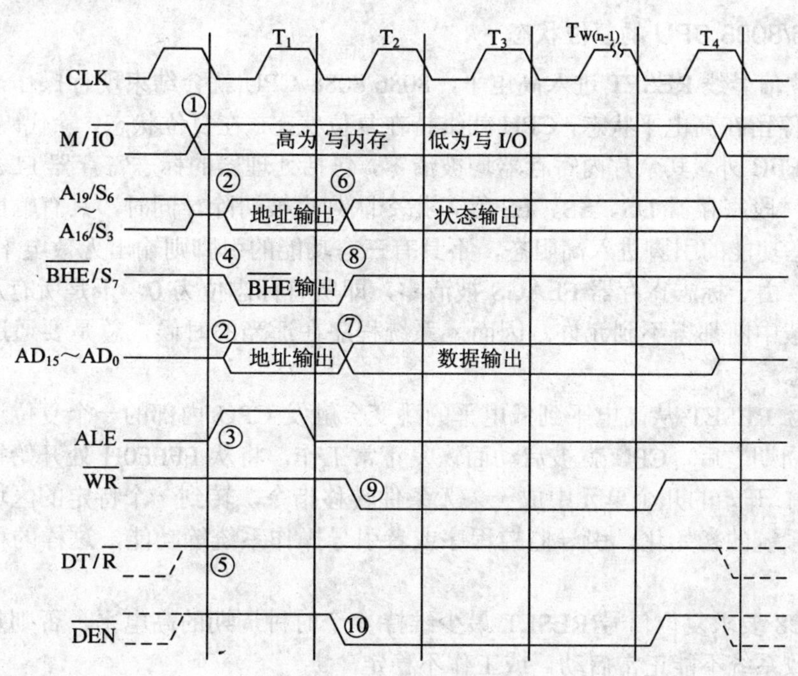

图 5.4　8086 写周期的时序

说明：总线写操作时序与总线读操作时序基本相同，不同之处包括如下两点。

(1) 对存储器或 I/O 端口操作选通信号的不同。总线读操作中，选通信号是 $\overline{RD}$，而总线写操作中是 $\overline{WR}$。

(2) 在 T_2 状态中，AD_{15}～AD_0 上地址信号消失后，AD_{15}～AD_0 的状态不同。总线读操作中，AD_{15}～AD_0 进入高阻状态，并在随后的状态中为输入方向；而在总线写操作中，CPU 立即通过 AD_{15}～AD_0 输出数据，并一直保持到 T_4 状态中间。

4．总线空闲状态 T_I

CPU 的时钟周期一直存在，总线周期并非一直存在。只有当 BIU 需要补充指令流队列的空缺，或当 EU 执行指令过程中需经外部总线访问存储器或 I/O 接口时，才需要申请一个总线周期，BIU 也才会进入执行总线周期的工作时序。两个总线周期之间可能会出现一些没有 BIU 活动的时钟周期，这时的总线状态称为空闲状态，见图 5.5 中的 T_I。

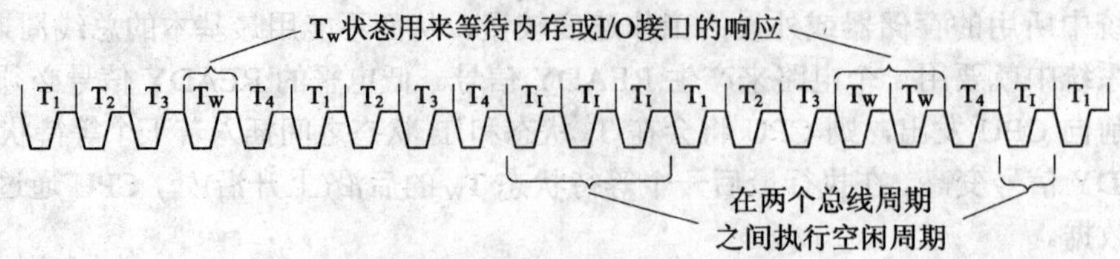

图 5.5 典型的 8086 总线周期序列

5.1.4 复位操作

大多数计算机系统中都有一根对系统进行启动的复位线，复位线和系统中所有的部件相连。复位可以使计算机系统的各部件从一个确知的状态开始工作。

1．8086/8088 CPU 的复位状态

一旦复位信号线 RESET 进入高电平，8086/8088 CPU 就会结束现行操作，并且，只要 RESET 信号停留在高电平状态，CPU 就维持在复位状态。在复位状态，除代码段寄存器 CS 被设置为 FFFFH 外，其余片内寄存器均被清零，包括处理器的标志寄存器 FLAGS，指令指针寄存器 IP，段寄存器 DS、SS、ES 等，指令队列也被清除。同时，具有输出能力的引脚中，具有三态功能的引脚进入高阻态，不具有三态功能的引脚则输出无效电平。

复位时，由于标志寄存器 FLAGS 被清零，即所有标志位为 0，于是所有从 INTR 引脚进入的可屏蔽中断都得不到允许。因而，系统程序在适当的时候，总是要通过指令来设置中断允许标志。

复位信号 RESET 从高电平到低电平的跳变会触发 CPU 内部的一个复位逻辑电路，经过 7 个时钟周期之后，CPU 就被启动而恢复正常工作，将从 FFFF0H 处开始执行程序。通常在 FFFF0H 开始的几个单元中放一条无条件转移指令，转到一个特定的区域中，这个程序往往实现系统的初始化、引导监控程序或者引导操作系统等功能，这样的程序叫做引导和装配程序。

8086/8088 要求复位信号 RESET 最少维持 4 个时钟周期的高电平，否则复位不可靠，将有可能导致系统不能正常启动，或工作不稳定。

2．80386 CPU 的复位状态

80386 CPU 在复位时，进入实地址模式，采用类似于 8086 的体系结构，主要特征是寻址机构、存储器管理、中断处理机构均与 8086 的一样，初始化程序区也是从 FFFF0H 开始的内存单元，中断矢量区也位于 00000～003FFH。详细情况请参见相关教材。

5.2 难点和重点

本书的学习难点和重点是通过对微处理器级总线的学习，结合总线操作时序，掌握系

统级总线的结构，这是组成微机系统和进行系统硬件开发的基础。

如图 5.6 所示，8086 CPU 组成最小模式系统时，其基本配置除 CPU 芯片外，还应包括时钟发生器 8284A、地址锁存器 8282、总线收发器 8286/8287(可选)以及存储器、I/O 接口和外部设备。图中略去了与存储器、I/O 接口和外部设备的连接。

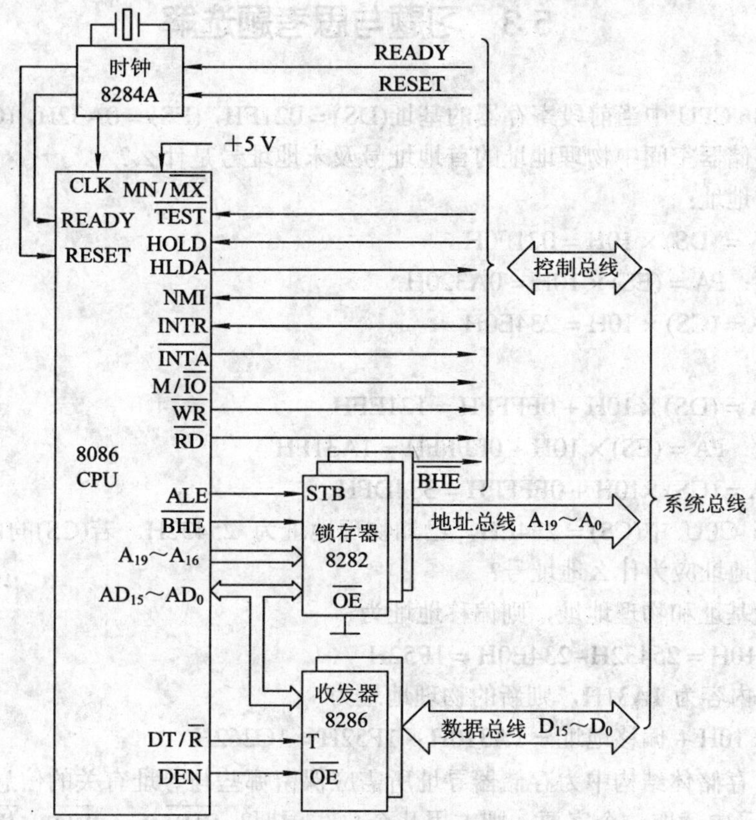

图 5.6　8086 最小模式系统的系统总线结构

说明：

(1) 时钟发生器 8284A 为系统提供频率恒定的时钟信号，同时对外部设备发出的准备好(READY)信号和复位(RESET)信号进行同步。

(2) 由于 8086 CPU 采用了地址总线与数据总线复用，地址总线与状态线复用等技术，而在执行对存储器读写或对 I/O 设备输入输出的总线周期中，存储器或 I/O 设备要求地址信息一直保持有效，所以在构成微机系统时，必须附加地址锁存器，以形成独立的外部地址总线和数据总线。常用的地址锁存器有 8D 锁存器 8282 和 74LS373。

(3) 只有当系统中所连的存储器和外设较多，需要增加数据总线的驱动能力时，才要用 8286/8287；也可采用 74LS245 作为总线收发器。

(4) 8086 CPU 有 16 位的外部数据总线，因此，需要两个引脚($\overline{BHE}/S_7$ 和 A_0)来区分高 8 位和低 8 位的数据线，同样，80386 有 32 位外部数据总线，因此，需要 4 个引脚($\overline{BE_3}$～$\overline{BE_0}$)来区分 4 组 8 位数据总线。事实上，可以认为 $\overline{BE_3}$～$\overline{BE_0}$ 是 A_1 和 A_0 经过 2-4 译码器产生的。同样的情况对于 Pentium 处理器同样适用(64 位外部数据总线)，A_2、A_1 和 A_0 经过

3-8 译码器产生 $\overline{BE_7}$ ～ $\overline{BE_0}$ 信号，用来选择 8 组 8 位数据线。

(5) 时序图反映了引脚信号随时间的变化，阅读时序图时应特别注意各引脚信号之间变化的因果关系，也就是触发关系。

5.3　习题与思考题选解

1. 已知 8086 CPU 中当前段寄存器的基址(DS) = 021FH，(ES) = 0A32H，(CS) = 234EH，则上述各段在存储器空间中物理地址的首地址号及末地址号是什么？

解：各段首地址：

数据段：PA = (DS) × 10H = 021F0H

附加数据段：PA = (ES) × 10H = 0A320H

程序段：PA = (CS) × 10H = 234E0H

各段末地址：

数据段：PA = (DS) × 10H + 0FFFFH = 121EFH

附加数据段：PA = (ES) × 10H + 0FFFFH = 1A31FH

程序段：PA = (CS) ×10H + 0FFFFH = 334DFH

2. 若 8086 CPU 中(CS) = 234EH，已知物理地址为 25432H。若(CS)的内容被指定成 1A31H，则物理地址应为什么地址号？

解：已知段基址和物理地址，则偏移地址为

PA−(CS) × 10H = 25432H−234E0H = 1F52H

如果(CS)的内容为 1A31H，则新的物理地址为

PA = (CS) × 10H + 偏移地址 = 1A310H + 1F52H = 1C262H

3. 在 8086 存储体结构中为存储器寻址所需应保留哪些与寻址有关的信息？若 CPU 从 1A315H 存储单元中读取一个字要，则占用几个总线周期？$\overline{BHE}/S_7$、$\overline{RD}$、$\overline{WR}$、$M/\overline{IO}$、$DT/\overline{R}$ 中哪些信号应为低电平？字数据如何经过数据总线 AD_{15}～AD_0 传送？

解：应保留段基址和段内偏移地址，其中，段基址由段寄存器内容决定，段内偏移地址由指令寻址方式决定；

从 1A315H 读取一个字需要 2 个时钟周期，第一个时钟周期读取地址为 1A315H 的字节，第二个时钟周期读取地址为 1A316H 的字节；

$\overline{BHE}/S_7$、$\overline{RD}$、$\overline{WR}$、$M/\overline{IO}$、$DT/\overline{R}$ 中 $\overline{BHE}/S_7$(第一个时钟周期为低，第二个时钟周期为高)、$\overline{RD}$、$DT/\overline{R}$ 信号为低电平；

字数据在第一个时钟周期经过数据总线 AD_{15}～AD_8 传送地址为 1A315H 的字节，在第二个时钟周期经过数据总线 AD_7～AD_0 传送地址为 1A316H 的字节。

4. 在何种情况下，可以用对存储器访问的指令来实现对 I/O 端口的读/写？

解：在 I/O 端口与存储器统一编址的情况下，可以用对存储器访问的指令来实现对 I/O 端口的读/写。

5. 在 8086 中堆栈操作是字操作，还是字节操作？已知(SS) = 1050H，(SP) = 0006H，(AX) = 1234H，当执行对 AX 的压栈操作(即执行 PUSH AX)后，(AX)应存放在何处？并指

出执行此操作时 8086 输出的状态信息是何种编码，总线信号哪些应有效。

解：在 8086 中堆栈操作是字操作；首先 SP 自动减 2，(SP) = 0004H，然后压入 AX，所以(AX)存放在 PA = (SS) × 10H + 0004H = 10504H 中。执行此操作时，8086 输出的状态信息：$S_0 = 1$，$S_1 = 1$，$S_2 = 0$，表示写内存；$S_3 = 1$，$S_4 = 0$，访问堆栈段；$S_5 = 0$，禁止可屏蔽中断；$S_6 = 0$，8086 与总线相连。总线信号中，$\overline{WR}$、$\overline{BHE}$/S7 为低电平，$\overline{RD}$、M/$\overline{IO}$、DT/$\overline{R}$ 为高电平。

6．试指出 8086 和 8088 CPU 有哪些区别。

解：外部引脚的不同包括三点：

(1) 8086 为 M/$\overline{IO}$ 引脚，8088 为 IO/$\overline{M}$ 引脚；

(2) 8086 的 AD_0～AD_{15} 为地址数据复用，而 8088 为 AD_0～AD_7 复用；

(3) 8088 没有 $\overline{BHE}$/S_7 引脚，取而代之的是 $\overline{SS_0}$ 引脚。

7．当存储器或 I/O 设备读/写速度较慢时，应如何向 CPU 申请等待时钟?

解：当存储器或 I/O 设备读/写速度较慢时，在没有完成读或写时应输出一个低电平信号，完成时输出高电平信号，该信号经 8284 时钟电路同步后，加入到 CPU 的 READY 端，当 CPU 检测到 READY 信号为低时，就在状态 T_3、T_4 间插入等待状态 T_W，直到 READY 信号变为高电平时，才进入读或写的 T_4 周期。

8．试指出 8086 工作于最小模式及最大模式时，若 CPU 响应总线请求，CPU 的哪些引脚信号处于高阻状态。

解：地址/数据总线和控制状态线处于高阻状态。

9．试说明 8086 工作在最小模式下和最大模式下系统基本配置的差别。

解：8086 的最小模式基本配置包括一片时钟发生器 8284A、三片地址锁存器 8282 或 74L5373；如需要增加数据总线的驱动能力，可用两片 8286/8287 作为总线收发器。最大模式与最小模式系统的主要区别是需要增加用于转换总线控制信号的总线控制器 8288。8288 将 CPU 的状态信号转换成总线命令及控制信号，并用这些总线命令及控制信号控制 8282 锁存器、8286 总线收发器以及 8259A 优先级中断控制器。

5.4 自 测 题

1．根据传送信息的种类不同，系统总线分为__①__、__②__和__③__。

参考答案：① 地址总线　② 数据总线　③ 控制总线

2．RESET 信号为__①__电平时，8086 CPU 进入复位状态。该信号结束后，CPU 内部代码段段寄存器 CS 的内容为__②__，IP 寄存器内容为__③__，程序将从地址__④__开始执行。

参考答案：① 高　② FFFFH　③ 0　④ FFFF0H

3．8086 CPU 的基本总线周期由__①__个时钟组成。在读/写操作的总线周期中，CPU 从__②__状态开始检查 READY 信号，__③__电平时有效，说明存储器或 I/O 端口准备就绪，可以进行数据的读写；否则，CPU 可自动插入一个或几个__④__，以延长总线周期，从而保证快速的 CPU 与慢速的存储器或 I/O 端口之间协调地进行数据传送。

参考答案：① 4　② T_3　③ 高　④ 等待状态

4. 8086 CPU 在执行字数据读写操作时，当字地址是偶数时，需要 ① 个总线周期完成，而当字地址是奇数时，需要 ② 个总线周期完成。

参考答案：① 1 ② 2

5. 8086 最小模式下，读总线周期和写总线周期相同之处是：在 ① 状态开始使 ALE 信号变为有效 ② 电平，并输出信号 ③ 来确定是访问存储器还是访问 I/O 端口，同时送出 20 位有效地址，在 ④ 状态的后部，ALE 信号变为 ⑤ 电平，利用其跳变将 20 位地址和的状态锁存在地址锁存器中；相异之处是：从 ⑥ 状态开始的数据传送阶段。

参考答案：① T_1 ② 高 ③ $M/\overline{IO}$ ④ T_1 ⑤ 低 ⑥ T_2

6. 在构成 8086 最小系统总线时，地址锁存器 8282 的选通信号 STB 应接 CPU 的 ① 信号，输出允许端 $\overline{OE}$ 应接 ② ；数据收发器 8286 的方向控制端 T 应接 ③ 信号，输出允许端 $\overline{OE}$ 应接 ④ 信号。

参考答案：① ALE ② 地 ③ $DT/\overline{R}$ ④ $\overline{DEN}$

7. 微型计算机采用总线结构有什么优点？

参考答案：(1) 简化了系统结构，使整个系统结构清晰，连线少。

(2) 简化了硬件设计。无论是自己选择芯片组成系统机还是在现成的系统机上开发微机应用系统，由总线规范给出了传输线和信号的规定，并对存储器和 I/O 设备如何“挂”在总线上都作了具体规定，降低了硬件设计的复杂性。

(3) 易于升级更新。在微机更新时，可以直接更换主板及过时的部分零配件，以提高微机的运行速度和内存容量，并不一定需要将旧微机废弃。

(4) 系统可扩充性好，易于维护。规模扩充仅仅需要多插一些同类型的插件，功能扩充仅仅需要按总线标准设计新插件，插入微机的扩充插槽中即可，这使得系统扩充既简单又快速可靠，还便于查错。

8. 什么是时钟周期？什么是总线周期？8086 CPU 的基本总线周期是多少个时钟周期？

参考答案：时钟周期是 CPU 的基本时间计量单位，它由计算机的主频决定，是计算机主频率的倒数。总线周期是 CPU 通过系统总线对外部存储器或 I/O 接口进行一次访问所需的时间。

在 8086 CPU 中，一个基本的总线周期由 4 个时钟周期组成。

9. 当存储器或 I/O 设备读写速度较慢时，应如何向 CPU 申请等待状态？

参考答案：见第 95 页题 7 解。

10. 在 8086 系统总线中为什么要有地址锁存器？

参考答案：因为 8086 CPU 采用了地址总线与数据总线复用、地址总线与状态线复用技术，在构成计算机系统时，必须附加锁存器，以形成独立的系统级总线中的地址总线和数据总线。在总线周期的 T_1 状态，CPU 在复用线上输出地址信息，以指出要寻址的存储器单元或外设端口地址，而且在复用线 $\overline{BHE}/S_7$ 上输出 $\overline{BHE}$ 信号。为了告诉地址已准备好，可以被锁存，CPU 此时还会送出高电平的 ALE 信号，所以 ALE 是允许锁存的信号。从总线周期的 T_2 状态开始，复用线上不再是地址信息，而是数据信息(AD_{15}～AD_0)或状态信息(A_{19}/S_6～A_{16}/S_3)，$\overline{BHE}$ 也无效了，但因为有了锁存器对地址和 $\overline{BHE}$ 进行锁存，所以在总线周期的后半部分，地址和数据同时出现在系统的地址和数据总线上；同样，此时 $\overline{BHE}$ 也在锁存器输出端呈现有效电平，于是，确保了 CPU 对存储器和 I/O 设备的正常读/写操作。

第 6 章　半导体存储器及接口

6.1　学 习 要 点

- 存储器的分类和分级
- 半导体存储器件
- 地址译码技术
- 80X86 CPU 的存储器结构
- 高速缓冲存储器(cache)的作用及工作原理

6.1.1　存储器

存储器是计算机的重要组成部分，是用来存放程序及数据(记忆)的物理实体。

1．存储器的分类

1) 按存储器和 CPU 的关系分类

按存储器和 CPU 的关系，可将存储器分为内存储器和外存储器。

(1) 内存储器：存放机器正在处理及运行的指令和数据，其特点为存储容量一定、速度快、CPU 可直接读/写。

(2) 外存储器：存放当前用不着的数据和程序，一旦需要时，须先调入内存，其特点为存储容量大、速度慢。例如，硬盘、软盘、磁带(盒)等组成的磁表面存储器即为外存储器。

内存储器与外存储器的关系就如同阅览室与图书馆的关系。

2) 按存取方式分类

微机中内存都用半导体存储器，按其存取方式分为读写存储器 RAM 和只读存储器 ROM，见图 6.1。

图 6.1　微型计算机中存储器的分类

(1) RAM：使用时可读可写、随机存取的存储器。

(2) ROM：使用时只读不写的存储器。

2．存储器的分级

当前存储技术与器件在容量和速度上存在不可调和的矛盾。微机系统根据程序和数据的访问频度设若干级(常设五级)存储系统，简单图示如下：

	(1级) 寄存器 →	(2级) 高速缓存 →	(3级) 主存储器 →	(4级) 硬盘、光盘 →	(5级) 磁盘机
构成：	CPU内部	双极性器件	MOS{RAM, ROM}		长期大容量磁盘
容量：	几个字节	几个MB	几个GB	几百GB	几亿字节
访问速度：	ns级		ns级	ms级	

高 ——————————→ 低(访问频度)

高 ——————————→ 低(速度)

低 ——————————→ 高(容量)

需要说明的是，并不是每种微机系统都具备以上五级存储系统；另外，速度高的存储器其集成度往往低，造价高，不适用于大容量存储器中。

3．存储器的性能指标

1) 存储容量

● **含义**

存储单元：指存储器中每个独立地址所对应的存储空间，是计算机的基本存储器单元，一般为一个字节。

存储容量：指存储器所能容纳的最大二进制信息字节数。

字节地址：指存储器单元对应一个字节数据的地址编号。

● **单位**

存储容量常用单位是位和字节。其中：

$$位 = 字数 \times 字长$$

1 字节(B) = 8 位二进制位(bit)(微机中存储器按字节组织存放)，1024 bit = 1 KB。

例如：若存储容量是 4096 字，当字长为 16 位时，则存储容量按“位”组织存放为 4096 × 16，按“字节”组织存放为 4096 × 2 = 8 K；当字长为 32 位时，则存储容量按“位”组织存放为 4096 × 32。

2) 最大存取时间

存储器从收到地址码到读/写完毕所需的时间叫做存取时间，一般手册给出为最大存取时间。

3) 可靠性

可靠性指抗干扰(温度、电磁场)的能力，一般无故障平均为几千小时以上。

4) 功耗

功耗包括维持功耗和操作功耗。

(1) 维持功耗：存储器不进行读/写操作时的功耗，该功耗一般很小。

(2) 操作功耗：存储器进行读/写操作时的功耗。

5) 其他

集成度(1，16，64 兆位/片)、价格、重量等。

6) 易失性

易失性指电源断开后，存储器的内容是否丢失。如果某种存储器在断电后，仍能保存其中的内容，则称为非易失性存储器，否则，就叫易失性存储器。

4．存储器的一般结构

(1) 80X86 微机系统的存储器结构。

微机的内存储器是按字节组织存放的，每个字节都是可寻址单元，对 8086/8088 系统，每个单元有确定的 20 位地址总线(A_{19}～A_0)；对 80386 系统，每个单元有确定的 32 位地址总线(A_{31}～A_0)。

对 8088 系统，存储器是单一存储体；对 8086 系统，存储器由奇偶字节库组成(由 $\overline{BHE}$、A_0 选择)；对 80386 系统，有 4 个存储体(由 $\overline{BE_3}$ ～ $\overline{BE_0}$ 选择)。

(2) 常用内存储器的存储器件有 ROM 和 RAM。

① ROM：

- 2 K × 8 位(2716)
- 8 K × 8 位(2764)
- 16 K × 8 位(27128)
- 4 K × 8 位(2732)

② RAM：

- 动态 RAM：16 K × 1 位(2118)
- 动态 RAM：64 K × 1 位(2164)
- 静态 RAM：2 K × 8 位(6116)

单片存储容量为 M × N，其中：

M：表示芯片中所有可寻址的单元数，它决定了该器件的地址引脚位数。例如，2 K × 8 位 2716 的地址线是 11 位(2^{11} = 2048 = 2 K)。

N：表示每个可寻址单元的存储位数(即存储“位”信息)，它决定了该器件的数据引脚位数。例如，对于 16 K × 1 位(2118)(16 KB 的同一位)，若由 2118 组成 16 KB 容量的存储器，则需 8 片 2118。

(3) 典型的内存模块设计中的几个问题：

① 单片容量有限，在要求一定存储容量(几百 KB)的情况下，通常将单片存储器芯片排成阵列放在一个印刷板上，称之为内存模块(见图 6.2)。

② 存储器模块一般由存储器接口和存储器阵列两部分组成。CPU 中地址线的高位对存储器模块寻址(模块选择)，低位对模块内部存储单元寻址(片选择)。

在内存容量较小的系统中，也可以不用模块结构，甚至也不用分组结构。所以，在实际系统中内存器件按所需位数直接排列。通常，一条行选择线用来选一个字或者一个字节，而一条列选择线用来选一个数位，因此，行选择线也叫字线，列选择线也叫位线。

③ 存储器接口的作用如下：

(a) 在系统总线与存储器阵列间完成数据缓冲；

(b) 地址译码；

(c) R/W 控制；

(d) 再生控制(动态刷新 DRAM)。

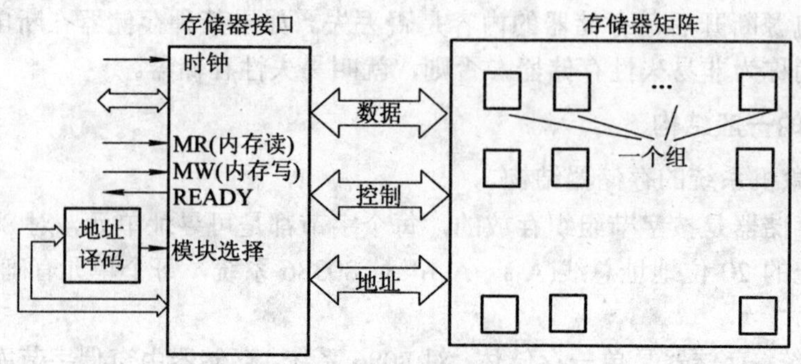

图 6.2　典型的内存模块设计

另外，存储器接口的电路结构在下列几个因素上具有较大的差异：

(a) CPU 工作方式(最大/最小)；

(b) 类型(8086/8088)；

(c) 使用器件类型(SRAM/DRAM)；

(d) 单片容量大小。

(4) 内存的总容量由若干存储器模块组成。内存空间是由内存模块插件板插在系统扩展槽上并与系统总线相连构成的。图 6.3 表示了由多个模块构成的一个内存空间。

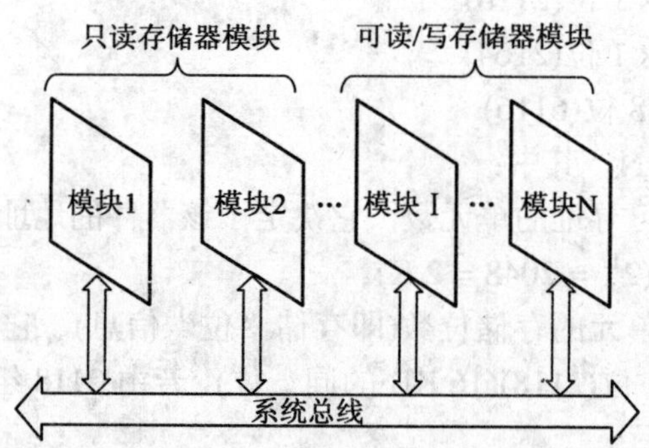

图 6.3　多个模块构成的内存空间

6.1.2　半导体存储器件

微机中的内存和高速缓存从功能和应用的角度分为只读存储器(ROM)和随机读写存储器(RAM)两类。

1. 只读存储器(ROM)

ROM 是使用时只读、不写的存储器，其结构、分类和特点如下。

1) 结构

ROM由地址译码器、存储矩阵和输出缓冲器3部分组成。存储矩阵实质上是一个单向导通选择开关阵列，可采用二极管、双极三极管、MOS三极管作单向选择开关。ROM存储矩阵中基本存储电路的编址方式与RAM的相同。输出缓冲器采用三态门结构。

2) 分类

根据选择开关状态设置方法的不同，可将ROM分为3类。

(1) 掩膜编程的ROM：工厂生产出厂时用掩膜技术将所有信息固化好且不可更改。一般称之为ROM。它采用单向导通选择开关，既可用双极工艺实现，也可用MOS工艺实现。它的用途主要有以下两方面。

① 用作标准程序存储器。如BASIC语言的解释程序、汇编语言的汇编程序、FORTRAN语言的编译程序。

② 存储数学用表(如正弦表、余弦表、开方表等)、代码转换表、逻辑函数表、固定常数及阴极射线管或打印机用的字符产生图形等。

(2) 现场编程ROM：产品出厂时未存信息的全为0(或全为1)，使用时由用户用熔断法或机械法一次性将程序固化置入，不可再更改。

(3) 可改写的PROM：简称EPROM，它又分为以下几种：

① 紫外线擦除(UVEPROM)：可反复擦除(擦全部内容)、写入，用于微型机的标准程序存储器或专用程序存储器。

② 电擦除(E^2PROM)：擦除时间短，可擦局部内容，但价高不常用。

③ 闪速存储器(Flash Memory)：从EPROM演化而来，采用沟道氧化技术，是主机系统内电可重写的非易失性存储器，可以在线擦除和编程，但其基本存储单元只需一个晶体管。

3) 特点

ROM的主要特点有：非易失性，工作时仅读，是存储器系统中不可少的部分，用于保存存放永久性的数据，如各种系统软件、应用程序和常数、表格等。掩膜ROM和PROM只用于大批量生产的微机产品；EPROM和E^2PROM适于产品研制和小批量生产。FLASH兼有E^2PROM和SRAM的优点，FLASH的编程速度快，掉电后内容又不丢失。主要用作小型磁盘(如U盘)。

2. 随机读写存储器(RAM)

RAM是使用时可读可写、随机存取的存储器。其特点是读写方便，使用灵活；但是一旦断电，所存信息就会丢失。一般用作各种二进制信息的临时或缓冲存储，如存放当前正在运行的程序和数据；作为I/O数据缓冲存储器；用作堆栈等。

RAM分为静态随机存取存储器(SRAM)、动态随机存取存储器(DRAM)和准静态随机存取存储器(IRAM)等3类。SRAM速度高，但集成度低、成本高、功耗大，一般只用于cache和小容量内存系统。DRAM集成度高、价格低、功耗小，一般用于组成大容量内存系统。而IRAM兼有SRAM和DRAM的优点，应用前景较广。SRAM芯片举例如下。

1) 静态随机存取存储器(SRAM)

这里以Intel 6116 SRAM为例，介绍SRAM芯片。

(1) 主要性能。

① 24DIP；

② 容量：2 K × 8 位；

③ 读取时间：85～150 ns；

④ 功耗大。

(2) 结构：分四部分：

① 存储体：128 × 128 矩阵(2048 × 8 = 16384)能够寄存二进制信息的基本存储电路的集合体，可排列成一定的阵列进行编址。

② 地址译码与驱动部分 128 行：A_4～A_{10} 7 根线经行译码产生 128(2^7)条行选线。

采用双译码法(行译、列译)：A_0～A_3 4 根线产生 16(2^4)条列译码输出，每条列译码同时接 8 位(构成一组)，共 16 组，从而组成 128(16 × 8)条列选线。

共 11 根地址线(2^{11} = 2 K)。

③ 三态双向缓冲器：用做 RAM 的数据 I/O 控制电路，以使 RAM 的数据 I/O 端能方便地挂接到系统数据总线上。

④ 存储器控制电路：通过 RAM 的引线端，接收来自 CPU 或外部电路的控制信号，经组合、变换后，对存储矩阵、地址译码器及三态双向缓冲器进行控制。RAM 的控制信号引线端通常有：$\overline{CS}$ 或 $\overline{CE}$ 、$\overline{OE}$ 或 $\overline{OD}$ 以及 R/W 或 $\overline{WE}$。

2) 动态随机存取存储器(DRAM)

这里以 Intel 2164A DRAM 为例，介绍动态 RAM 芯片的工作原理。

(1) 主要性能。

① 16DIP；

② 容量：64 K × 1 位；

③ 地址线数：64 × 1024 = 2^{16}，有 16 条地址线(A_0～A_{15})；

④ 单元电路数：64 × 1024 = 65 536；

⑤ 矩阵组成：4 个 128 × 128 的存储矩阵。

(2) 工作原理：采用分时技术。芯片本身应有 16 个引脚作为地址线，但实际上只有 8 个引脚作地址引线，为实现 16 位地址控制，采用分时技术将 16 位地址码分两次从 8 条地址引线上送入芯片内部，而在片内设置 8 位锁存器。即当 $\overline{RAS}$ = 0(行选通有效)时，A_0～A_7 选通，进行行锁存；当 $\overline{CAS}$ = 0(列选通有效)时，A_8～A_{15} 选通，进行列锁存。

其中 A_0～A_6 及 A_8～A_{14} 用来对 4 个 128 × 128 存储阵列进行行列地址译码及选择，即 A_0～A_6 通过行译码选择 4 个阵列中的同一行，A_8～A_{16} 经列译码选择 4 个阵列中的同一列。地址线 A_7 及 A_{15} 则用来选择 4 个阵列中的一个。

● DRAM 的连接与再生

DRAM 中，信息以电荷形式存储在电容上，温度每增加 10℃，漏电就增加 1 倍。

(1) 问题的提出。MOS 管源栅电阻虽大但不是无穷大，存在泄漏电流，电容上电荷不可能永久保存，须定时恢复，所以定时对 DRAM 基本存储单元电路进行信息恢复工作称存储器刷新(再生)。刷新是按行进行的。

虽然一行中的各基本存储电路在读/写时都由刷新放大器进行了刷新，但由于访问 DRAM 各行的随机性特性，必须有专门的刷新周期定时对 DRAM 各行的所有电路刷新。

(2) 刷新方式。

① 集中刷新(定时集中再生方式)：将刷新周期分两部分。

(a) CPU 对存储器进行正常的读/写。

(b) 停止 CPU 对存储器的读/写，集中进行刷新。

② 分散刷新(非同步再生)：IBM-PC 机采用，每隔一定时间刷新一行，避免了 CPU 较长时间不能访问存储器的问题，但仍占用 CPU 时间。

③ 透明再生(同步式再生)：再生操作时 CPU 不停止工作，因而减少了特别增设的再生操作时间，有利于高速化，而且线路也不复杂，采用较多。

(3) 刷新周期的特点(与存储器正常读/写之区别)。

相同点：再生过程与读/写过程类似，再生周期与读/写周期相等。

不同点：再生按行进行。具体有如下三点：

① 刷新地址由专门的寄存器(刷新地址寄存器)提供而不来自 AB，不需列地址。

② 同时刷新存储器各模块中(即列选信号无效)每一块的同一行；而存储器正常读/写时仅选中存储器某一模块中某一块的某一行某一列存储单元。

③ 片内各芯片数据输出高阻状态。

● 内存条简介

通常采用大容量的 DRAM 作为内存条。

(1) 内存条的性能指标。

① 速度：指每存取一次数据所需要的时间。

② 数据宽度：指一次所能传输的数据字长；数据带宽：指内存的数据传输速率。

③ 内存条的“线”：指内存条与主板插接时的接触点数。

不同的内存条必须安装在主板上的专用内存插槽上。应用在台式电脑的内存插槽主要有：SIMM、DIMM、RIMM。

SIMM(Single In-Line Memory Module，单边接触内存模组)是 486 及其较早的 PC 机中常用的内存插槽。SIMM 内存插槽主要有两种：30 线和 72 线。30 线内存条每条 8 位。72 线内存条每条 32 位。

DIMM(Dual In-Line Memory Module，双边接触内存模组)内存插槽是指这种类型接口内存的插板的两边都有数据接口触片，这种接口模式的内存通常为 84 线或 92 线，但由于是双边的，所以一共有 $84 \times 2 = 168$ 线或 $92 \times 2 = 184$ 线接触。DIMM 内存插槽支持 64 位数据传输，使用 3.3 V 电压。

RIMM(Rambus In-Line Memory Module)内存插槽就是支持 Direct RDRAM 内存条的插槽。RIMM 有 184 线，资料的输出方式为串行，与现行使用的 DIMM 模块 168 线，并列输出的架构有很大的差异。

④ 内存的容量：指字数与字长的乘积。

⑤ 内存的电压：多为 3.3 V、2.5 V 及 1.8 V。

⑥ 内存时钟周期 TCK(Clock Cycle Time)：指系统总线频率的倒数。

⑦ CAS 等待时间：指 $\overline{CAS}$ 信号有效后需要经过多少个时钟周期才能读/写数据。通常为 2 或 3。

(2) 内存条的种类。

① FPM DRAM(Fast Page Mode DRAM)：内存容量为 1 MB 或 2 MB，内存条为 72 线，每条 32 位，存取速度在 60 ns 以上。其在 80486 机中普遍使用。

② EDO(Extended Data Out，扩展数据输出) DRAM：其特点是在完成当前内存周期前即可开始下一内存周期的操作。内存条有 72 线和 168 线两种，每条 32 位，存取速度在 60 ns 左右，最短为 40 ns。多用于老式 Pentium 主板上。

③ SDRAM(Synchronous DRAM)：即同步 DRAM。SDRAM 在读/写时，与 CPU 一样以主时钟作为同步时钟，可大幅度提高流水线处理速度，成组传送(在 SDRAM 中，只要指定一个特定地址，就可以一次读出多个数据)。内存条有 168 线，数据宽度为 64 位，存取速度为几个 ns。

④ DDR SDRAM(Double Data Rate SDRAM)：即双速率同步内存。DDR SDRAM 利用了时钟周期的两个沿进行数据传输，使数据传输率提高 1 倍。内存条有 184 线，数据宽度为 64 位，工作电压为 2.5 V，DDR 400 的内存带宽为 3.2 GB/s。

⑤ RDRAM(Rambus DRAM)：是 Rambus 公司开发的具有系统带宽、芯片到芯片接口设计的内存。它能在很高的频率范围下通过一个简单的总线传输数据，同时使用低电压信号，在高速同步时钟脉冲的两边沿传输数据。内存条有 184 线，数据宽度为 64 位，工作电压为 2.5 V，RDRAM 的内存带宽可达到 4.8 GB/ s。

6.1.3　地址译码技术

在计算机系统中，存储器的编址方式确定以后，为了使 CPU 能和存储器中的某一存储单元准确地进行信息传送和处理，还必须对存储单元进行确切的地址编号。存储器的片内地址线连接较为简单，一般只要将芯片的地址输入端直接与系统地址总线中的低位地址线对应相连；而片选地址线则需接地址译码信号，决定芯片的地址范围。

注意，存储器空间的大小决定于系统地址线的最大宽度，也就是说，存储器空间的地址译码要用到所有的系统地址总线，对于 8086/8088 CPU，存储器空间地址译码要用到 20 根地址线 A_{19}～A_0。

原则上，除用于片内寻址的低位地址线，剩余的高位地址线都应该参加地址译码，才能为芯片确定唯一的地址范围。但在某些较小型微机系统中，为减少硬件连线，也可以只利用剩余的高位地址线中的部分地址线参加地址译码。常用的地址译码方法有：线性选址法和译码选址法。

线性选址法、译码选址法的共同之处在于系统总线的低位地址线都是直接接存储器芯片的片内地址线，而其存储器片选控制则根据对余下高位地址总线的译码方案各不相同。

1．线性选址法

线性选址法是一种将剩余的高位地址线不加译码电路，直接作为芯片选择信号的方法。

如图 6.4 所示，在某地址总线宽度为 16、数据总线宽度为 8 的微机系统中，扩展 3 片 8 K × 8 b 的 EPROM 作为程序存储器。EPROM 的 13 根片内寻址线与系统地址总线的低 13 位 A_{12}～A_0 对应相连，而系统地址总线剩余的高 3 位地址线不参加译码，直接与 3 片 EPROM 的片选端相连。

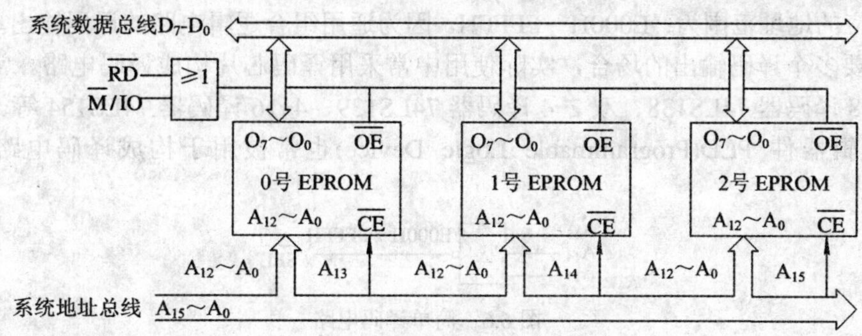

图 6.4　用线选法扩展 3 片 EPROM

显然，线性选址法的硬件连接简单，但却存在问题：其一，一段地址空间可能选中多个芯片，某个芯片有多段可利用的地址空间，因此，在线性选址法译码的计算机扩展系统中，为芯片分配地址时，需格外地仔细，要求为每一芯片分配的地址空间必须是唯一的。

图 6.5 是图 6.4 所示系统中 3 片 EPROM 的存储空间地址分布情况。图中阴影段是 EPROM 的有效地址范围。观察图中行方向的阴影，可知每一芯片在整个 64 KB 寻址空间上有多个地址有效范围，即每一芯片都有影像地址。例如，0000H～1FFFH，4000H～5FFFH，8000H～9FFFH 和 C000H～DFFFH 都是 0 号 EPROM 的有效地址范围。观察图中列方向的阴影，可知每一段 8 KB 的地址空间又可能同时选中多个芯片。例如，0000H～1FFFH 就同时选中了这 3 片 EPROM。为遵循每一芯片的地址空间必须唯一的地址分配原则，我们可选择图中有交叉阴影的地址段作为各个芯片的寻址空间，依据是：该交叉阴影的地址段在图中列的方向上为唯一阴影区。于是 0 号 EPROM 的地址空间为：C000H～DFFFH；1 号 EPROM 的地址空间为：A000H～BFFFH；2 号 EPROM 的地址空间为：6000H～7FFFH。

线性选址法译码的另一个问题就是：芯片组之间的地址号可能是不连续的。

线选法一般用于较小规模的计算机系统中，系统寻址资源不能充分利用。

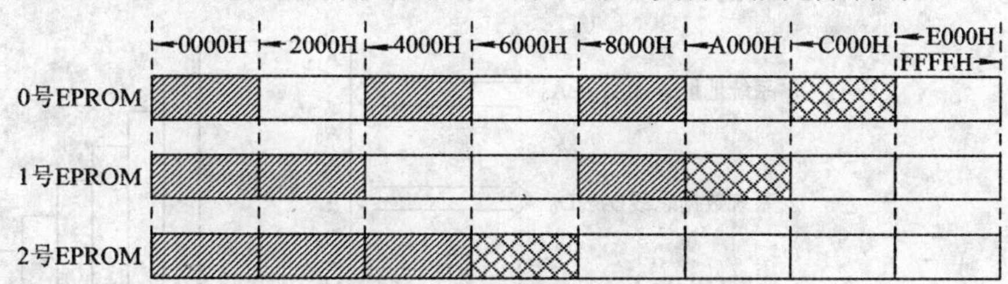

图 6.5　存储空间地址分布示意图

2．译码法

译码法是一种将剩余的高位地址线接入译码电路，译码输出作为芯片选择信号的方法。译码法可分为局部译码法和全局译码法。

局部译码法：对余下高位地址总线中的一部分进行译码，译码输出作为各存储器芯片的片选控制信号。

全局译码法：对余下高位地址总线中的全部进行译码，译码输出作为各存储器芯片的片选控制信号。不同于上述两种方法的是译出地址连续，不存在地址重叠问题。

译码电路可以由通用组合逻辑电路芯片构成，图 6.6 中用与非门构成一个译码电路，它的输出对应的地址范围为：E000H～FFFFH。因为通用组合逻辑电路的译码输出单一，因而不适合需要多个译码输出的场合，实际使用中常采用译码芯片构成译码电路。常用的译码芯片有 3-8 译码器 74LS138、双 2-4 译码器 74LS139、4-16 译码器 74LS154 等。近年来，可编程逻辑器件 PLD(Programmable Logic Device)也常被用于构成译码电路，如芯片 PAL16L8。

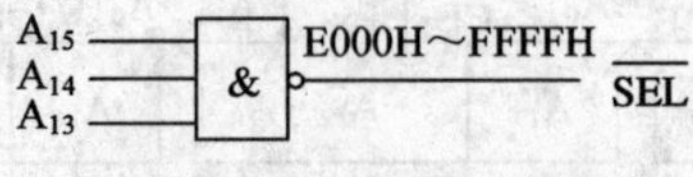

图 6.6　简单译码电路

图 6.7 是 74LS138 的引脚逻辑图和译码功能表。图 6.8 是一个利用 74LS138 构成译码电路的 8088 系统存储器阵列示意图，每片 EPROM 的地址唯一且连续。注意译码器的使能端 $\overline{G2A}$、$\overline{G2B}$ 和 G1 常可用作扩展地址译码端。

74LS138：C、B、A、$\overline{G2A}$、$\overline{G2B}$、G1；$\overline{Y_0}$～$\overline{Y_7}$

3-8译码器逻辑关系

输入端						输出端							
使能端			选择端										
G1	$\overline{G2A}$	$\overline{G2B}$	C	B	A	$\overline{Y_7}$	$\overline{Y_6}$	$\overline{Y_5}$	$\overline{Y_4}$	$\overline{Y_3}$	$\overline{Y_2}$	$\overline{Y_1}$	$\overline{Y_0}$
1	0	0	0	0	0	1	1	1	1	1	1	1	0
1	0	0	0	0	1	1	1	1	1	1	1	0	1
1	0	0	0	1	0	1	1	1	1	1	0	1	1
1	0	0	0	1	1	1	1	1	1	0	1	1	1
1	0	0	1	0	0	1	1	1	0	1	1	1	1
1	0	0	1	0	1	1	1	0	1	1	1	1	1
1	0	0	1	1	0	1	0	1	1	1	1	1	1
1	0	0	1	1	1	0	1	1	1	1	1	1	1
其他组合			任意			1	1	1	1	1	1	1	1

图 6.7　3-8 译码器 74LS138 及其功能表

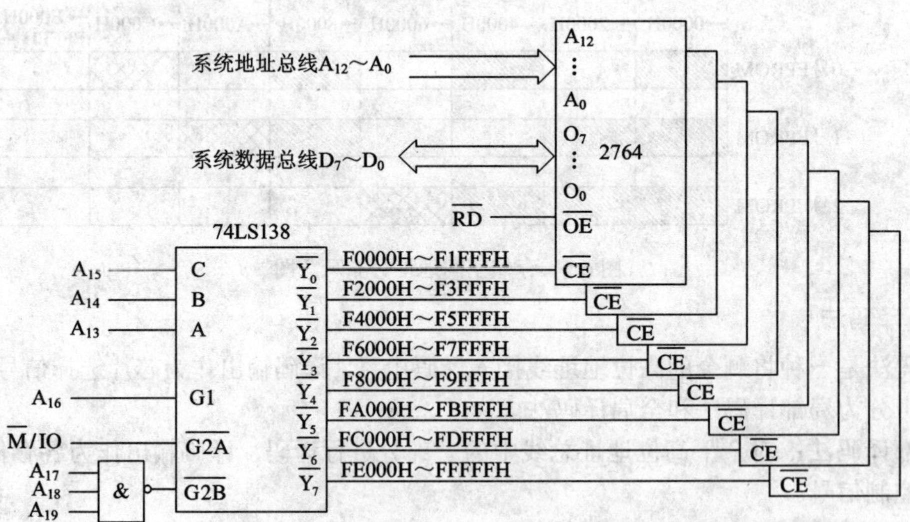

图 6.8　8 片 2764EPROM 构成 64 K × 8 存储器阵列

6.1.4　80X86 CPU 的存储器结构

1．8086 微机系统的特殊存储器结构

8086 微机系统的 1 MB 存储器由两个存储体组合而成，如图 6.9(a)所示。图中偶地址与奇地址存储体各占 512 KB，其选通信号分别为 A_0 和 $\overline{BHE}$，A_{19}～A_1 共 19 根地址线用来作为两个库内的存储单元的寻址信号，且偶地址存储体数据线只和低 8 位数据线相连，奇地址存储体数据线只和高 8 位数据线相连。

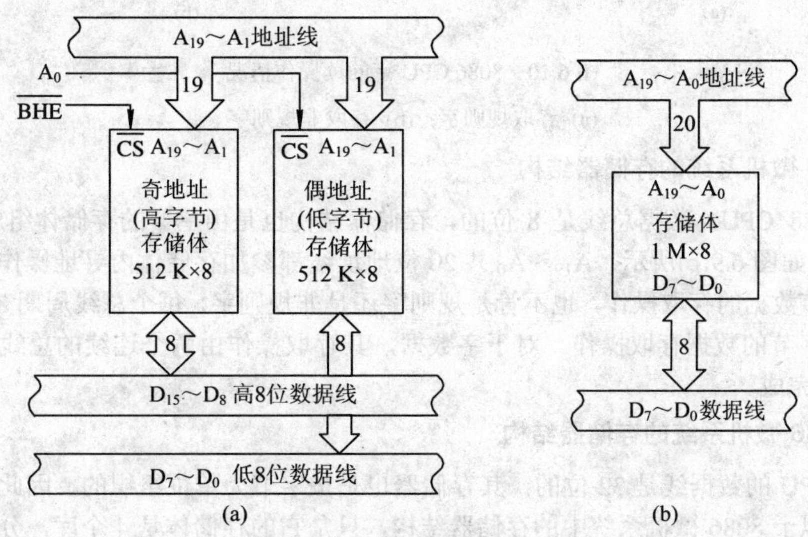

图 6.9　8086/8088 存储器结构

(a) 8086 存储器结构；(b) 8088 存储器结构

在 8086 CPU 的指令系统中，既有字节操作也有字操作。8086 CPU 对存储器每进行一次字节数据的存取，无论其地址是偶地址或奇地址，都只需一个总线周期，而当 8086 CPU 对存储器进行一次字数据的存取时，其所需的总线周期则与字的地址是偶地址还是奇地址密切相关，表现如下：

(1) 进行一次规则字(偶地址)存取，需要一个总线周期。

此时，$A_0 = 0$，$\overline{BHE} = 0$，就可以一次实现在两个库中完成一个字(高低字节)的存取操作，所需的 $\overline{BHE}$ 及 A_0 信号是由字操作指令给出的，如图 6.10(a)所示。

(2) 进行一次非规则字(奇地址)存取，需要两个总线周期才能完成。在第一个总线周期中，$A_0 = 1$，$\overline{BHE} = 0$，CPU 存数时将这个字的低位字节送到奇地址库中，而在取数时将这个数的低位字节从奇地址库中读出；在第二个总线周期中，$A_0 = 0$，$\overline{BHE} = 1$，CPU 将这个字的高位字节存放到偶地址库中，或在取数时将这个数的高位字节从偶地址库中读出。

注意，8086 CPU 会自动完成对非规则字的存取操作，如图 6.10(b)所示。

因此，字数据的非规则存放会使 CPU 对其存取速度减慢，造成时间的浪费。

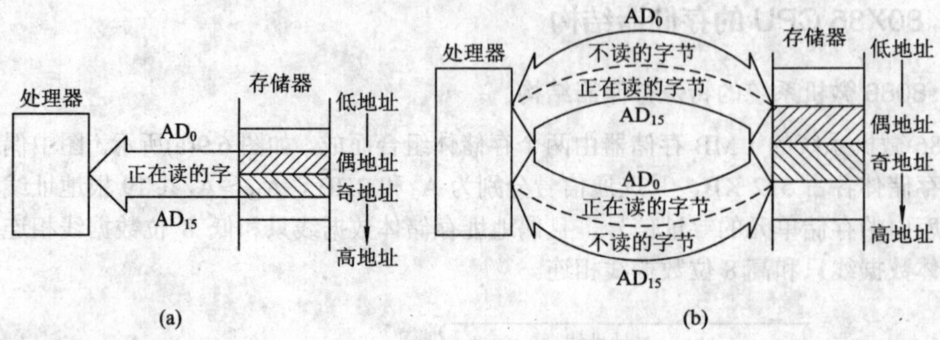

图 6.10　8086 CPU 字的读操作情况

(a) 存取规则字；(b) 存取非规则字

2．8088 微机系统的存储器结构

对于 8088 CPU，数据总线是 8 位的，存储器结构也是由单一的存储体组成的(引脚无 $\overline{\text{BHE}}$ 信号)，如图 6.9(b)所示，A_{19}～A_0 共 20 位地址线都参加存储体内寻址操作。所以无论是字还是字节数据的存取操作，也不管是规则字还是非规则字，每个总线周期 8088 CPU 只能完成一个字节的数据存取操作。对于字数据，其存取操作由两个连续的总线周期组成，由 CPU 自动完成。

3．80386 微机系统的存储器结构

80386 CPU 的数据线是 32 位的，其存储器也是按字节为单位组织的，因此它的存储器结构非常类似于 8086 微机系统中的存储器结构，只是它的存储体是 4 个库，分别与数据总线的 D_7～D_0、D_{15}～D_8、D_{23}～D_{16} 和 D_{31}～D_{24} 相连，选通信号分别为 $\overline{BE_0}$ ～ $\overline{BE_3}$，A_{31}～A_2，共 30 根地址线用来作为库内存储单元的寻址信号。注意，规定与 D_7～D_0 相连的库中存储单元的地址是能被 4 整除的，该库的选通信号是 $\overline{BE_0}$。

4．Pentium 微机系统的存储器结构

Pentium 微处理器的数据线是 64 位的，包含 8 个存储体，分别与数据总线的 D_7～D_0、D_{15}～D_8、D_{23}～D_{16}、D_{31}～D_{24}、D_{39}～D_{32}、D_{40}～D_{47}、D_{48}～D_{55} 和 D_{56}～D_{63} 相连，选通信号分别为 $\overline{BE_0}$ ～ $\overline{BE_7}$。

6.1.5　高速缓冲存储器(cache)

1．cache 的基本工作原理

cache 是介于内存和 CPU 之间的一种快速小容量存储器，它保留一份内存的“内容拷贝”。它一般由高速 SRAM 组成，用来存放当前最频繁使用的程序块和数据。如局部循环或嵌套循环。其作用是有效减少 CPU 访问低速内存的次数，从而提高整机性能。

CPU 访问存储器时，cache 控制器要检查 CPU 送出的地址，判别 CPU 要访问的地址单元是否在 cache 中。若在，称为 cache 命中，CPU 可用极快的速度对它进行读/写操作；若不在，则称为 cache 未命中，这时就需要从内存中访问，同时把与本次访问相邻近的存储区

域内容复制到 cache 中。

2. cache 的编址和读/写操作

cache 与内存不统一编址(因 cache 中信息的调入(出)不由编程干涉，而由 CPU 根据一定的算法和规则来进行)。cache 结构的特点体现在两个方面：读结构和写策略。

1) 读结构

(1) 旁视 cache。CPU 向 cache 和主存同时发出数据请求。如果命中，则 cache 将数据送给 CPU，并同时中断 CPU 对主存的请求；若不命中，cache 不做任何动作，由 CPU 直接访问主存。

(2) 通视 cache。CPU 对主存的所有数据请求都首先送到 cache，在 cache 中查找。若命中，则切断 CPU 对主存的请求，并将数据送出；如果不命中，则将数据请求传给主存。

2) 写策略

(1) 写通策略。从 CPU 发出的写信号送 cache 的同时也写入主存。

(2) 回写策略。数据一般只写到 cache，当 cache 中的数据被再次更新时，将原更新的数据写入主存的相应单元，并接受新的数据。

3. cache 存储器的映像功能

从内存将某一部分内容调入高速缓冲存储器，通常是以页为单位调动的。高速缓存中各页所存放的位置与内存中相应页的映像关系，决定于对高速缓存的管理策略。教材中介绍了三种地址映像方式：全关联映像方式、直接映像方式和组关联映像方式。

(1) 全关联映像方式：主存与 cache 都被划分成大小相等的行。主存的任何行可以存储到 cache 的任何行中，而 cache 的任何行也能存储到主存的任何行中。

(2) 直接映像方式：将内存空间分成大小相等的若干页(如 128 页)，每页容量与 cache 容量(如 256 字)相等，内存的页内地址与 cache 的体内地址(如偏移地址)一一对应，内存页面地址由 cache 中的标记域表示，若 cache 命中，直接按页内地址访问 cache，构成直接映像方式。该方式访问速度快，容易产生页冲突。

(3) 组关联映像方式：把 cache 存储器的数据存储部分分成若干体，目前最多为 2 或 4 个体，且内存储器的页与 cache 中的体大小相等。这样，具有相同页内地址的内存单元，可以映像到多个存储体中相应的单元里，构成 N 路相联映像方式。

4. cache 内容的替换

(1) 直接映像方式的 cache 内容替换：当 CPU 对 cache 读/写操作未命中时，CPU 便在直接访问内存的同时，对 cache 内容进行替换。

(2) N 路相联映像方式的 cache 内容替换：常用最近最少使用(LRU)方法。

6.2 难点和重点

本章的难点与重点在于掌握静态芯片组的连接和动态存储器的连接与再生，理解高速缓存的概念。

1．静态芯片组的连接

1) 芯片组的组成

$$\begin{array}{ccccc} \text{单片RAM容量} & \xrightarrow{\text{组成}} & \text{1个芯片组容量} & \xrightarrow{\text{需要}} & \text{芯片数} \\ N\times1 & & N\times8 & & 8 \\ & & N\times16 & & 16 \\ & & N\times32 & & 32 \end{array}$$

2) 芯片组数

$$\text{芯片组数}=\frac{\text{总存储容量}}{\text{芯片组容量}}$$

3) 芯片数

$$\text{芯片数}=\frac{\text{总存储容量}}{\text{单片容量}}=\text{芯片组}\times\text{组内片数}$$

例 6.1　用 2114(1 K × 4 bit)组成 4 K × 8 bit 存储模块，求所需芯片组数和芯片数。

解： 1 个芯片组容量 = 1 K × 8 bit，组内片数 = 2，则

$$\text{芯片组数}=\frac{4\,\text{K}\times8\,\text{bit}}{1\,\text{K}\times8\,\text{bit}}=4$$

$$\text{芯片数}=4\times2=8$$

4) 存储器与系统总线的相连

方法：首先区分片内、片选地址线，将片内地址线、数据线和系统总线相应地一一相连，并将片选地址线译码处理后与 $\overline{CS}$ 相连。

假设某芯片容量为 M × N，则

片内地址线 = lbM

片选地址线 = 总容量所需地址线数−片内地址线

例 6.2　如何用 256 × 1 芯片组成 4096 × 8 存储容量。

解： ① 1 个芯片组容量 = 256 × 8，组内片数为 8 片。

②

$$\text{芯片组数}=\frac{4096\times8\,\text{bit}}{256\times8\,\text{bit}}=16$$

③ 片内地址线 = lb256 = $\text{lb}2^8$ = 8，即片内 8 条地址线分别与系统地址总线的 A_0～A_7 相连。

片选线 = lb4096−8 = $\text{lb}2^{12}-8$ = 12−8 = 4，即芯片组间的片选线分别接系统地址总线的 A_8～A_{11}。片内数据线分别与系统数据总线一一相连。

例 6.3　设某微机系统须扩展内存 16 KB RAM，扩充的内存空间为 0A8000H 开始的连续存储区。存储芯片采用 8 K × 8 bit 的 RAM 芯片，CPU 为 8088。

(1) 求出所需芯片数及地址线数。

(2) 写出各片 RAM 的所在地址空间。

(3) 画出存储器结构的连接图(所需门电路可自选)。

分析： (1) 由 RAM 芯片容量 8 K × 8 bit 可得出片内地址线为 13 条(因 2^{13} = 8 K)，数据线为 8 条。

(2) 扩展内存 16 KB 需 2 片这样的芯片。

(3) 因 CPU 为 8088，系统的地址线为 20 条，数据线为 8 条，芯片间存储地址是连续的，它是单一存储体。

(4) 由内存空间的起始地址可得出片选地址线的连接。

解：(1) 共需芯片数为

$$\frac{16\,\text{K}\times 8}{8\,\text{K}\times 8}=2$$

总容量所占地址线数为 14 条(因 $2^{14}=16$ KB)；片内地址线数 = 13 条($2^{13}=8$ KB)。

(2) 由内存起始地址 0A8000H，及单片 RAM 的存储容量 8 K × 8 bit，得出其编址情况为

$A_{19}A_{18}A_{17}A_{16}$	$A_{15}A_{14}A_{13}A_{12}A_{11}A_{10}A_9A_8$	$A_7A_6A_5A_4$	$A_3A_2A_1A_0$	
1 0 1 0	1 0 0 0 0 0 0 0	0 0 0 0	0 0 0 0	0A8000H
	0 1 1 1 1 1	1 1 1 1	1 1 1 1	0A9FFFH
	1 0 0 0 0 0	0 0 0 0	0 0 0 0	0AA000H
	1 1 1 1 1 1	1 1 1 1	1 1 1 1	0ABFFFH

(3) 我们将 A_{15}、A_{14}、A_{13} 接在 3-8 译码器的 A、B、C 端，A_{19}、A_{18}、A_{17}、A_{16} 接在 3-8 译码器的译码使能端，必须保证 A_{19}、A_{17} 及 A_{15} 同时为高电平，A_{18}、A_{16} 及 A_{14} 同时为低电平。连接如图 6.11 所示。

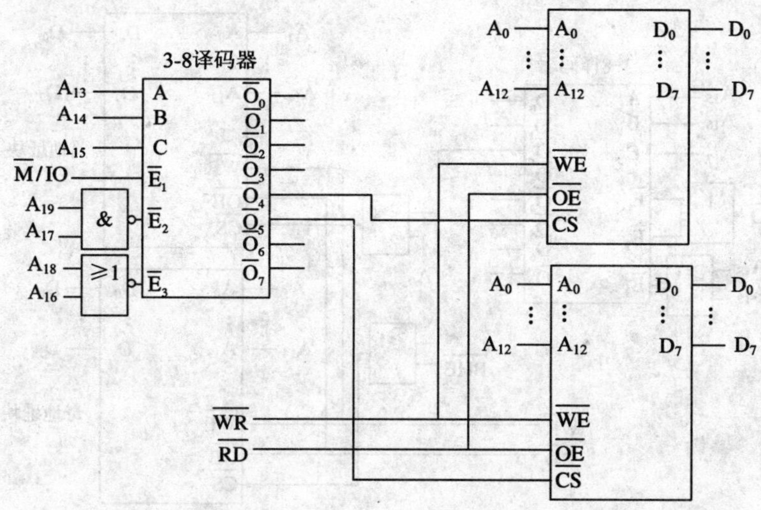

图 6.11　8 K×8 bit RAM 与 8088 CPU 组成 16 KB 存储空间的连线图

评注：(1) 注意地址的唯一性及连续性。

(2) 这类问题的难点在于地址线的连接。因此，要把编址情况列出来。而且要熟悉译码器的原理。

(3) 分清模块选择线(A_{19}～A_{14})、片选线(A_{13})及片内选择线(A_{12}～A_0)。

(4) 依据 CPU 的类型来决定片选线的连接。

例 6.4　设某微机系统须扩展内存 RAM 32 KB，扩充的内存空间为 10000H 开始的连续存储区。存储芯片采用 16 K × 8 bit 的 RAM 芯片，CPU 为 8086。

(1) 求出所需芯片数和地址线数。

(2) 写出各片 RAM 的所在地址空间。

(3) 试画出存储器结构的连接图(地址译码器采用 3-8 译码器，所需门电路可自选)。

分析：此题与例 4.2 主要不同的是 CPU 类型不同，8086 地址线为 20 条，数据线为 16 条，由信号 $\overline{BHE}$、A_0 来分别选择奇、偶地址，组成 16 位数据。

解：(1) 共需芯片数为

$$\frac{32\,K\times 8}{16\,K\times 8}=2$$

总容量所占地址线数为 15 条(因 2^{15} = 32 KB)；片内地址线数 = 14 条(2^{14} = 16 KB)。

(2) 由内存起始地址 10000H，及单片 RAM 的存储容量 16 K × 8 bit，得出其编址情况为

$A_{19}A_{18}A_{17}A_{16}$	$A_{15}A_{14}A_{13}A_{12}A_{11}A_{10}A_9A_8$	$A_7A_6A_5A_4$	$A_3A_2A_1A_0$	
0 0 0 1	0 0 0 0 0 0 0 0	0 0 0 0	0 0 0 0	10000H
	0 1 1 1 1 1 1 1	1 1 1 1	1 1 1 0	17FFEH
	0 0 0 0 0 0 0 0	0 0 0 0	0 0 0 1	10001H
	0 1 1 1 1 1 1 1	1 1 1 1	1 1 1 1	17FFFH

(3) 地址高端经译码后的输出端 $\overline{O_2}$ 分别和 $\overline{BHE}$、A_0 相或，接奇、偶地址块的片选端。奇地址最末一位为 1，偶地址最末一位为 0。存储器结构的连接图如图 6.12 所示。

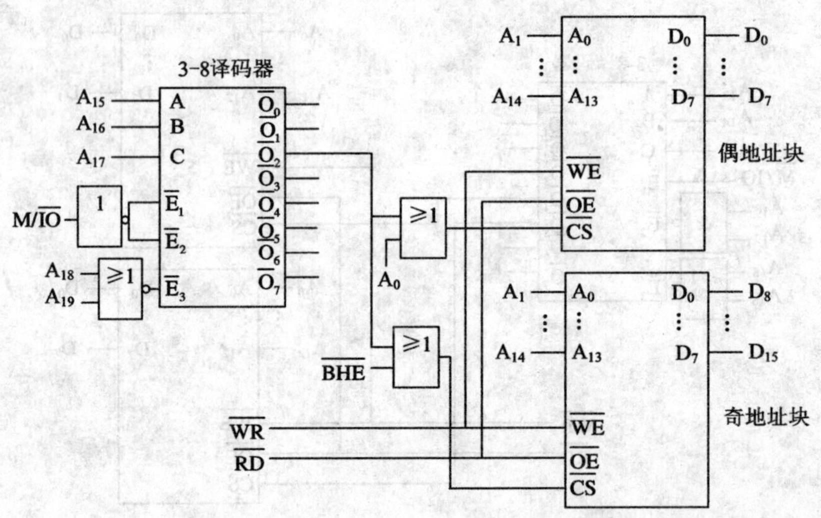

图 6.12 16 K×8 bit RAM 与 8086 CPU 组成 32 KB 存储空间的连线图

评注：CPU 为 8086，存储器扩展设计时，片内地址线不是从 A_0 开始，而是从 A_1 开始的，如此题片内地址线为 A_{14}～A_1。由此题，我们再来看 32 位机的存储器组成，就比较容易理解。在此，不再举例。

2. 动态存储器的连接与再生

微机系统中对 DRAM 的刷新是按行进行的。因此，单片 DRAM 有多少行，就分多少次进行刷新。若题中只给出单片容量，没有给出列数，则按行数等于列数考虑。

数据总线的连接与 SRAM、EPROM 的连接相同，是与 CPU 数据线直接相连的。但地

址线连接时，来自 CPU 的地址线需通过地址多路复用器转换成行地址和列地址，分两次送出给 DRAM。

例 6.5　用 16 K×1 bit DRAM 芯片组成 64 K×8 bit 存储器。

解：16 K×1 bit = $2^7 \times 2^7 \times 1$ bit，而 DRAM 芯片地址输入采用的是两路复用锁存方式，分两组输入，可看成 128 行、128 列，故需 128 次刷新。刷新计数器由 7 位触发器组成。

3. 高速缓存 cache

例 6.6　高速缓存 cache 的存取速度______。

A．比内存慢，比外存快　　B．比内存慢，比内部寄存器快

C．比内存快，比内部寄存器慢

解：选择 C。

6.3　习题与思考题选解

6. 对下列 RAM 芯片组排列，各需要多少个 RAM 芯片？多少个芯片组？多少根片内地址线？若和 8088 CPU 相连，则又有多少根片选地址线？

1 K×4 bit 芯片组成 16 K×8 bit 存储空间

8 K×8 bit 芯片组成 512 K×8 bit 存储空间

解：(1) 需要 32 个 RAM 芯片、16 个芯片组、10 根片内地址线、4 根片选地址线。

(2) 需要 64 个 RAM 芯片、64 个芯片组、13 根片内地址线、6 根片选地址线。

7. 某微机系统的 RAM 存储器由 4 个模块组成，每个模块的容量为 128 KB，若 4 个模块的地址连续，起始地址为 10000H，则每个模块的首末地址是什么？

解：4 个模块的首末地址分别是：10000H～2FFFFH、30000H～4FFFFH、50000H～6FFFFH、70000H～8FFFFH。

8. 设有 4 K×4 bit SRAM 芯片及 8 K×8 bit EPROM 芯片，欲与 8088 CPU 组成 16 K×8 bit 的存储空间，请问需用此 SRAM 及 EPROM 多少片？它们的片内地址线及片选地址线分别是哪几根？若该 16 K×8 bit 存储空间连续，且末地址为 FFFFFH，请画出 SRAM、EPROM 与 8088 CPU 的连线，并写出各芯片组的地址域。

解：利用 4 K×4 bit SRAM 芯片及 8 K×8 bit EPROM 芯片，欲与 8088 CPU 组成 16 K×8 bit 的存储空间，可以根据需要采用多种组合方法，这里不妨用 8 片 SRAM，这时片选地址线为 2 条，片内地址线为 12 条。

4 K×4 bit 组成 16 K×8 bit 存储空间连线图如图 6.13 所示。

若末地址为 FFFFFH，则各芯片组的地址域为 U_7 和 U_8：FF000H～FFFFFH；U_5 和 U_6：FE000H～FEFFFH；U_3 和 U_4：FD000H～FDFFFH；U_1 和 U_2：FC000H～FCFFFH。

9. 设有 256 K×8 bit SRAM 与 8086 CPU 组成 1MB 存储空间，试问共需几片这样的 SRAM，片内地址线及片选地址线各为哪几根？试画出用该 256 K×8 bit SRAM 与 8086 CPU 组成 1 MB 存储空间的连线，并写出各芯片的地址域。

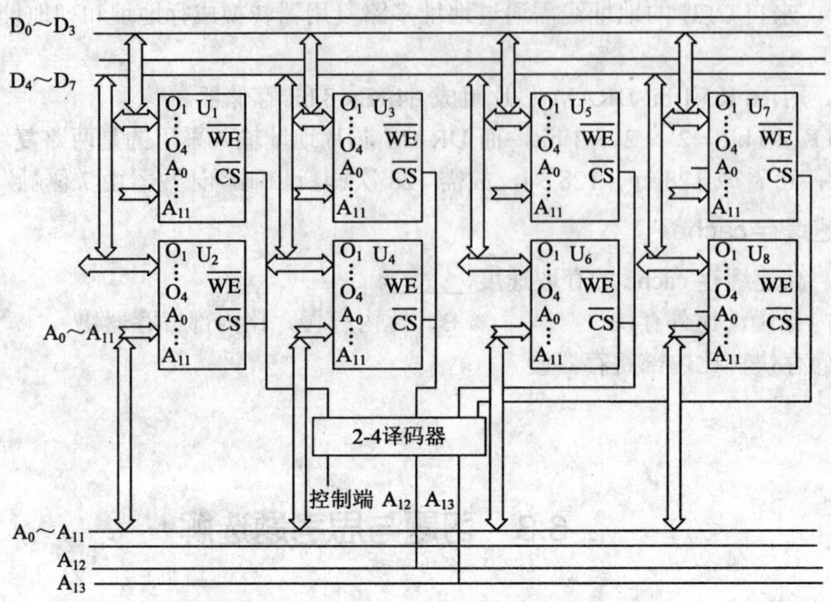

图 6.13　4 K×4 bit 组成 16 K×8 bit 存储空间连线图

解：共需 4 片，片内地址线为 18 条，片选地址线为 2 条。

各芯片地址域为：00000H～7FFFEH，00001H～7FFFFH，80000H～FFFFEH，80001H～FFFFFH。

256 K × 8 bit SRAM 与 8086 CPU 组成 1 MB 存储空间的连线图如图 6.14 所示。

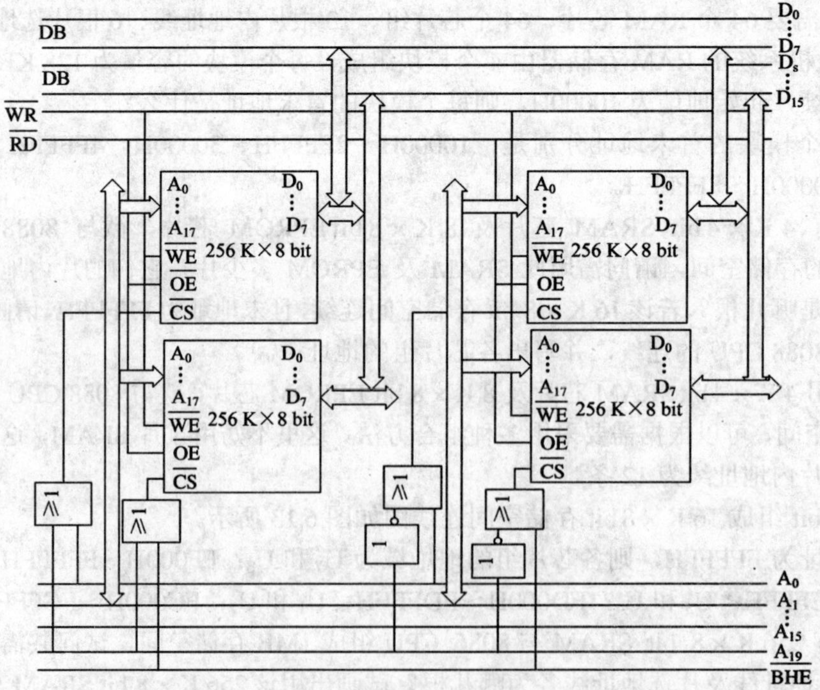

图 6.14　256 K×8 bit SRAM 与 8086 CPU 组成 1 MB 存储空间的连线图

6.4 自 测 题

1．在微机中，CPU 访问各类存储器的频度由高到低的次序为________。

(A) 高速缓存、内存、磁盘、磁带　　(B) 内存、磁盘、磁带、高速缓存

(C) 磁盘、内存、磁带、高速缓存　　(D) 磁盘、高速缓存、内存、磁带

参考答案：(A)

2．若 64 K 的 SRAM 具有 8 条数据线，则它具有______条地址线。

(A) 6　　(B) 10　　(C) 13　　(D) 16

参考答案：(C)

3．cache 是介于内寄存器组与主存储器之间的一级存储器，其存储主体一般由______构成。

(A) DRAM　　(B) SRAM　　(C) EPROM　(D) ROM

参考答案：(B)

4．下面的说法中，正确的是________。

(A) EPROM 是不能改写的

(B) EPROM 是可改写的，所以也是一种读写存储器

(C) EPROM 只能改写一次

(D) EPROM 是可改写的，但它不能作为读写存储器

参考答案：(D)

5．存储单元是指 ① ；存储容量是指 ② ；字节地址是指 ③ 。

参考答案：① 存储器中每个独立地址所对应的存储空间，是计算机的基本存储器单元，一般为一个字节　② 存储器所能容纳的最大二进制信息字节数　③ 存储器单元对应一个字节数据的地址编号

6．某存储器模块容量为 256 KB，若用 2164(64 K × 1 bit)芯片组成，则需 ① 片。若改用 2118(16 K × 1 bit)，则需 ② 片。

参考答案：① 32　　② 128

7．在动态存储器 2164 的再生周期中，只需要 ① 地址，所以 $\overline{RAS}$ 和 $\overline{CAS}$ 这两个信号中，只有 ② 变为低电平。

参考答案：① 行　　② $\overline{RAS}$

第7章　存储器管理

7.1　学习要点

- 实方式下的存储器管理
- 保护虚地址方式下的存储器管理
- 保护及任务切换
- 虚拟 8086 方式
- 80486 及 Pentium 处理器存储器管理的新增功能

存储器管理是由微处理器提供的对系统存储器资源进行管理的机制，其目的是方便于软件程序对存储器的应用。

80386、80486 CPU 共有 3 种工作方式：实方式、保护虚地址方式和虚拟 8086 方式。实方式与 8086 的相同，而 Pentium～Pentium 4 处理器新增了系统存储器管理方式。

7.1.1　实方式下的存储器管理

(1) 存储器的分段结构。

(2) 物理地址的形成。

这部分内容详见教材 7.1 节(第 273～274 页)，此处从略。

7.1.2　保护虚地址方式下的存储器管理

若将 CR_0 控制寄存器 PE 位置位，80386 便工作于保护虚地址方式。它与实方式存储器管理的主要区别有如下两点：

(1) 保护方式向程序员提供了额外的工具用来进行段尺寸的扩充和使用上的限制，从而实现了对存储器访问的保护机制。

(2) 保护方式下的分段机制与实方式下的有很大的不同，并且保护方式寻址引入了虚拟存储器概念。

虚拟存储器技术能提供比实际内存储器大得多的存储空间。可将虚拟存储器的某些部分(正在运行程序相关的一小部分)从磁盘调入内存，同时原调入内存的另一部分虚拟存储空间也可再调回磁盘中。

32 位机采用片内两级存储管理，即分段和分页管理。

1. 存储器的分段管理

为了理解分段管理，必须搞清段的种类、段描述符、描述符表、描述符的选择符，以及系统地址寄存器。

1) 保护方式下段的分类

保护方式下段的分类如图 7.1 所示。

存储器的分段管理是指任何信息都定义在某一段中，通过选择符，可以找到与它对应的段描述符，从段描述符中可取出该段的基地址、段的长度和关于该段的其他信息。存储器的寻址(在指令中体现出来的)等效成段选择符和偏移地址两部分，其中选择符间接地给出段的基地址。

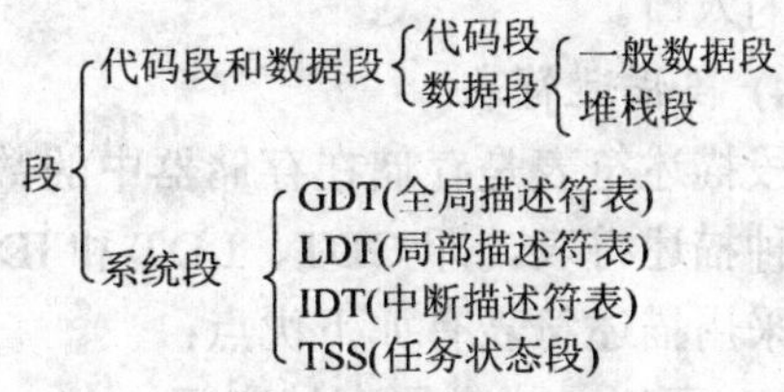

图 7.1 保护方式下段的分类

虚拟地址分段中的段选择器与实方式一样为 16 位段寄存器(对 80286，保护方式和实方式一样，可使用 4 个 16 位段寄存器 CS、DS、ES 和 SS；对 80386/80486，则增加了两个 16 位段寄存器 FS 和 GS)。

有效地址偏移量与实方式一样，根据指令中操作数的寻址方式确定。

2) 段选择器

保护方式下，段选择器是一个指向操作系统定义的段信息的指针，可间接地提供段的基地址。

下面介绍几个基本概念：

(1) 全局地址空间：用来存放运行在系统上的所有任务使用的数据和代码段。如：操作系统服务程序、通用库、运行时间支持模块。

(2) 局部地址空间：用来存放一个任务独自占有的特定程序和数据。

(3) 任务：一个单个的、连续的执行线程。

(4) 变址域：用来指向全局地址空间或局部地址空间中以段基地址起始的表中的一项。

(5) 段选择器的高 14 位用来确定存储器中的一个段，在保护方式下可访问 2^{14} 个段，扩大存储空间。

① 80286：偏移量为 16 位，每个段最大为 2^{16} B(64 KB)，可提供虚拟存储空间为 $2^{14}\times 2^{16}=2^{30}$ B(1 GB)。

② 80386/80486：偏移量为 32 位，每个段最大为 2^{32} B(4 GB)，可提供虚拟存储空间为 $2^{14}\times 2^{32}=2^{46}$ B(64 TB)。

3) 段描述符

(1) 定义。分段管理后，系统必须知道每个段的必要信息(段信息)才能完善地管理各段，这些信息包括段在物理地址空间的开始地址、段大小、类型(代码段还是数据段，或是系统管理信息)等多方面的内容。32 位机把每个段的信息放入一个数据结构中，称作段的描述符。

(2) 用途。操作系统用段描述符来管理段并利用其将虚拟地址转换成线性地址。

(3) 内容。段描述符主要包括段基地址、段的界限和段属性。

① 段基地址：线性空间中段的开始地址。

② 段的界限：段内可以使用的最大偏移量，指明段的长度。

③ 段属性。包括可读出或写入段的特权等级。

(4) 分类。分为段描述符和门描述符。

① TSS 是多任务系统中的一种特殊数据结构，它对应一个任务的各种信息。

② 所谓门，实际上是一种转换机构。门有4种类型。调用门用来改变任务或者程序的特权级别；任务门像个开关一样，用来执行任务切换；中断门和陷阱门用来指出中断服务程序的入口。

4) 段描述符表

段描述符表是存储在存储器中的数据结构，可把所有的段描述符编成表，80386共设置了三种描述符表，即GDT、LDT和IDT。

采用描述符表有如下优点：

(1) 可以大大扩展存储空间。

(2) 可以实现虚拟存储。

(3) 可以实现多任务隔离。

2. 存储器的分页管理

1) 分页管理的概念

分页管理实质上是把线性地址空间和物理地址空间都看成由页组成，且线性地址空间中的任何一页均可映射到物理地址空间的任何一页。页是使用存储器中固定尺寸的小块，32位机中规定一页是在线性存储器中连续的4 KB区域，并且它的起始地址总是安排在低12位地址信号为0的线性地址处，即能被1000H整除的地址处，或说每个页面都对齐在4 KB的边界处。分页管理将把4 GB(2^{32} B)的线性地址空间划分为2^{20}个页面，并通过把线性地址空间的页重新定位到物理地址空间来管理。

分页与分段的主要不同是，一个段的长度可变，而页则是使用存储器中固定尺寸的小块。

2) 地址变换

(1) 虚拟地址。保护方式下，虚拟地址由段选择符和偏移地址两部分表示。

(2) 线性地址。段的基地址与偏移地址之和称为线性地址。由于段的基地址与偏移地址都是32位，因而线性地址也是32位。

(3) 物理地址。物理地址就是存储单元的实际地址编码，即加在地址线(A_{31}～A_0)上的地址码。

32位机地址转换示意图如图7.2所示。

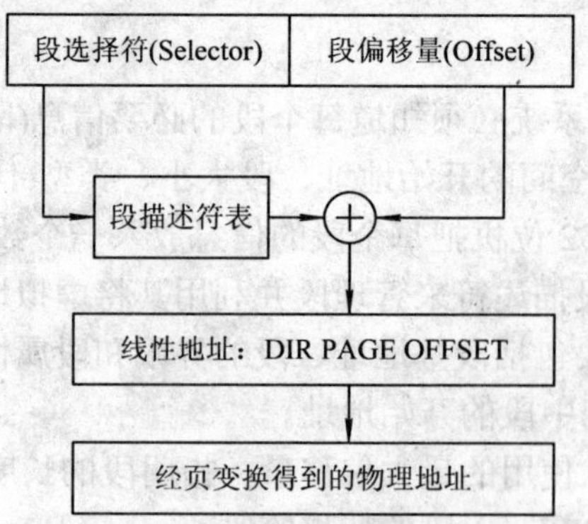

图7.2　保护方式下的内存地址变换

(4) 地址变换的步骤。先求有效地址，再求线性地址，最后求物理地址。

① 有效地址。32 位机在执行每条指令期间，硬件将自动地进行复杂的地址计算。寻址机构计算出有效地址。除立即数外，有效地址均按下式计算：

有效地址 = 基址 + 变址 × 比例因子 + 位移量

② 线性地址。分段部件将逻辑地址转换为线性地址，其计算公式为

线性地址 = 段基地址 + 有效地址

段基地址是通过段选择符，找到其对应的段描述符，从段描述符中取出它。

③ 物理地址。当禁止分页时，物理地址就等于线性地址。当允许分页时，线性地址(32 位)分为页目录(10 位)、页表项(10 位)及偏移量(12 位)。分页部件用页目录项表和页表实现地址变换，将线性地址转换为物理地址，即

物理地址 = F(线性地址)

其中 F()运算称为页变换。这个过程较复杂，在本书 7.2 节的例题中有详细介绍。

3) *页转换高速缓冲存储器*(TLB)

分页结构为实现从线性地址到物理地址的转换，要两次查询内存中的表(页目录表和页表)，这样做会耗费 CPU 较多的时间。为解决此问题，有两种方法：① 将这两类各含 1024 项的表全放在高速缓冲器中，但代价昂贵；② 因每个程序所用的存储单元都局限于内存的某个区域，而不会分布于整个地址空间，所以采用 TLB。

TLB 中存放了共 32 个最近使用过的页表项，通过 OS 跟踪来控制这些项的保持和更新。32 个页表项和每个页面 4 KB 结合起来可以覆盖 128 KB 的存储空间。

7.1.3 保护及任务切换

1. 保护功能

32 位机支持以下两个主要的保护类型。

(1) 不同任务之间的保护：通过给每一个任务分配不同的虚地址空间，而每一个任务有各自不同的虚拟—物理地址转换映射，因而可实现任务之间的完全隔离。

(2) 同一任务内的保护：在一个任务内定义 4 种执行特权的级别(0～3)。特权级的保护功能的核心是对段的保护，它遵循如下原则：

① 不允许从特权级高的代码段向特权级低的代码段控制转移。

② 特权级低的代码段在运行时不允许访问特权级高的数据段。

③ 允许特权级低的代码段向特权级高的代码段控制转移和转移后返回到原来特权级低的代码段。但是在控制转移和返回的两种操作中，都要进行堆栈段的更换，使堆栈段的特权级保持与当时代码段特权级相同。

段的改变体现在对段寄存器内选择符的修改上。检查选择符的 RPL、CS 中的 CPL 以及选择符对应的段描述符中的 DPL 三者之间的关系，看其是否满足段的保护规则。

2. 任务转换

任务转换的方法如下：

(1) 使用 JMP/CALL 指令，进行直接或间接任务转换。

(2) 使用 IRET/IRETD 指令(NT 位 = 1)，仅进行直接任务转换。

(3) 使用中断/异常，仅进行间接任务转换。

用中断/异常进行任务转换时，只能用间接的方法。发生中断/异常时CPU要访问IDT，但因IDT里没有登记TSS的描述符，所以通过任务门间接进行任务转换。为方便起见，TSS的描述符登记在GDT里，并通过任务门从GDT中查找TSS的描述符。

7.1.4 虚拟8086模式

虚拟8086模式，实际上就是运行在保护环境中的8086模式，它支持保护机制，也支持分页式内存管理，并可以进行任务切换，但同时又与8086兼容，其内存寻址空间为1 MB，段地址计算仍然和8086一样。

7.1.5 80486及Pentium处理器存储器管理的新增功能

80486处理器在80386 CPU的基础上增加了一个数学协处理器和8 KB一级cache，它与80386 CPU在存储器管理系统的唯一区别在于分页机制的差别。80486 CPU的分页系统在页目录项和页表项中增加了两个与cache有关的控制位PWT(页写直达位)和PCD(页高速缓存禁止位)，用于控制高速缓存以及禁止分页系统传送内存页的cache部分。

Pentium处理器的存储器管理单元主要变化体现在两个方面：分页单元和系统存储器管理方式SMM。Pentium处理器将原先的4 KB页扩展为4 MB页。SMM提供高层的系统功能，如电源管理和安全性等。

7.2 难点和重点

本章的重点和难点在于理解线性地址如何转换为物理地址。以下面的例题进行阐述。

例　设线性地址为25674890H，如何通过页组目录项表和页表将其转变为物理地址。设CR3中值为28345×××H；访问页组前，内存中已有5页被访问过并已定位；访问此页前，内存已有60页被定位。

解：(1) 将线性地址25674890H分解为页目录项，页表项及页内偏移量即变为如下形式：

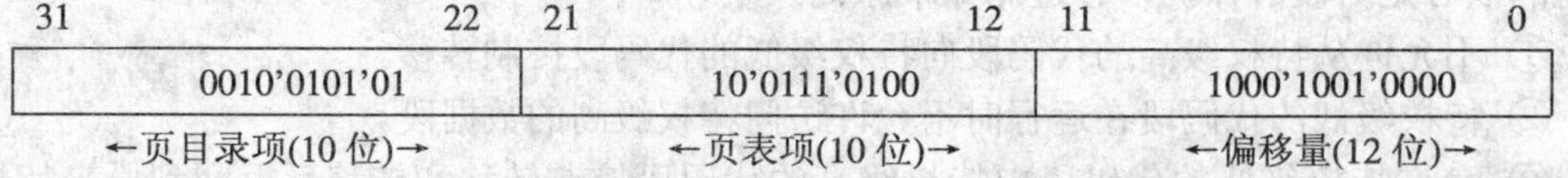

31　　22	21　　12	11　　0
0010'0101'01	10'0111'0100	1000'1001'0000
←页目录项(10位)→	←页表项(10位)→	←偏移量(12位)→

这是通过页目录、页表项及偏移量所进行的正常访问，见图7.3。

(2) 查询CR3，由于CR3=28345×××H，所以页目录基地址为28345000H。

(3) 页目录表中所寻址项的物理地址为

目录表基地址+偏移地址(目录索引地址×4)=28345000H + 95H × 4 = 28345254H

(4) 页表中所寻址项的物理地址为

页表基地址 + 页表索引地址 × 4 = 00005000H + 274H × 4 = 000059D0H

其中，页表基地址由页组目录项中高20位所得。

(5) 要寻址的存储单元最终物理地址为

页帧基地址 + 线性地址中的12位偏移量 = 0003C000H + 890H = 0003C890H

其中，页帧基地址由页表项高20位所得。

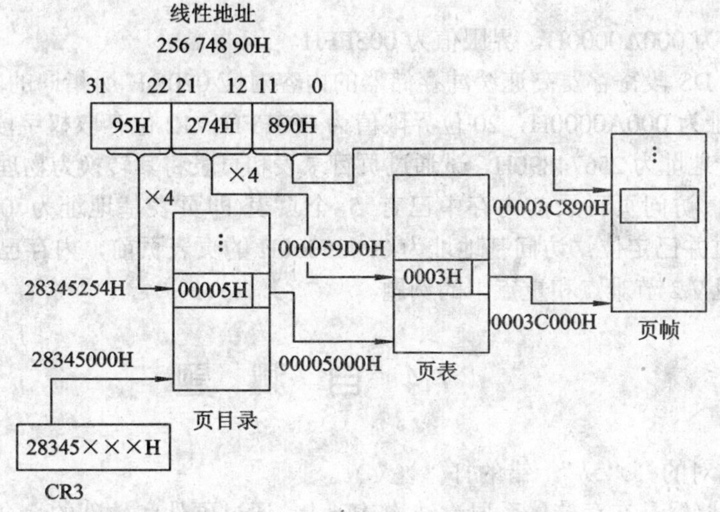

图 7.3　线性地址到物理地址的转换

7.3　习题与思考题选解

2．实地址方式下，20 位物理地址是如何形成的？若已知逻辑地址为 C018：FE7FH，试求物理地址。

解：物理地址 = C018 × 10H + FE7FH = CFFFFH

11．若已知某数据段描述符的内容如图 7.4 所示，它所对应的段选择符为 020DH，试回答下列问题：

(1) 该数据段描述符在局部描述符表 LDT 中还是在全局描述符表 GDT 中？

(2) 试写出该描述符所描述的数据段的基地址和界限值。

(3) 指令序列：

```
MOV   AX，  020DH
MOV   DS，  AX
```

执行时，DS 段寄存器高速缓冲存储器的内容是什么？试分别说明 32 位基地址值，20 位界限值及 12 位存取权字段的具体内容。

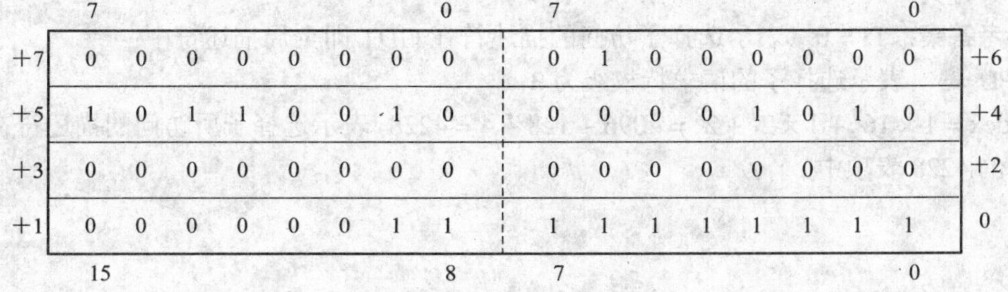

图 7.4　一个数据段描述符

解：(1)段选择符为 020DH，对应的 TI = 1，所以该数据段描述符在局部描述符表 LDT 中。

(2) 基地址为 000A0000H，界限值为 003FFH。

(3) 执行时 DS 段寄存器高速缓冲存储器的内容对应 020DH 所指向的段描述符的内容。32 位基地址为 000A0000H，20 位界限值为 003FFH，12 位存取权字段为 4B2H。

14．设线性地址为 25674890H，试通过页目录表和页表将其转换为物理地址。设(CR3) = 28345×××H；访问页目录前内存中已有 5 个页表(即页表基地址为 00000000H～00004000H)被访问过并已定位；访问基地址为 00005000H 的页表页前，内存已有 60 页被定位。

解：略，见 7.2 节难点和重点中的例题。

7.4 自 测 题

1．判断题(对的打“√”，错的打“×”)。

(1) 虚拟存储器是在存储体系层次结构基础上，通过硬件和软件的综合来扩大用户可用存储空间的一种新的计算机存储技术，它提供比物理存储器大得多的逻辑地址空间。(　　)

(2) 无论页式、段式或段页式虚拟存储器都是使用驻留在内存储器中的转换函数表来完成逻辑地址向物理地址变换的。(　　)

(3) 虚拟存储器技术的引入，使 CPU 可寻址的存储空间范围几乎扩展到无穷大。(　　)

参考答案：(1) (√)　　(2) (√)　　(3) (×)

(3) 错误的原因：虚拟存储器技术是一种通过硬件和软件的综合来扩大用户可用存储空间的技术，并不增加 CPU 可寻址的存储空间。

2．80386 CPU 有哪几种工作方式，它们之间如何转变？

参考答案：80386 CPU 共有 3 种工作方式：实方式、保护虚地址方式和虚拟 8086 方式。CPU 被复位后就进入实方式，通过修改 CR0 或 MSW 中的控制位 PE(位 0)，可使 CPU 从实方式转变到保护方式，或者向反方向转变，即从保护方式转变到实方式。通过执行 IRETD 指令，或者进行任务切换，可从保护方式转变到虚拟的 8086 方式；采用中断操作，可从虚拟 8086 方式转变到保护方式。

3．有一个描述符的选择子，其内容如下：

Index	TI	RPL
1’0000’1000’0100	0	11

请解释其含义。

参考答案：TI = 0　表示选择子访问的描述符在 GDT 即全局描述符中；

RPL = 3　表示选择子的请求特权级为 3；

Index = $1 \times 16^3 + 1 \times 2^7 + 2^2 = 4096 + 128 + 4 = 4228$，表示选择子所访问的描述符在描述符表中的 4228 表项中。

第8章　中断和异常

8.1　学习要点

- 80X86的中断
- 80X86的异常
- 中断及异常的暂时屏蔽
- 中断及异常的优先级
- 实方式下的中断和异常
- 保护方式下的中断和异常
- 可编程中断控制器8259A

8.1.1　概述

1．中断与异常的定义

计算机在执行正常程序的过程中，当出现某些异常事件或某种外部请求时，处理器就暂停执行当前的程序，而转去执行对异常事件或某种外部请求的处理操作。当处理完毕后，CPU再返回到被暂停执行的程序，继续执行，这个过程称为程序中断。

通常，把因外部事件而改变程序执行的流程，转去处理外部事件的过程叫做硬件中断或外中断，简称中断；把因内部意外条件而改变程序执行的流程，以报告出错情况和状态的过程称为内部中断或软中断，简称异常。

2．中断与异常的区别

中断的发生与CPU程序的执行是异步的，而异常的发生与CPU程序的执行是同步的。无论是中断还是异常，CPU在响应后都将引起程序的转移，图8.1是CPU响应中断后发生程序转移的示意图。中断服务子程序(Interrupt Serve Routine，ISR)是对外部请求的实际处理程序，例如，CPU对打印机的中断请求响应后，在其ISR中应编制相应的送打印数据程序。

但是，中断的发生是由外部事件引起的，与CPU正在执行的指令是没有关系的，它可能在一个程序执行期间的任何时刻发生，所以说中断与CPU程序的执行是异步的；而异常则是因为在指令执行期间检测到不正常或非法状态，使指令不能成功执行，而转去报告出错情况和状态，所以异常与CPU所执行的指令有直接的联系，它的发生源于微处理器内部，且总是与微处理器操作同步。在这种意义上，通常将中断指令INT n、INTO等也归于异常(内部中断)。

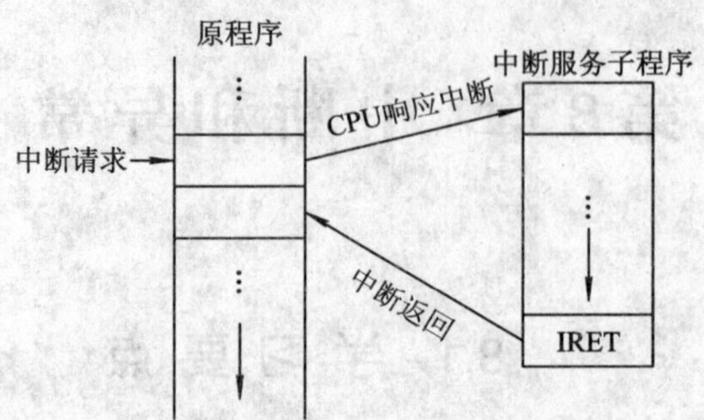

图 8.1　中断引起程序转移示意图

3. 中断源的识别

中断源：引起中断的原因或发出中断请求的来源。

当计算机系统中有多个中断源时，CPU 须对当前有效的中断请求进行识别，以确定响应后相应的中断服务。常用的两种识别技术是：

1) 专用中断线或专用中断标志

如图 8.2(a)所示，每个外部中断源专用一条中断请求线，CPU 可以直接根据中断请求来源不同设置对应的中断标志。相应地，一般每个中断源的服务子程序入口地址是事先规定好的，中断请求得到 CPU 响应后，直接转向该地址执行程序，所以在该地址是其 ISR 的第一条指令。

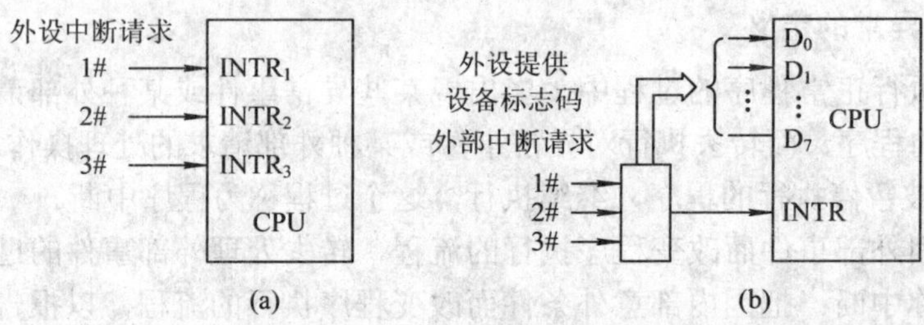

图 8.2　微处理器中常用的两种中断识别技术示意图

(a) 专用中断线；(b) 矢量中断技术

2) 矢量中断技术

如图 8.2(b)所示，多个外部中断源共用一条中断请求线向 CPU 请求中断，同时通过外部硬件接口向 CPU 提供每个中断源的设备标志码，CPU 根据不同的设备标志码识别中断源。在 80X86 系统中，最常用的方式是用中断控制器 8259A 来提供各中断源的中断类型码，并管理中断优先级。

相应地，每个中断源在程序存储区的某处有几个单元存放其中断服务子程序的入口地址，中断请求得到 CPU 响应后，取出服务子程序入口地址置入程序计数器，将程序引导到服务子程序开始执行。

80X86 系统中就是采用这种技术处理中断的。

4．中断技术的作用

在计算机系统中引入中断的概念，是计算机技术发展史上的一个里程碑。中断是微处理器与外部设备交换信息的一种方式，主要用于 CPU 与慢速 I/O 接口设备的信息交换中。中断控制使得 CPU 与外设在大部分时间并行地工作，只有少部分时间用以互相交换信息，大大提高了 CPU 的工作效率。

中断处理功能在输入/输出技术、实时微机控制系统以及应急事件的处理中得到非常广泛的应用。

8.1.2　80X86 的中断(Interrupt)

80X86 系列微处理器的中断(外部硬件中断)涉及 CPU 的三个引脚：可屏蔽中断请求输入引脚 INTR、非屏蔽中断请求输入引脚 NMI 和中断响应应答输出引脚 $\overline{\text{INTA}}$，另外还包括中断允许标志位 IF。80X86 支持两种类型的中断：可屏蔽中断和非屏蔽中断。

1．可屏蔽中断

经由 INTR 信号(高电平有效)请求的中断称为可屏蔽中断，它受中断允许标志位 IF 的影响和控制：IF = 1，允许中断；IF = 0，禁止中断。

IF 位可禁止可屏蔽中断的这一特性可用来在程序代码的某一区域设置禁止中断，以保证该区域内程序段的连续可靠执行。

80X86 系统中，可屏蔽中断源产生的中断请求信号通常经过中断控制器 8259A 进行优先权控制，再向 CPU 送中断请求信号 INTR 和中断类型号。

2．非屏蔽中断

经由 NMI 信号(上升沿触发)请求的中断称为非屏蔽中断，它是不能被 IF 禁止的中断，其中断类型号由系统固定分配为 2。

非屏蔽中断通常用来处理应急事件，如总线奇偶错、电源故障或电网掉电等。

8.1.3　80X86 的异常(Exception)

1．异常的分类

根据引起异常的程序是否可被恢复，可将异常分为 3 类：故障(Fault)、陷阱(Trap)和中止(Abort)。

1) 故障

故障是引起该故障的程序可被恢复执行的异常，它是在引起故障的指令执行之前就报告给系统的。该异常处理程序将排除故障，执行完后，IRET 指令将程序返回到引起故障的指令，并执行之。

2) 陷阱

陷阱是在指令执行期间被检测到的，并在引起异常的指令执行之后报告给系统的。该异常处理程序执行完后，IRET 指令将程序返回到引起该陷阱的指令的下一条应该执行的指令。

注意：下一条应该执行的指令并不一定就是程序形式上的下一条指令。

软件中断指令 INT n 属于陷阱指令。该指令执行后使程序转入陷阱处理程序，断点地址指向下一条指令。

3) 中止

中止是微处理器面临严重错误时产生的异常，引起中止的指令无法确定。产生中止后，正执行的程序不能被恢复，系统需重建各种系统表格，或需重新启动操作系统。

2. 80386 定义的异常

Intel 保留了前 32 个中断类型号用于它的各种微型计算机中，包括各种异常(见表 8.1)、NMI(中断类型号为 2)以及 DOS 调用和 BIOS 调用等，其余 224 个中断类型号可供用户使用。

表 8.1　80386 异常一览表

中断类型号	异 常 名	类　别	产生异常的指令
0	除法出错	故障	DIV，IDIV(零除数，或商超出目的寄存器长度)
1	排错异常或单步中断(调试异常)	故障或陷阱	任何指令(TF=1 时，CPU 处于单步方式)
3	断点中断	陷阱	INT3(支持程序断点，用于调试)
4	溢出	陷阱	INTO(条件陷阱，OF=1，产生陷阱)
5	边界检查	故障	BOUND
6	非法操作码	故障	非法指令编码或操作数
7	协处理器无效	故障	浮点指令或 WAIT(EM=1 时)
8	双重故障	中止	任何指令
9	协处理器段越界	中止	访问存储器的浮点指令
10	无效 TSS	故障	JMP、CALL、IRET、中断
11	段不存在	故障	装入段寄存器的任何指令
12	堆栈段溢出	故障	① 装入 SS 寄存器的任何指令 ② 对以 SS 寄存器寻址的段中进行存储器访问的任何指令
13	通用保护	故障	① 任何特权指令 ② 任何访问存储器的指令
14	页异常	故障	任何访问存储器的指令
16	协处理器出错	故障	浮点指令或 WAIT(数值错误)

注：该表中定义的异常在 80X86 系列微处理器中是向上兼容(Upward-Compatible)直到 PentiumⅡ，但不向下兼容(Downward-Compatible)。

8.1.4　中断及异常的暂时屏蔽

在有些情况下，即使中断允许标志 IF 为 1，CPU 也不能马上响应外部的可屏蔽中断，而是要等到执行完下一条指令(而不是仅仅执行完当前指令)后，才能响应中断。一般有下面这些情况：

(1) 如果是执行以堆栈段寄存器 SS 为目的寄存器的指令时(MOV 指令和 POP 指令)，一定要等到下一条指令执行完后，才能响应中断，以确保安全完整地更新一个堆栈指针(包括堆栈段寄存器 SS 和段内偏移地址寄存器 SP)。所以，编程时应保证更新 SS 的下一条指令为更新 SP。

(2) 如果发出中断请求信号时，正好遇到 CPU 执行封锁指令 LOCK，由于 CPU 将封锁指令和后面的一条指令合起来看成一个整体，所以必须等到后一条指令执行完后才响应中断。

当标志位 RF(重新启动标志，Resume Flag) = 1 时，排错异常被忽略。

8.1.5　中断及异常的优先级

1．中断优先级

当计算机系统中有多个中断源时，中断管理系统将规定一套机制，用以解决多个中断源得到 CPU 服务的先后次序。一般地，假设系统中有中断源 A 和 B，当 CPU 正在为中断源 A 服务期间，中断源 B 向 CPU 提出中断请求：若 CPU 暂停执行中断源 A 的服务子程序，而响应中断源 B 的请求，转去执行中断源 B 的服务子程序，待中断源 B 的服务子程序执行完后，再回到中断源 A 的服务子程序继续执行，则称中断源 A 比 B 的中断优先级低。在中断开放的情况下(对 80X86 而言，指 IF = 1)，若中断源 A 的服务不会被 B 的中断请求打断，反过来，B 的中断服务也不会被 A 的中断请求打断，则称中断源 A 和 B 是同优先级的中断。

CPU 暂停为 A 的中断服务，而转去执行 B 的中断服务，称为中断嵌套。

2．中断优先次序

优先级相同的中断源同时向 CPU 提出中断请求时，CPU 对其响应的先后次序，称为中断的优先次序。

与中断优先级不同，中断优先级处理的是后提出中断请求的中断是否能打断正在被服务的中断；而中断优先次序处理的是同时提出中断请求的中断源，谁能最先得到响应。当然，多个不同优先级的中断源同时申请中断，自然是优先级别最高的中断源的请求最先得到响应。

不同的处理器，对优先级的管理不尽相同。

3．80X86 的中断及异常的优先级

当 CPU 完成当前指令的执行后，将按照图 8.3 的顺序检查是否有中断(包括异常)请求。

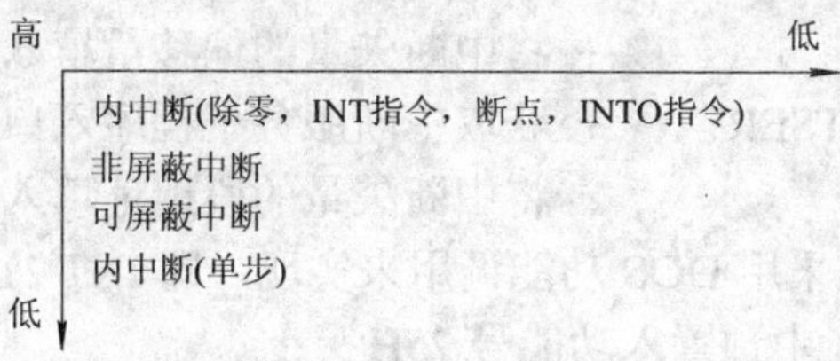

图 8.3　80X86 的中断及异常的优先级

当检测到中断或异常，则将其通知给 CPU 处理，其余中断被挂起，异常被忽略。

8.1.6　实方式下的中断和异常

实方式下，80386 微处理器采用中断矢量表的方法转入中断处理程序。这与 8086/8088

系统完全相同。

1．中断类型码(Vector Type Number)

在 INTEL 的 80X86 微处理器中，采用中断矢量技术识别中断源，由每个中断源经接口向 CPU 提供中断源的设备标志码(中断类型码)，或由 CPU 规定其类型码(外部非屏蔽中断、异常)，或直接由指令给出(软中断指令)。

在 INTEL 的 80X86 微处理器中，每个中断都有一个 8 位的中断类型码，它们是 00H～0FFH 中的一个，因而允许有 256 个中断源。CPU 依赖于中断类型号来区分各中断源。

2．中断矢量(Interrupt Vector)

中断矢量是中断服务程序的入口地址，即中断服务程序的第一条指令所在的存储器单元的逻辑地址，包括段地址和偏移地址，所以中断矢量的长度是 4 B。

3．中断矢量表(Interrupt Vector Table)

在 80X86 微处理器中，在存储器地址最低的 1024 个单元，即地址 00000H～0003FFH，专用于存储各种中断服务程序的入口地址(即中断矢量)。从地址 00000H 开始，每相邻 4 个单元存放一个中断矢量，其中前两个单元是服务程序入口地址的段内偏移量，后两个单元则是入口地址的段地址。

4．中断矢量的设置

所谓中断矢量的设置，是指用程序将中断矢量正确地写入其在中断矢量表中的单元。因为每个中断矢量长度为 4 B，且中断矢量表从物理地址的 0 开始，所以中断类型码为 n 的中断，其中断矢量在中断矢量表中的地址是 4×n。

中断矢量设置有多种程序实现。假设某中断源的中断类型码为 n，其中断服务子程序名为 INTSER，下面是三种常用的中断矢量设置方法：

(1) 用串传送指令实现。

```
MOV    AX, 0                 ;将 ES:DI 指向中断矢量在中断矢量表中的位置 0：n*4
MOV    ES, AX
MOV    DI, n*4
MOV    AX, OFFSET INTSER    ；获取中断服务子程序入口地址的偏移量
CLD                         ；清方向控制标志，使串传送为增量方式
STOSW                       ；将中断矢量的偏移量填入中断矢量表
MOV    AX, SEG INTSER       ；获取中断服务子程序入口地址的段地址
STOSW                       ；将中断矢量的段地址填入中断矢量表
```

(2) 在 PC 机中，也常采用 DOS 功能调用来实现，即 INT 21H 指令。

入口参数：　AH 中预置入功能号 25H
　　　　　　AL 中是要设置的中断类型号 n
　　　　　　DS:DX 中预置入中断服务程序的入口地址

指令序列为：

```
MOV    DX, OFFSET INTSER
PUSH   DS
```

```
MOV    AX, SEG INTSER
MOV    DS, AX
MOV    AL, n
MOV    AH, 25H
INT    21H
POP    DS
```

(3) 可以用通用传送指令序列来实现，与(1)中的指令序列是相对应的。

```
MOV    AX, 0
MOV    ES, AX
MOV    DI, n*4
MOV    AX, OFFSET INTSER
MOV    ES:[DI], AX
INC    DI
INC    DI
MOV    AX, SEG INTSER
MOV    ES:[DI], AX
```

5. 中断响应过程

当 80X86 CPU 检测到中断或异常，并满足响应条件时，将完成下列工作：

(1) 将标志寄存器 FLAGS 的内容压入堆栈。

(2) 清除标志位 IF 和 TF，外部可屏蔽中断被屏蔽，单步中断被禁止。

(3) 代码段段寄存器 CS 的内容被压入堆栈。

(4) 程序指针 IP 的内容被压入堆栈。

(5) 相应的中断矢量被取出，加载到 IP 和 CS 中，于是下一条指令便是由中断矢量指定的中断服务程序的第一条指令，也就是说程序转移到中断服务子程序了。

注意：与非屏蔽中断或异常不同的是，外部可屏蔽中断的中断类型号要通过外设提供，所以 CPU 在响应外部可屏蔽中断后，CPU 要在 $\overline{INTA}$ 端相继发出两个负脉冲，通知外部中断控制逻辑已接受中断请求，并获取中断类型号，如图 8.4 所示。

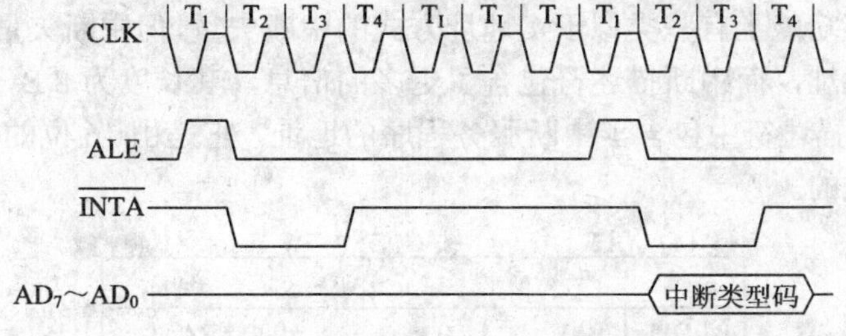

图 8.4　80X86 的中断响应总线周期

6. 中断服务程序

中断服务程序一般由 4 部分组成：保护现场、中断服务、恢复现场和中断返回。

(1) 保护现场：将中断服务程序中涉及到的寄存器内容压入堆栈。由于外部中断的发生与 CPU 程序的执行是异步的，CPU 事先并不知道程序会在何处被中断，所以中断服务程序中保护现场的工作尤其重要，可避免中断服务程序的执行破坏主程序的执行环境。

(2) 中断服务：是中断服务程序的核心，完成中断服务的功能。

注意：由于 CPU 在响应中断后，自动地清除 IF，所以若想应用中断嵌套机制，在中断服务程序中应该用 STI 指令开中断。

(3) 恢复现场：指将原压入堆栈的寄存器内容再弹回到 CPU 相应的寄存器中。

注意：由于堆栈先进后出的特性，恢复现场的顺序应与保护现场的顺序相反。

(4) 中断返回：用指令 IRET，使原先压入堆栈的断点值及标志寄存器值弹回到 CS、IP 和 FLAGS 中，继续执行原程序。

注意：如果采用中断控制器 8259A 管理外部可屏蔽中断，则在中断返回前，必须向 8259A 发送中断结束命令(中断自动结束方式除外)。

外部硬件中断的服务程序一般格式为：

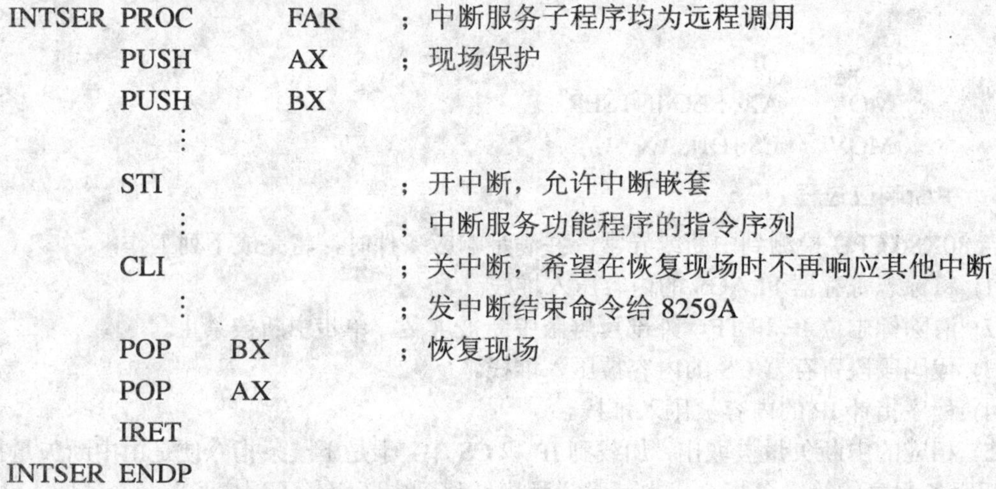

```
INTSER PROC    FAR   ；中断服务子程序均为远程调用
       PUSH    AX    ；现场保护
       PUSH    BX
         ⋮
       STI           ；开中断，允许中断嵌套
         ⋮           ；中断服务功能程序的指令序列
       CLI           ；关中断，希望在恢复现场时不再响应其他中断
         ⋮           ；发中断结束命令给 8259A
       POP   BX      ；恢复现场
       POP   AX
       IRET
INTSER ENDP
```

8.1.7 保护方式下的中断和异常

在保护方式下，CPU 响应中断后完成的工作与实方式下的相同，不同的只是中断矢量和中断矢量表。保护方式下，用中断描述符和中断描述符表来代替中断矢量和中断矢量表。

中断描述符从功能上有些类似于实地址方式的中断矢量，但中断矢量只用 4 B 提供中断处理程序的入口地址，而中断描述符包含了更多的信息，其长度为 8 B，图 8.5 是它的一般格式。可见，中断描述符中包含了中断服务程序的地址，它是由 16 位的代码段选择子和 32 位的偏移地址组成的。

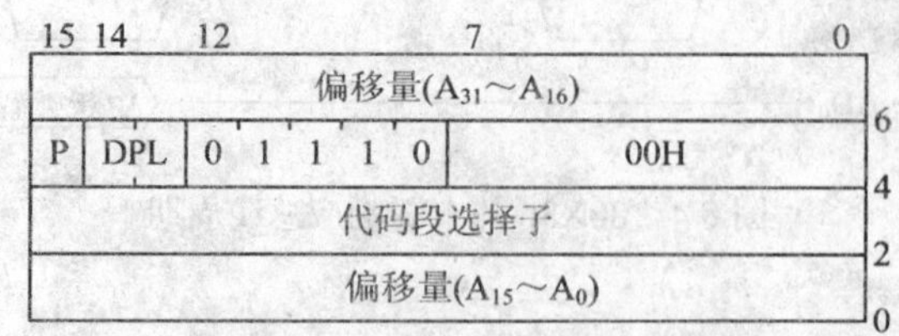

图 8.5　中断描述符格式

另外，与中断矢量表固定于存储器的最低端不同，中断描述符表 IDT 可位于系统中的任何存储区域，其地址由中断描述符表地址寄存器 IDTR 给出。中断类型号则作为中断描述符表 IDT 的索引，从 IDT 表中获取一个 8 B 的中断描述符。

8.1.8 可编程中断控制器 8259A

1. 8259A 的内部结构及引脚信号

8259A 很容易与微处理器连接，几乎所有引脚可以直接与系统级总线对应相连，只有片选使能信号 $\overline{CS}$ 端需要与地址译码电路相连。各引脚定义见表 8.2。

表 8.2 8259A 的引脚信号说明

信号定义	功 能 说 明
D_7～D_0	双向数据连接线，直接与系统数据总线的 8 位相连
IR_7～IR_0	中断请求输入线，与外部设备中断请求信号相连
$\overline{WR}$	写选通输入线，与系统总线中的 $\overline{WR}$ 或 $\overline{IOW}$ 相连
$\overline{RD}$	读选通输入线，与系统总线中的 $\overline{RD}$ 或 $\overline{IOR}$ 相连
INT	中断请求输出线，与系统总线中的 INTR 相连，向 CPU 请求中断
$\overline{INTA}$	中断应答输入线，与系统总线中的 $\overline{INTA}$ 相连
A_0	片内寻址输入线，通常与系统地址总线的 A_0 或 A_1 相连。可见，8259A 对外占用两个端口地址，常称为奇地址端口(A_0=1)和偶地址端口(A_0=0)
$\overline{CS}$	片选输入端，与地址译码电路的输出相连。低电平时，使能 8259A
$\overline{SP}$ / $\overline{EN}$ (Slave program /Enable buffer)	复用线，当 8259A 工作于非缓冲方式时，它是主/从工作方式选择输入端 $\overline{SP}$，当 $\overline{SP}$ =1 时该片为主片，$\overline{SP}$ =0 时该片为从片；在缓冲方式时，它是数据缓冲器使能输出端 $\overline{EN}$，输出低电平时开启缓冲器
CAS_2～CAS_0	级联线，用于级联中断控制系统中连接主从片。主片中它们是输出线，从片中它们是输入线。主片的 CAS_2～CAS_0 与所有从片的 CAS_2～CAS_0 相连，用于输出当前选中的从片的编码信息

单片 8259A 可管理 8 个外部中断源，并且不需要增加任何硬件，就可以通过多片 8259A 级联管理更多的中断源。9 片 8259A 构成的 1 主片 8 从片的级联中断控制系统可管理多达 64 个中断源。

8259A 主要依赖于内部寄存器 IRR、IMR 和 ISR，并配合优先级裁决器来进行中断控制的。

1) 中断请求寄存器 IRR

IRR 用于存放所有从 IR_n 引脚输入的有效的中断请求信号，即当 IR_n 引脚上出现高电平或上跳沿时，IRR 中对应的 D_n 位置“1”，并且在该请求的中断响应周期中被清除。

注意：未得到响应的请求，其对应的请求位是不会清除的。该寄存器只可读，不可写。

2) 中断屏蔽寄存器 IMR

IMR 决定是否让 IRR 锁存的中断请求进入中断优先级裁决器。IMR 的每 1 位对应一个中断源，为“1”时，IMR 相应的中断源的中断请求被屏蔽。

3) 中断服务状态寄存器 ISR

ISR 中的 8 位分别对应于 8 个中断源，某位为“1”时，表明相应中断源的中断请求已被响应，服务尚未结束。ISR 中的位是在中断响应总线周期的第一个 $\overline{INTA}$ 到来时置位，而它的清除是依赖于中断结束命令的。

注意：在执行互相嵌套的多级中断时，这些中断级都被认为是正在服务的，它们的中断服务状态位均为“1”。

中断优先级裁决器根据编程决定的优先等级，从未被屏蔽的 IRR 各请求位中选出优先等级最高的一个，在第一个 $\overline{INTA}$ 到来时，将其对应的服务状态寄存器 ISR 中的相应位置“1”，并通过控制逻辑在第二个 $\overline{INTA}$ 到来时送出该中断源的中断类型号。

2．8259A 的工作方式

8259A 有多种工作方式，可以通过编程来设置。为掌握其编程，有必要对其工作方式分类进行介绍。

1) 设置优先级的方式

四种中断优先级方式：正常全嵌套、特殊全嵌套、优先级自动循环及优先级特殊循环(指定优先级循环)。

(1) 正常全嵌套方式(完全嵌套方式)。此方式是 8259A 最常用的方式，也是其缺省的优先级方式。中断请求按优先级 0～7 进行处理，IR_0 的优先级最高。在此方式下，执行某中断服务程序期间，若 CPU 开中断(IF = 1)，不能响应本级或较低级中断，但能响应较高级中断。

(2) 特殊全嵌套方式。特殊全嵌套和正常全嵌套方式基本相同，只有一点不同，就是在特殊全嵌套方式下，当处理某一级中断时，如果有同级的中断请求，那么也会给予响应，从而实现一种对同级中断请求的特殊嵌套。

注意：特殊全嵌套方式一般用于 8259A 级联系统的主片中。

(3) 优先级自动循环方式。此方式一般用在系统中多个中断源优先级相等的场合。在这种方式下，优先级队列是在变化的，一个中断请求被响应后，它的优先级自动降为最低，其它中断源的优先级也相应循环改变。例如，IR_4 请求被响应后，其中断优先级变为最低，而相邻的 IR_5 变为中断优先级最高的中断源，IR_6 次之，依此类推。

(4) 优先级特殊循环方式(指定优先级循环方式)。与优先级自动循环方式不同，优先级特殊循环方式是通过程序设定某中断源的优先级最低，其它中断源的优先级相应排序。

2) 屏蔽中断源的方式

(1) 普通屏蔽方式：通过操作命令字 OCW_1 设置中断屏蔽寄存器 IMR 中的某位为“1”或“0”，来达到屏蔽或允许相应中断源，是 8259A 常用的中断屏蔽方式。

(2) 特殊屏蔽方式：通过操作命令字 OCW_3 设置特殊屏蔽允许位 ESMM 和特殊屏蔽模式位 SMM 来完成，用于动态地改变系统的优先级结构。

设置了特殊屏蔽方式后，再用操作命令字 OCW_1 对 IMR 中某一位进行置位时(屏蔽该中断源)，就会同时使当前 ISR 中相应的位自动清 0。

通常，特殊屏蔽方式总是在中断服务程序中使用的。当进入某中断服务程序后，为开放较低级的中断请求，可以设置特殊屏蔽方式，并用操作命令字 OCW_1 将 IMR 中与当前服务的中断源相对应的位置“1”，同时使当前 ISR 中相应的位自动清 0，于是好像 CPU 并不在处理该级中断，从而使得有较低级的中断请求时，将会得到中断服务。

注意：该中断服务程序结束前一般应安排有撤销特殊屏蔽的指令，用于恢复正常的中断优先级管理。

3) 中断结束处理的方式

中断结束是指对 8259A 内部中断服务寄存器 ISR 的对应位复位的操作。

(1) 中断自动结束方式。在该方式下，当第二个中断响应脉冲 $\overline{\text{INTA}}$ 送到 8259A 后，8259A 就会自动清除当前中断服务寄存器 ISR 中的对应位。这样，尽管系统正在为某个中断源进行服务，但对 8259A 来说，ISR 中却没有对应位指示，所以好像已经结束了中断服务一样。

注意：该方式只能用在单片 8259A 系统中，并且不会发生多重中断请求的情况。

(2) 中断结束命令方式(中断非自动结束方式)。在该方式下，在中断服务程序末尾应向 8259A 发中断结束命令，以便使 ISR 中和当前服务程序对应的位复位，表明服务程序已结束。

中断结束(EOI)命令有两种：

① 普通 EOI 命令。普通 EOI 命令自动把 ISR 中优先级最高的非零 IS 位复位，适用于全嵌套情况。

因为在全嵌套方式下，最高的非零 IS 位对应了最后一次被响应的和被服务的中断，也就是当前正在处理的中断，所以最高的非零 IS 位复位相当于结束了当前正在处理的中断。

② 特殊 EOI 命令。特殊 EOI 命令指出要清除 ISR 中的哪一位。读命令适用于任何优先级方式。

注意：在级联 8259A 中断系统中，当一个中断服务程序结束时，不管是用普通 EOI 命令，还是特殊 EOI 命令，都必须发两次中断结束命令，一次是对主片发的，另一次是对从片发的。

4) 连接系统总线的方式

(1) 缓冲方式。在规模较大的微机系统中，8259A 通过总线驱动器和数据总线相连，这就是缓冲方式。在缓冲方式下，引脚 $\overline{\text{SP}}/\overline{\text{EN}}$ 用作总线驱动器的启动信号。

(2) 非缓冲方式。在规模较小的微机系统中，若系统总线负载允许，可以直接将 8259A 挂在系统数据总线上，这就是非缓冲方式。此时，引脚 $\overline{\text{SP}}/\overline{\text{EN}}$ 是输入信号，用于确定本片 8259A 是主片还是从片。

注意：缓冲方式下，本片 8259A 是主片还是从片，由初始化命令字 ICW_4 的 $\text{M}/\overline{\text{S}}$ 位决定。

5) 中断请求的触发方式

(1) 边沿触发方式。此时，8259A 将中断请求输入引脚 IR_n 上出现的上升沿作为中断请求信号。

(2) 电平触发方式。此时，8259A 将中断请求输入引脚 IR_n 上出现的高电平作为中断请求信号。

注意：电平触发方式下，在中断响应后，应及时撤除中断请求信号，以免触发不应该有的第二次中断。

3．8259A 的初始化

在计算机系统加电启动或复位后，应通过设置初始化命令字来设定 8259A 的工作方式，这个过程称为初始化。初始化命令字一旦设定，一般在系统工作过程中就不再改变。

8259A 有 4 个初始化命令字，分别称为 ICW_1～ICW_4。

(1) ICW_1——芯片控制初始化命令字，写入偶地址端口($A_0 = 0$)，格式如下：

D_7	D_6	D_5	D_4	D_3	D_2	D_1	D_0
×	×	×	1	LTIM	×	SNGL	IC_4

其中，×表示无关位，其余各位意义是：

D_4——总为 1，是 ICW_1 的标志位，区别于操作命令字 OCW_2 和 OCW_3。

LTIM——中断请求触发方式选择位。

LTIM = 1 时，是电平触发方式(Level Triggered Mode)；

LTIM = 0 时，是边沿触发方式(Edge Triggered Mode)。

SNGL——单片或级联选择位。

SNGL = 1 时，是单片模式；SNGL = 0 时，是级联模式。

IC_4——是否需要设置初始化命令字 ICW_4 的选择位。

IC_4=1 时，需要设置 ICW_4。对于 8086/8088～PentiumⅡ的所有 CPU，此位应为“1”；

IC_4=0 时，不需要设置 ICW_4。8080/8085 CPU 可不设置 ICW_4。

(2) ICW_2——设置中断类型码基值的初始化命令字，写入奇地址端口($A_0 = 1$)。

ICW_2 设定了 IR_0 引脚上中断源的中断类型码，其余中断源的中断类型码顺推。规定 ICW_2 是一个能被 8 整除的数，即最低 3 位全为 0。

(3) ICW_3——标志主片与从片连接关系的初始化命令字，写入奇地址端口($A_0 = 1$)。

只有在多片 8259A 级联的中断控制系统中(此时，初始化命令字 ICW_1 中 SNGL = 0)，才需要设置 ICW_3，并且 ICW_3 的具体格式与本片是主片还是从片有关。

主片的 ICW_3 格式如下：

S_7	S_6	S_5	S_4	S_3	S_2	S_1	S_0

每 1 位对应 1 个 IR 输入引脚，$S_n = 1$，表明 IR_n 引脚上连接有从片，IR_n 引脚与从片的 INT 相连。

从片的 ICW_3 格式如下：

0	0	0	0	0	ID_2	ID_1	ID_0

ID_2～ID_0 是主片中与本从片 INT 引脚相连的 IR 引脚的编码。例如，本从片 INT 引脚与主片的 IR_2 相连，则 ID_2、ID_1、ID_0 = 010 = 2。

(4) ICW_4——方式控制初始化命令字，写入奇地址端口($A_0 = 1$)。

在基于 Intel 8086/8088 直到 PentiumⅡ微处理器的计算机系统中，必须设置 ICW_4。其格式如下：

0	0	0	SFNM	BUF	M/S	AEOI	μPM

SFNM——全嵌套方式选择位。

SFNM = 1 时，设定为特殊全嵌套方式(Special Full-Nested Mode)；

SFNM = 0 时，设定为正常全嵌套方式。

BUF——指明本片 8259A 是否采用缓冲方式与系统总线连接。

BUF = 1 时，缓冲方式连接，此时，引脚$\overline{SP}$/$\overline{EN}$用作总线驱动器的启动信号；

BUF = 0 时，非缓冲方式连接，引脚$\overline{SP}$/$\overline{EN}$是输入信号，确定本片是主片还是从片。

M/S——BUF = 1 时，M/S 将决定本片是主片还是从片；BUF = 0 时，M/S 无效。

M/S = 1 时，本片为主片；M/S = 0 时，本片为从片。

AIOE——中断结束处理方式选择位。

AIOE = 1 时，选择中断自动结束方式(Automatic End of Interrupt)。

AIOE = 0 时，选择中断非自动结束方式，即中断命令结束方式。

μPM——CPU 模式选择位。

μPM = 1 时，选择 8086/8088 方式(直到 Pentium II 处理器)；

μPM = 0 时，选择 8080/8085 方式。

8259A 的初始化流程要遵守固定的次序，且需特别注意：

(1) 注意各个初始化命令字写入的地址，ICW_1 必须写入偶地址端口，ICW_2～ICW_4 必须写入奇地址端口。

(2) ICW_1～ICW_4 的设置次序是固定的，不可颠倒。

对每一片 8259A，ICW_1 和 ICW_2 都是必须设置的，但 ICW_3 和 ICW_4 并非每片 8259A 都要设置。只有在级联方式下，才需要设置 ICW_3，主片或从片都要设置，注意它们的格式不同；在 8086/8088 系统中必须设置 ICW_4，它还同时具有多个方式控制位，包括全嵌套方式、缓冲方式、中断结束方式选择位。是否需要设置 ICW_3、ICW_4，在 ICW_1 中都已经预先指明了。

4．8259A 的操作命令字

8259A 有 3 个操作命令字，即 OCW_1～OCW_3。操作命令字是在应用程序内部设置的，它们的设置是相互独立的，次序上没有规定，但写入的端口有严格规定：OCW_1 必须写入奇地址端口，OCW_2、OCW_3 必须写入偶地址端口。

(1) OCW_1——设置中断屏蔽寄存器 IMR 的命令字，写入奇地址端口($A_0 = 1$)，格式如下：

M_7	M_6	M_5	M_4	M_3	M_2	M_1	M_0

每 1 位对应 1 个 IR 输入引脚上中断源的屏蔽控制。$M_n = 1$ 时，IR_n 引脚上连接的外部中断的请求被屏蔽。

(2) OCW_2——设置优先级循环方式和中断结束方式的操作命令字，写入偶地址端口(A_0=0)，格式如下：

D_7	D_6	D_5	D_4	D_3	D_2	D_1	D_0
R	SL	EOI	0	0	L_2	L_1	L_0

D_4、D_3 = 00H，是 OCW_2 的特征位，区别于 ICW_1 和 OCW_3。

EOI——中断结束命令控制位。EOI = 1 时，OCW_2 将发中断结束命令，复位中断服务寄存器中的某 1 位。

R——中断优先级循环控制位。

R = 1 时，设置中断优先级为循环方式；

R = 0 时，中断优先级不循环，工作于全嵌套方式，优先级固定为 IR_0 最高，IR_7 最低。

SL——指定中断源控制位(Specific Level)。

SL = 1 时，L_2～L_0 有效；SL = 0 时，L_2～L_0 无效。

L_2、L_1、L_0——中断源的编码，指定特殊中断结束命令中的中断源(EOI = 1 时)，或指定优先级循环中的优先级最低的中断源(R = 1 时)。

例如，当 EOI = 1 时，若 L_2、L_1、L_0=011，则 OCW_2 将发特殊 EOI 命令，结束 IR_3 的中断操作，即清除中断服务寄存器 ISR 中的 D_3 位；当 R = 1 时，若 L_2、L_1、L_0 = 110，则 OCW_2 将设定中断优先级循环方式，并指定 IR_6 的优先级最低，于是 IR_7 的优先级最高。

(3) OCW_3——写入偶地址端口(A_0=0)。它有三种功能：一是设置和撤销特殊屏蔽方式；二是设置中断查询方式；三是用来设置对 8259A 内部寄存器的读出命令，其格式如下：

D_7	D_6	D_5	D_4	D_3	D_2	D_1	D_0
0	ESMM	SMM	0	1	P	RR	RIS

D_4、D_3 = 01，是 OCW_3 的特征位，区别于 ICW_1 和 OCW_2。

ESMM——特殊屏蔽方式允许位(Enable Special Mask Mode)。

ESMM = 1 时，允许设置或撤销特殊屏蔽方式；

ESMM = 0 时，禁止设置或撤销特殊屏蔽方式。

SMM——特殊屏蔽方式模式位，ESMM = 1 时有效。

SMM = 1 时，设置特殊屏蔽方式，即进入特殊屏蔽方式；

SMM = 0 时，撤销特殊屏蔽方式，即退出特殊屏蔽方式。

P——查询命令(Poll Command)控制位。

P = 1 时，在发 OCW_3 后，下一条对偶地址端口的读命令将起中断识别作用，通过数据总线送出一个字节的信息，称为查询字(Poll Word)；并且若有中断请求，便识别出最高优先级的中断请求，使 ISR 中的相应位置“1”。

查询字的格式如下：

I	×	×	×	×	W_2	W_1	W_0

I——表明是否有中断请求的标志位。

I = 1 时，表明当前有中断请求，其位置由 W_2～W_0 指示；

I = 0 时，表明当前无中断请求，W_2～W_0 位无效。

W_2、W_1、W_0 表示当前中断请求中优先级最高的中断源的编码。

P = 0 时，在发 OCW_3 后，如果出现对偶地址端口的读命令，将获取 IRR 或 ISR 的当前状态，此时 RR、RIS 位有效。

RR、RIS——P= 0 时，这两位的组合状态决定对偶地址端口执行读操作所获取的信息。

RR、RIS = 10 时，读出中断请求寄存器 IRR 的内容；

RR、RIS = 11 时，读出中断服务寄存器 ISR 的内容；

其他组合状态无效。

另外，在设置初始化完成后，对奇地址端口的读将获取中断屏蔽寄存器 IMR 的值。

8.2　难点和重点

本章的难点和重点在于处理器与 8259A 的协调工作过程，以及 8259A 对中断的管理与处理过程。具体如下：

1. 外部中断引起的程序转移与子程序调用指令 CALL 引起的程序转移的不同点

子程序的调用是由 CALL 指令引起的，是与 CPU 同步的。换句话说，CPU 能确切地知道何时将执行子程序。而外部中断的响应与 CPU 是异步的，中断请求由外设提出，可能发生在 CPU 执行任何指令的时间(必须满足中断响应的条件)，也就是说，CPU 不能确知何时执行中断服务子程序。两者有以下不同点：

(1) CPU 在转入子程序前的处理不同。在用 CALL 指令调用子程序时，CPU 只需自动压入 CALL 指令下一条指令的地址(常称为断点地址)，新的程序执行地址由 CALL 指令中的程序地址寻址方式获取；而在响应外部中断请求转入相应的服务子程序之前，CPU 需将标志寄存器 FLAGS 的状态和断点地址均压入堆栈，而且需要外部硬件配合获取中断类型码，由此计算中断矢量地址，从中断矢量表中获取中断矢量，装入 CS：IP，将程序引导到中断服务子程序执行。

(2) 传递参数的方式不同。与普通子程序不同，中断服务子程序一般不能采用寄存器或堆栈传递参数，因为几乎无法在转入中断服务子程序前用指令为其设置入口参数。

(3) 子程序返回用不同的指令。对应于 CALL 调用的子程序的返回用指令 RET，而中断服务子程序的返回应该用 IRET 指令。

此外，CALL 指令既可以完成远程调用(CS、IP 均更新)，也可以完成近程调用(只更新 IP，CS 不变)，而中断响应一定是远程调用。

2. 中断系统中的中断类型码、中断矢量和中断矢量表的相互关系

如图 8.6 所示，在 8086/8088 的中断系统中，中断矢量表位于内存 0 段的 000H～3FFH 区域，最多可以容纳 256 个中断矢量。每个中断矢量占 4 个存储单元，其中，前 2 个单元存放中断服务程序入口地址的偏移量(IP)，低位在前，高位在后；后 2 个单元存放中断服务程序入口地址的段地址(CS)，同样也是低位在前，高位在后。按照中断类型号的顺序，对应的中断矢量在内存的 0 段 0 地址单元开始有规则地进行排列，因此中断矢量的地址就等于中断类型号乘 4，即左移两位。

例如，类型号 17H 的中断所对应的中断矢量存放在 0000：005CH 开始的 4 个单元中，若 005CH、005DH、005EH、005FH 这 4 个单元中的值分别为 10H、20H、30H、40H，那么在这个系统中，17H 号中断所对应的中断矢量为 4030H：2010H，即 17H 号中断的服务程序存放在 4030H：2010H 开始的内存区域中。

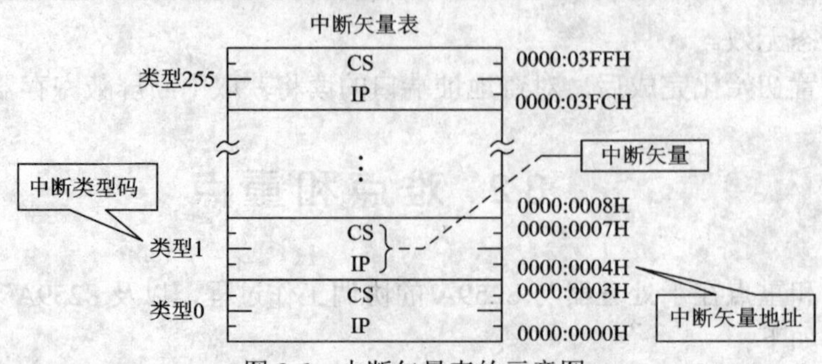

图 8.6　中断矢量表的示意图

3．8259A 的工作过程

理解 8259A 的工作过程即重点理解 8259A 是如何通过操作两个端口地址，设置 4 个初始化命令字和 3 个操作命令字，并可提供多个内部寄存器状态给 CPU 的。

8259A 的 7 个命令字为：4 个初始化命令字 ICW_1～ICW_4，3 个操作命令字 OCW_1～OCW_3。其中 ICW_1、OCW_2 和 OCW_3 是写入偶地址的，它们依赖于命令字中的 D_4、D_3 位作标志位来区分；ICW_2、ICW_3 和 ICW_4 都写入奇地址，它们总是紧跟于 ICW_1 后写入的，8259A 收到 ICW_1 后，便能根据 ICW_1 的内容逐一识别跟在后面的其他初始化命令字；OCW_1 也是写入奇地址，但它是初始化设置完后，在工作过程中任意时刻写入的，也就是说，在初始化完成后，写入奇地址的都是 OCW_1。

在 8259A 片内还有几个寄存器是可以读出的，它们是中断请求寄存器 IRR、中断服务寄存器 ISR 和中断屏蔽寄存器 IMR；另外还有一个查询字可以通过查询命令读出。其中，IMR 可随时通过输入指令从奇地址端口获取，而 IRR、ISR 和查询字则都是从偶地址端口读取的，但它们的读取都需事先通过设置相应的 OCW_3 才能正确获取，即在设置了 OCW_3 中的 P＝0、RR＝1 和 RIS＝0 时，读偶地址端口，获取 IRR 值；在设置了 OCW_3 中 P＝0、RR＝1 和 RIS＝1 时，读偶地址端口，获取 ISR 值，而当设置了 OCW_3 中 P＝1 时，读偶地址端口，获取的是查询字。

注意：每次读偶地址端口前，都需重新设置正确的 OCW_3，才能保证获取正确的信息。

8259A 的读写操作小结于表 8.3 中。

表 8.3　8259A 的基本操作

$\overline{CS}$	A_0	$\overline{RD}$	$\overline{WR}$	写命令操作	说　明
0	0	1	0	数据总线→ICW_1	命令字中的 $D_4=1$
0	0	1	0	数据总线→OCW_2	命令字中的 $D_4=0$，$D_3=0$
0	0	1	0	数据总线→OCW_3	命令字中的 $D_4=0$，$D_3=1$
0	1	1	0	数据总线→OCW_1，ICW_2，ICW_3，ICW_4	ICW_2，ICW_3，ICW_4 紧跟在 ICW_1 后
$\overline{CS}$	A_0	$\overline{RD}$	$\overline{WR}$	读状态操作	说　明
0	0	0	1	IRR→数据总线	OCW_3 中的 P＝0，且 RR＝1，RIS＝0
0	0	0	1	ISR→数据总线	OCW_3 中的 P＝0，且 RR＝1，RIS＝1
0	0	0	1	查询字→数据总线	OCW_3 中的 P＝1
0	1	0	1	IMR→数据总线	初始化完成后
1	×	×	×	无任何操作	

4．8259A 与 CPU 的协调工作

理解 8259A 与 CPU 的协调节工作即理解在 CPU 响应外部可屏蔽中断的总线周期中，8259A 是如何利用 CPU 发出的中断应答信号 $\overline{\text{INTA}}$ 来协调工作的。

如图 8.4 所示，CPU 在中断响应总线周期中，将会在 $\overline{\text{INTA}}$ 线上送出两个负脉冲。

第一个负脉冲到达时，8259A 完成以下 3 个动作：

(1) 使 IRR 的锁存功能失效。这样，在 IR_7～IR_0 线上的中断请求信号就不予接收，直到第二个负脉冲到达时，才又使 IRR 的锁存功能有效。

(2) 使当前中断服务寄存器 ISR 中相应位置“1”，以便为中断优先级裁决器 PR 以后的工作提供判断依据。

(3) 使 IRR 寄存器中的相应位(即刚才由 IRR 锁存的中断请求)清 0。

(4) 该 IR 引脚上连接有从片，通过 CAS_2～CAS_0 送出该引脚的编码。

第二个负脉冲到达时，8259A 完成下列动作：

(1) 将当前中断源的中断类型码送到数据总线的 D_7～D_0，提供给 CPU。若该 IR 引脚连接有从片，则中断类型码由从片送出。

(2) 如果 ICW_4(方式控制字)中的中断自动结束位为“1”，那么，在第二个 $\overline{\text{INTA}}$ 脉冲结束时，8259A 会将在第一个 $\overline{\text{INTA}}$ 脉冲到来时设置的当前中断服务寄存器 ISR 的相应位清 0。

5．CPU 对 8259A 的中断请求的处理

CPU 对 8259A 中断请求的处理，可分为中断方式和查询处理方式。

中断方式是 CPU 通过响应 INTR 上 8259A 的硬件中断请求信号完成的，中断响应周期中通过硬件时序的配合，获取中断类型码，利用矢量中断技术转入相应的中断服务程序。查询处理方式则是 CPU 通过向 8259A 发查询命令后(OCW_3 中 $P = 1$)，对同一端口发读命令获取查询字的。查询字包含了是否有中断请求及当前请求中优先级最高的中断源的类型号，CPU 可据此调用相应的服务程序(用 CALL 指令实现)。

注意：在查询方式下，虽然无中断响应周期，但在查询命令后的读操作，相当于完成中断响应周期中的两个 $\overline{\text{INTA}}$ 脉冲，清除相应的中断请求位，并将中断服务寄存器的相应位置“1”。

6．8259A 的中断结束方式

8259A 设置为中断非自动结束方式时，在中断服务程序结束即将返回时，一定要安排有发中断结束命令的指令序列。

发中断结束命令给 8259A，是为了清除该中断源对应的中断服务寄存器 ISR 中相应的位，以告示本次中断服务结束。如果不发中断结束命令，中断服务寄存器 ISR 中相应的位仍然为“1”， 表明该中断源的请求已得到响应，且服务未结束，则当有同级(除非为特殊嵌套方式)或较低级的中断请求到来时，将被一直挂起，相当于关闭了该中断源及较低优先级中断源的中断请求。

7．8259A 级联系统中的中断管理机制以及主片与从片的连接关系

如图 8.7 所示，80386 系统中采用两片 8259A 构成级联中断控制系统，非缓冲连接，可处理 15 级中断，主片工作于特殊全嵌套方式。图中略去了数据线、地址线、地址译码信号

线和读写控制线。

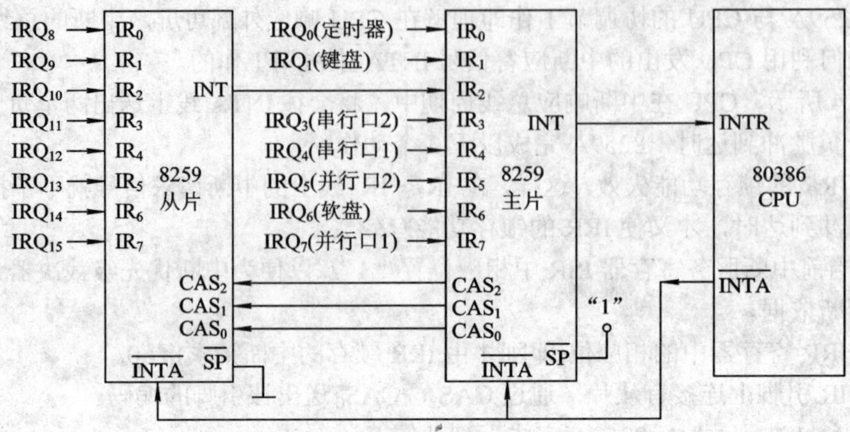

图 8.7　级联中断控制系统

1) 线路的连接关系

由于采用非缓冲连接，引脚$\overline{SP}/\overline{EN}$是输入端，主片的$\overline{SP}/\overline{EN}$接高电平，从片的$\overline{SP}/\overline{EN}$接低电平。从片的 INT 端接主片的 IR_2 端，主片的 INT 端与 CPU 的 INTR 相连。从片的中断请求 IRQ_8～IRQ_{15} 都是通过主片的 IR_2 端，再通过主片的 INT 端向 CPU 请求服务的。主、从片的 CAS_2～CAS_0 对应相连，主片的 CAS 端是输出，而从片的 CAS 端是输入。主片中未与从片相连的 IR 端和从片中所有的 IR 端都可作为中断源的请求输入线。

2) 程序控制

主、从片应具有不同的端口地址，CPU 应分别完成主、从片的初始化程序，设置不同的中断类型基值。

在级联中断控制系统中，初始化命令字 ICW_3 必须正确设置。主片的 ICW_3 中标记连接有从片的引脚在得到 CPU 中断响应时，在中断响应周期中，将不提供中断类型码，而是发出相应的 CAS 选择对应的从片，中断类型码由连接的从片提供；而从片是依赖于 ICW_3 中设置的值来识别主片发出的 CAS 是否是本片的标识号的。在本系统中，主片的 ICW_3 = 00000100，标记 IR_2 连接有从片，从片的 ICW_3 = 02，表示本从片与主片的 IR_2 相连。在主片的 IR_2 中断响应周期中，主片从 CAS 端发出编码 010，从片从 CAS 接收到此编码，与本片 ICW_3 一致，则送出当前有效中断请求中优先级最高的中断源的中断类型码，于是从片的中断请求得到了服务。

该中断服务程序结束时，必须发两次中断结束命令，一次是对主片发的，另一次是对从片发的。

3) 优先级管理

虽然主片采用了特殊嵌套方式，但从 15 个中断源的总体优先级上看，仍然是正常的完全嵌套方式，因为 IRQ_8～IRQ_{15} 的优先级由从片按正常完全嵌套的方式管理。所以，系统优先级从高到低的顺序为：主片 IR_0→IR_1→从片 IR_0→IR_1→…→IR_7→从片 IR_3→IR_4…→IR_7。

例 8.1　若 8086 系统中采用单片 8259A 作为外部可屏蔽中断的优先级管理，正常全嵌套方式，边沿触发，非缓冲连接，非自动中断结束，端口地址为 20H 和 21H。其中某中断源的中断类型码为 4AH，其中断服务子程序名为 SUBROUTINE，且已知其地址是 2000：3A40H。

(1) 本题中的中断源应与 8259A 的哪一个 IR 输入端相连？其中断矢量地址是多少？矢量区对应的 4 个单元的内容是什么？

(2) 为 8259A 设置正确的初始化命令字，并编写初始化程序。

(3) 编写程序片段，设置该中断源的中断矢量。

解：(1) 该中断类型码为 4AH 的中断源，应与 IR_2 端相连，其中断矢量地址为 0000：0128H，矢量区对应的 4 个单元的内容依次为 40H、3AH、00H、20H。

(2) $ICW_1 = 00010011$，单片，边沿触发，必须设置 ICW_4；

$ICW_2 = 48H$，中断类型码基值为 48H；

无 ICW_3，单片 8259A 系统，无需设置 ICW_3；

$ICW_4 = 00000001$，正常全嵌套方式，非缓冲连接，非自动中断结束，8086 CPU。

初始化程序：

```
MOV    AL，13H          ；设置ICW1，偶端口地址
OUT    20H，AL
MOV    AL，48H          ；设置ICW2，奇端口地址
OUT    21H，AL
MOV    AL，01           ；设置ICW4，奇端口地址
OUT    21H，AL
```

(3) 设置中断矢量的程序片段为：

```
MOV    AX，0            ；中断矢量表的段地址0送ES
MOV    ES，AX
MOV    DI，4AH*4        ；类型号为4AH的中断矢量的偏移地址送DI
MOV    AX，OFFSET  SUBROUTINE  ；中断服务子程序首地址的偏移量
CLD
STOSW
MOV    AX，SEG SUBROUTINE      ；中断服务子程序首地址的段地址
STOSW
```

评注：

(1) 各初始化命令字的格式及初始化流程参见有关教材，注意各命令字写入的地址。

(2) 本题中的中断源的中断类型码为 4AH，即 01001010，而 8259A 的中断类型码基值规定最低 3 位为 0，所以 8259A 的中断类型码基值为 01001000，$ICW_2 = 48H$；IR_0 的中断类型码为 48H，依次类推，IR_2 的中断类型码为 4AH，所以该中断源与 IR2 相连。

(3) 8086 CPU 的中断矢量表规定从内存的 00000 开始按中断类型号顺序存放中断矢量，每一矢量占用 4 B，所以，该中断源的中断矢量地址为 $4AH \times 4 = 128H$，即 0000：0128H；在 4 B 中存放中断服务子程序的入口地址，规定 IP 在前，CS 在后，且低位在前，高位在后，所以矢量区对应的 4 个单元的内容依次为 40H、3AH、00H、20H。

例 8.2 在某应用中，8259A 工作于正常全嵌套方式，在为中断源 IR_4 服务时，设置特殊屏蔽方式，开放较低级的中断请求，请编写 IR_4 中断服务程序的主框架。已知 8259A 的

端口地址为 20H 和 21H。

解：IR_4 中断服务程序的主框架为：

```
IR4SER  PROC    FAR
        PUSH    AX              ；保护现场
          …      …
        CLI                     ；关中断，保证设置命令时不响应中断
        MOV     AL，68H         ；设置特殊屏蔽方式(OCW3 = 68H)
        OUT     20H，AL
        IN      AL，21H         ；读 IMR 状态
        OR      AL，00010000    ；屏蔽 IR4
        OUT     21H，AL
        STI                     ；开中断
        …                       ；IR4 的中断功能程序，执行时较低级的
        …                       ；中断请求将可以打断 IR4 的中断服务
        CLI
        IN      AL，21H         ；读 IMR 状态
        AND     AL，11101111    ；开放 IR4 的中断请求
        OUT     21H，AL         ；恢复原来的屏蔽字
        MOV     AL，48H         ；复位特殊屏蔽方式(OCW3 = 48H)
        OUT     20H，AL
        MOV     AL，20H         ；发普通中断结束命令
        OUT     20H，AL
        …       …               ；恢复现场
        POP     AX
        IRET                    ；返回被中断的程序
IR4SER  ENDP
```

评注：

(1) 特殊屏蔽方式一般用于在中断服务子程序中，动态地改变中断优先级，注意在中断处理程序结束前需安排有撤销特殊屏蔽的指令，用于恢复正常的中断优先级管理。

(2) 在设置了特殊屏蔽方式后，在用 OCW_1 对屏蔽寄存器中的 D_4 位进行置位时(屏蔽 IR_4)，就会同时使当前中断服务状态寄存器的 D_4 位自动清 0，这样，就不仅屏蔽了当前正在处理的这级中断，而且真正开放了其他较低级的中断。

(3) 通常先读取原中断屏蔽寄存器值，然后采用逻辑操作指令改变中断屏蔽寄存器的值，来进行屏蔽/允许某一中断源，而不采用传送类指令直接改变。这样做的好处是，不影响系统中原来设置的其他中断源的屏蔽/允许状态。

例 8.3　用流程图来表示特殊全嵌套方式时的工作过程。设主程序运行时，先在 IR_2 端有请求，CPU 为之服务时，IR_2 端有中断请求，然后 IR_3、IR_1 端又同时有中断请求。

解：流程图如图 8.8 所示。

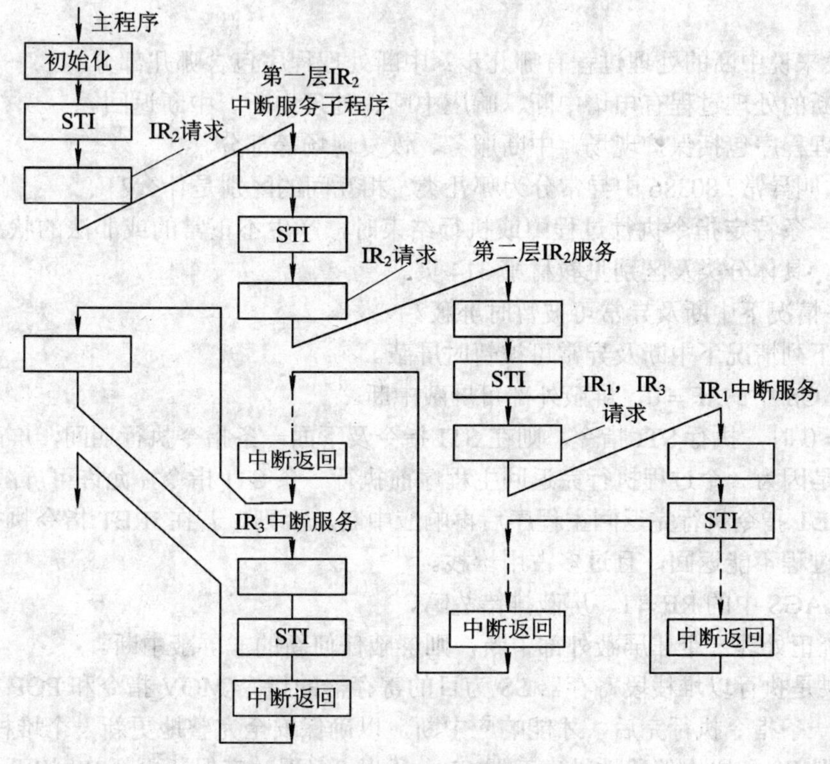

图 8.8 特殊全嵌套方式工作示意图

(1) 特殊全嵌套方式与正常全嵌套方式基本相同，只有一点区别，就是同级中断可以打断同级中断。

(2) 注意，要实现中断的嵌套，在中断服务子程序中必须安排有开中断的指令 STI。

(3) 第 1 个 IR_2 未服务完时，被同级的 IR_2 打断。

(4) IR_1 由于比 IR_2 具有更高的优先级而打断 IR_2 的服务，而 IR_3 则因优先级较低被挂起。

(5) IR_1 服务结束后，返回被打断的第二层 IR_2 服务。

(6) 第二层 IR_2 服务结束后，返回第一层 IR_2 服务。

(7) 第一层 IR_2 服务结束后，返回被中断的主程序。

(8) 被挂起的 IR_3 在没有较高级中断服务时得到响应。

8.3 习题与思考题全解

1．什么叫中断、中断请求和中断响应?

答：中断是指一种处理过程。计算机在执行正常程序的过程中，如果出现某些异常事件或某种外部请求，则处理器就暂停执行当前的程序，而转去执行对异常事件或某种外部请求的处理操作；当处理完毕后，CPU 再返回到被暂停执行的程序，继续执行。这个过程被称为程序中断，简称中断。

中断请求：向处理器提出的申请要求“中断”的过程，称为中断请求。

中断响应是当处理器发现已有中断请求时，中止现行程序执行，并自动引出中断处理程序的过程。

2. 一般来说中断的处理过程有哪几步？中断处理程序包含哪几部分？

答： 中断的处理过程有申请中断、响应中断、处理中断、中断返回。

中断处理程序包括保护现场、中断服务、恢复现场等部分。

3. 什么叫异常？80386 中异常分为哪几类？相互间的区别是什么？

答： 当一条特定指令执行过程中或执行结束时，产生不正常的或非法的状态，便称为产生了异常。具体分类及区别见教材第 314 页。

4. 哪些情况下中断及异常可被暂时屏蔽？

答： 在下列情况下中断及异常可被暂时屏蔽。

(1) FLAGS 中的 IF = 0，屏蔽外部可屏蔽中断。

(2) IF = 0 时，执行 STI 指令，则在 STI 指令及下面一条指令执行期间，屏蔽外部可屏蔽中断。这是因为一个过程执行完返回主程序前执行一条 STI 指令，允许可屏蔽中断发生，但希望在 IRET 指令执行完返回主程序后再响应中断。否则，若在 IRET 指令执行前响应中断，就会使过程不能返回，且过多占用堆栈。

(3) EFLAGS 中的 RF = 1，屏蔽排错故障。

(4) 系统正处理一个非屏蔽外部中断，则屏蔽任何新的非屏蔽中断。

(5) 如果是执行以堆栈段寄存器 SS 为目的寄存器的指令(MOV 指令和 POP 指令)，则一定要等到下一条指令执行完后，才能响应中断，以确保安全完整地更新一个堆栈指针(包括堆栈段寄存器 SS 和段内偏移地址寄存器 SP)。所以，编程时应保证更新 SS 的下一条指令为更新 SP。

(6) 发出中断请求信号时，若正好遇到 CPU 执行封锁指令 LOCK，由于 CPU 将封锁指令和后面的一条指令合起来看成一个整体，所以必须等到后一条指令执行完后才响应中断。当标志位 RF(重新启动标志，Resume Flag) = 1 时，排错异常被忽略。

5. 何谓中断向量、向量地址和中断向量表？

答： 中断向量：中断源的识别标志，可用来形成相应的中断服务程序的入口地址或存放中断服务程序的首地址。

向量地址：中断矢量(向量)号乘 4 即为相应中断矢量号对应的矢量(向量)地址，即存放中断处理程序首地址的物理地址。

中断矢量(向量)表：实方式下，微处理器用来存储转入中断处理程序入口地址的一段内存空间。中断矢量表起始于物理内存地址 0，长度为 400H(1 KB)，并依中断矢量号为序连续存放 256 个中断的中断处理程序首地址。每个中断处理程序首地址占用 4 B，均为远程指针。

6. 何谓中断描述符表 IDT？它的起始地址由哪个寄存器控制？IDT 中的表项共有哪几类？相互间的区别是什么？

答： 保护方式下，发生中断和异常时，要使用中断描述符表 IDT。IDT 的结构与实方式下中断矢量表类似，但 IDT 的起始地址不是 0，长度限量也不是固定为 400H，而是由中断描述符表寄存器 IDTR(48 位)中的基地址(对 80286 为 24 位，对 80386、80486 为 32 位)给出起始地址，限量(16 位)给出长度限制，且均以字节为单位。

7. 何谓中断及异常的优先级？80386 CPU 中对中断及异常的优先级是如何排定的？

答： 当计算机系统中有多个中断源时，中断管理系统将规定一套机制，用以解决多个中断源得到 CPU 服务的先后次序。一般地，假设系统中有中断源 A 和 B，当 CPU 正在为中断源 A 服务期间，中断源 B 向 CPU 提出中断请求：若 CPU 暂停执行中断源 A 的服务子程序，而响应中断源 B 的请求，转去执行中断源 B 的服务子程序，待中断源 B 的服务子程序执行完后，再回到中断源 A 的服务子程序继续执行，则称中断源 A 比 B 的中断优先级低。在中断开放的情况下(对 80X86 而言，指 IF = 1)，若中断源 A 的服务不会被 B 的中断请求打断，反过来，B 的中断服务也不会被 A 的中断请求打断，则称中断源 A 和 B 是同优先级的中断。

当 80X86 CPU 完成当前指令的执行后，将按照以下的顺序检查是否有中断(包括异常)请求：① 除法出错，② 中断指令 INT n，③ 溢出中断，④ 非屏蔽中断 NMI，⑤ 可屏蔽中断 INTR，⑥ 单步中断。然后，首先把优先级最高的中断或异常通知给系统，将优先级较低的异常废弃，而将优先级较低的中断挂起；当把较高优先级的中断处理完后，再按优先级次序响应和处理挂起的中断。同时当较高优先级的异常被处理后，重新启动引起较低异常的指令时，任何丢弃的异常均可重新发生。

8．实方式下，80386 转入外部可屏蔽中断处理程序、非屏蔽中断处理程序及软件中断处理程序的过程有何不同?

答：外部可屏蔽中断的响应和处理过程简述如下：

(1) CPU 要响应可屏蔽中断请求，必须满足一定的条件，即中断允许标志置“1”(IF=1)，没有异常，没有非屏蔽中断(NMI=0)，没有总线请求。

(2) 当某一外部设备通过其接口电路向中断控制器 8259A 发出中断请求信号时，经 8259A 处理后，得到相应的中断矢量号，并同时向 CPU 申请中断(INT=1)。

(3) 如果现行指令不是 HLT 或 WAIT 指令，则 CPU 执行完当前指令后便向 8259A 发出中断响应信号(INTA=0)，表明 CPU 响应该可屏蔽中断请求。

若现行指令为 HLT，则中断请求信号 INTR 的产生使处理器退出暂停状态，响应中断，进入中断处理程序。

若现行指令为 WAIT 指令，且 $\overline{\text{TEST}}$ 引脚加入低电平信号，则中断请求信号 INTR 产生后，便使处理器脱离等待状态，响应中断，进入中断处理程序。

此外。对于加有前缀的指令，则在前缀与指令之间 CPU 不识别中断请求；对于目标地址是 SS 段寄存器的 MOV 和 POP 指令，则 CPU 在这些指令之后的一条指令执行后才响应中断。

(4) 8259A 连续两次(2 个总线周期)接收 $\overline{\text{INTA}}$ =0 的中断响应信号后，便通过总线将中断矢量号送 CPU。

(5) 保护断点。将标志寄存器内容、当前 CS 内容及当前 IP 内容压入堆栈：

(SP)←(SP)-2

((SP)+1：(SP))←(PSW)

(SP)←(SP)-2

((SP+l：(SP))←(CS)

(SP)←(SP)-2

((SP)+1：(SP))←(IP)

(6) 清除 IF 及 TF(IF←0，TF←0)，以便禁止其它可屏蔽中断或单步中断发生。

(7) 根据 8259A 向 CPU 送的中断矢量号 n 求得矢量地址，再查中断矢量表，得相应中断处理程序的首地址(段内偏移地址和段地址)，并将其分别置入 IP 及 CS 中：

(IP)←(4*N)

(CS)←(4*N+2)

一旦中断处理程序的 32 位首地址置入 CS 及 IP 中，程序就被转入并开始执行中断处理程序。

(8) 中断处理程序包括保护现场、中断服务、恢复现场等部分。

(9) 中断处理程序执行完毕，最后执行一条中断返回指令 IRET，将原压入堆栈的标志寄存器内容及断点地址重又弹出至原处：

(EIP)←((SP)+1：(SP))

(SP)←(SP)+2

(CS)←((SP)+1：(SP))

(SP)←(SP)+2

(PSW)←((SP)+1：(SP))

(SP)←(SP)+2

上述过程中，(3)～(7)为 CPU 发出中断响应信号进行中断响应的过程，由 CPU 自动完成。

异常、软件中断及非屏蔽中断的中断矢量号或由 CPU 固定分配好或由 INT n 指令提供。因此，不需要外设提供类型码(矢量号)。当转入中断处理程序时，首先 CPU 按序将 FLAGS、CS 及 EIP 寄存器的内容压入栈中。压入栈中的断点地址(CS 及 EIP 值)取决于中断类型。若为陷阱(软件中断属于陷阱)，断点地址为引起陷阱的指令的后面一条指令的第一字节地址。若为故障，则断点地址为引起故障的指令的第一字节地址。若为非屏蔽中断，断点地址为响应中断时的当前 CS 内容及 EIP 内容。然后，将 FLAGS 中的单步陷阱标志 TF 和中断标志 IF 清零。最后，根据中断矢量号查得中断处理程序首地址，转入中断处理程序。实方式下产生的异常向栈压入错误码。

9．试述保护方式下，通过中断门或陷阱门转入同一特权级的中断或异常处理程序的过程及返回主程序的过程。

答：门中选择子所指可执行存储段描述符的类型及 DPL 字段，用来确定中断或异常是转移到当前特权级的某一处理程序，还是转移到一个新的特权级的处理程序。中断和异常可以转移到同一特权级或内层特权级的处理程序。与之相匹配，IRET 指令则转移到同一特权级或外层特权级的程序，即完全符合 CALL 及 RET 指令的向内调用、向外返回规则。

门中 DPL 字段只在执行 INT n 及 INTO 指令时被检验，并要求 CPL 值高于或等于 DPL 值，否则便产生一般保护异常。当发生其它异常或外部中断时，门中 DPL 检验被忽略。

如果门中选择子所指可执行存储段是一个一致的代码段，且该存储段描述符中的 DPL(即处理程序特权级)相对于当前正执行程序的特权级 CPL 是同级或更内层的级，或者门中选择子所指可执行存储段为非一致代码段，且该存储段描述符的 DPL 与 CPL 同级，则通过中断门或陷阱门的控制转移属同一特权级的转移。

10．试述保护方式下，通过中断门或陷阱门转入更高特权级处理程序的过程及返回主程序的过程。

答：如果门中选择子所指可执行存储段为非一致代码段，且 DPL 相对于 CPL 为更内层的级，则通过中断门或陷阱门的转移属于向内层的转移。

新栈的SS及ESP的初值由当前TSS段的相应内容提供。首先，老栈的SS及ESP值被压入新栈的最高地址区。接下来压入新栈的值是老栈的EFLAGS值。EFLAGS值压入新栈后，将其中的NT及TF标志清零。TF = 0，意味着处理程序不允许单步执行；NT = 0，意味着处理程序返回时，IRET指令执行结果返回到同一任务，而不是一个嵌套任务。同时，若是通过中断门进行控制转移还需要将IF清零，以便中断处理程序中不允许可屏蔽中断产生；若是通过陷阱门进行控制转移，则IF状态保持不变。显然，中断门适宜于处理中断，陷阱门适宜于处理异常。然后，返回地址(外层程序即主程序的CS及EIP值)压栈。同时，门中选择子的RPL置入CPL；门中选择子装入CS；门中偏移量装入EIP，完成向处理程序转移。最后，根据需要再将出错码压入新栈。这样，在中断或异常处理程序的入口处，SS寄存器用来寻址内层栈，而ESP指出出错码在新栈中的偏移量，即内层栈的栈顶。通过中断门或陷阱门的控制转移与通过调用门的CALL指令执行间的区别是，中断转移时，在新老栈之间不进行参数拷贝，因而Dword Count字段也被忽略不用。

11．试述保护方式下，通过任务门转移到不同任务的处理程序的过程及返回原任务的过程。

答：系统产生某一中断或异常时，将该中断或异常的矢量号乘以8后作为指针去检索中断描述符表IDT,若检索到的描述符是一个任务门,则表示要转移到不同任务的处理程序。与CALL指令通过任务门进行任务切换一样，任务门提供一个16位选择子，以指向处理程序任务的TSS段。该TSS段必须是一个可用的286 TSS段或386/486 TSS段。通过任务门到一个可用的TSS段，转入中断或异常处理程序的过程，与CALL指令通过任务门到可用的TSS段，实现任务切换的过程相同。唯一不同的是中断或异常通过任务门引起的任务切换和程序转移提供错误码。在任务切换完成后，如有必要，应将错误码压入新任务的堆栈中。

如果中断或异常发生时，是通过任务门转入处理程序的，则在转入过程中使EFLAGS中的NT位置“1”。这表明从处理程序返回主程序执行IRET指令时，必须返回到一个嵌套的任务。IRET指令应从当前TSS段的链接字段中索取返回到的任务的TSS的选择子，从而完成任务切换和程序返回。

12．保护方式下，从主程序转入中断处理程序和转入异常处理程序的过程有何不同?

答：中断或异常发生时，可以通过中断门或陷阱门转入当前任务内的一个过程(处理程序)进行处理，也可以通过任务门进行任务切换由另一个任务内的过程(处理程序)来处理。由当前任务内的过程处理中断或异常时，可以很快转移到处理程序，但处理程序要负责保护和恢复微处理器中寄存器的状态。若由不同任务的过程来处理中断或异常，因要进行任务切换，花费时间较长，但是，保存和恢复CPU寄存器的内容已作为任务切换的一部分完成了。

当产生无效TSS异常时，必须由任务门来处理，这样可保证处理程序有一个有效的任务环境。其它异常发生时，最好通过陷阱门指向一个各个任务共享的过程，且该处理程序应处于全局地址空间中。对同一个异常，若各任务要求有不同的处理程序，则由一个全局异常处理程序保存一个各处理程序的入口表，并负责为产生异常的任务调用相应的处理程序。

外部中断的发生与正执行的任务没有关系，若采用任务门进行任务切换，转入中断处理程序，可使正执行任务与中断处理任务间相互隔离，互不干扰，但转入处理程序的过程较慢。若希望快速响应中断，应采用中断门转入中断处理程序。此外，若系统机中未装入任务切换机制，也需通过中断门处理外部中断。外部中断产生的时刻由中断源的状态决定，对正在执行的程序来说属于任意时刻。因而，采用中断门访问的中断处理程序应放在全局地址空间中。

对 80286、80386/80486 来说，当发生异常或中断，并被 CPU 接受时，CPU 硬件可通过任务门提供一个处理程序任务的自动调度功能，为处理程序的快速任务切换创造条件。

13．试述中断优先管理器 8259A 的主要功能。

答：8259A 是一种可编程的中断优先级管理器芯片。每一片 8259A 可管理 8 级优先级中断。最多可用 9 片 8259A 组成两级中断机构，管理 64 级中断。8259A 芯片能与 8086、80286、80386、80486 等多种微处理器芯片组成中断控制系统。

8259A 的基本功能有：

(1) 根据 CPU 发来的命令字定义和修改 IRR 中各中断源的优先级别。通常，IR_0 优先权最高，IR_7 优先权最低。可通过命令字修改成其它的优先级次序。

(2) 多个中断源同时请求中断时，可根据各中断源的优先级别判断并选择出最高的优先级别，进而判别该最高优先级是否高于正在处理的中断优先级，即能否进入多重中断。

(3) 若当前申请中断的最高优先级高于正在处理的中断级，则通过控制电路向 CPU 发出高电平有效的中断请求信号 INT，该信号送微处理器的 INTR 引脚。CPU 响应该请求后便向 8259A 发出中断响应信号 $\overline{\text{INTA}}$，从而一方面使 ISR 的相应位置位，另一方面清除 INT 信号，并送中断类型码到 8 位数据总线(D_7～D_0)上。

14．何谓初始化命令字？8259A有哪几个初始化命令字？各命令字的主要功能是什么？

答：初始化命令字指在8259A能够工作之前即初始化阶段发送给8259A，用来规定8259A基本操作的命令字。

8259A有4个初始化命令字：ICW_1～CW_4。

(1) ICW_1用来设定中断请求信号的有效形式(脉冲或电平)、8259A的工作方式(单片或级联)以及是否需要设置初始化命令字ICW_4。

(2) ICW_2命令字用来设置中断类型号基值。

(3) ICW_3命令字仅用于8259A级联方式时，指明主8259A的哪个中断源(IR_0～IR_7中的一个)与从8259A的INT引脚相连，也即指明从8259A的INT引脚和主8259A的哪一个中断源请求信号(IR_0～IR_7中的一个)相连。

(4) ICW_4用于设定嵌套方式(正常或特殊)、缓冲方式以及中断结束方式(正常或自动)。

15．何谓操作命令字？8259A有哪几个操作命令字？各命令字的主要功能是什么？

答：操作命令字指 8259A 在正常操作过程中用于控制 8259A 的操作的命令字。

8259A有3个操作命令字：OCW_1、OCW_2、OCW_3。

(1) OCW_1操作命令字用来设置中断源的屏蔽状态。

(2) OCW_2操作命令字用来控制中断结束方式及修改优先权管理方式。

(3) OCW_3操作命令字用来管理特殊的屏蔽方式和查询方式，并且用来控制中断状态的读出。

16．何谓完全嵌套方式和特殊嵌套方式？试举例说明。

答：完全嵌套方式是最基本的中断方式。8259A 在初始化编程后便处于这种方式。其特点是优先级次序随序号的递增而变低，即 IR_0优先级最高，IR_1次之，而 IR_7优先级最低。在完全嵌套方式、CPU 开中断情况下，执行某中断处理程序期间，不能响应本级或较低级中断，但能响应较高级中断。

特殊完全嵌套方式的主要特点是执行某中断处理程序期间，不能响应较低级中断，但能响应本级或较高级中断。具体示例见教材图 8.13。

8.4 自 测 题

1．中断矢量表的功能是什么？详述 CPU 利用中断矢量表转入中断服务程序的过程。

参考答案：中断矢量表位于内存最低地址端开始的 1024 B，用于存放中断服务程序的入口地址(称为中断矢量)。每一种中断都有一中断类型号，CPU 响应中断时，将中断类型号乘 4，据此查到该中断在中断矢量表中的地址(称为中断矢量地址)，从这个地址开始的连续 4 个单元中存的就是这种中断的中断服务程序的入口地址。前 2 个单元是偏移地址，装入 IP；后 2 个单元是段地址，装入 CS，CPU 就转去执行中断服务程序了。

2．中断服务程序结束时，用 RETF 指令代替 IRET 指令能否返回被中断了的主程序？这样做存在什么问题？

参考答案：能返回被中断的主程序。存在的问题是，RETF 只恢复中断响应时压入堆栈的断点值(包括 CS 和 IP 值)，所以程序控制返回到被中断的主程序；但是，并没有将中断响应时压入堆栈的标志寄存器值弹回 FLAGS 中，因此无法恢复至中断前的计算机状态。另外，堆栈不平衡，如果用于多级程序嵌套(包括普通子程序调用和中断服务子程序运行)，将引起后续程序返回的错误。

3．初始化 8259A 时，设置为中断自动结束方式，那么中断嵌套的深度可否控制？

参考答案：不可控制。因为在中断自动结束方式下，当第二个中断响应脉冲 $\overline{INTA}$ 送到 8259A 后，8259A 就会自动清除当前中断服务寄存器 ISR 中的对应位。这样，尽管系统正在为某个中断源进行服务，但对 8259A 来说，ISR 中却没有对应位指示，所以好像已经结束了中断服务一样，于是再有任何中断请求，CPU 都将响应，进入下一层中断服务，即发生中断嵌套。

4．设某微机系统要管理 64 级中断，请问组成该中断机构时需________片 8259A。

A. 8 片　　B. 10 片　　C. 9 片　　D. 64 片

参考答案：C。

第9章　输入/输出方法及常用的接口电路

9.1 学习要点

- I/O端口的编址及基本输入/输出方法
- 8255A并行接口电路
- 可编程计数器/定时器8253/8254
- 串行通信及8251串行接口电路
- DMA控制器8237A

9.1.1 概述

1．接口电路

微处理器与存储器构成了微型计算机系统的主机部分。为了使微型计算机工作，还必须配上各种外部设备，简称外设。将外设中主要用来实现数据的输入/输出、实现人机联系的设备称为输入/输出设备，即I/O设备。

当要把外设与微处理器相连时，往往需要配上相应的电路。通常把介于主机和外设之间的一种缓冲电路称为I/O接口电路，简称接口电路。

2．使用接口电路的原因

(1) 大多数外设不能直接和CPU的数据总线相连，要借助于接口电路使外设与总线隔离，起缓冲、暂存数据的作用，协调主机和外设间数据传送速度。

数据总线是外设及存储器传送信息的公共线路，任何外设或存储器都不允许长期占用数据总线，而仅允许被选中的外设或存储器在读/写总线周期中享用数据总线。在8086/8088系统中，I/O(输入/输出)的总线周期与存储器的读写总线周期类似，但标准的I/O(输入/输出)总线周期在状态T_3与T_4之间插入1个等待状态T_W。因此，基本输入接口应该具有三态缓冲能力，基本输出接口应该具有数据锁存的能力。

① 基本输入接口电路。如图9.1所示，一片三态缓冲器74LS244被用于构成一个8位的输入接口。图中，代表8个乒乓开关位置状态的TTL逻辑电平与三态缓冲器的输入相连，缓冲器的输出与数据总线中的8位相连。当信号$\overline{SEL}$为逻辑“0”时，缓冲器74LS244的输入端A与输出端Y相连，将开关状态送上数据总线；而当信号$\overline{SEL}$为逻辑“1”时，缓冲器输出端为高阻态，使开关状态与数据总线有效地隔离。

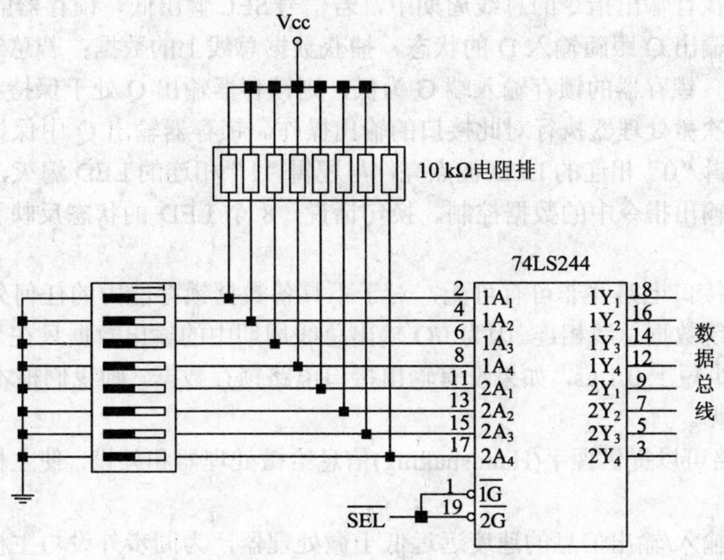

图 9.1　基本输入接口示意图

为在 I/O 输入总线周期内获取开关状态，信号 $\overline{SEL}$ 一般应是有效地址编码信息、读选通信号 $\overline{RD}$、存储器/输入输出控制信号 M/$\overline{IO}$ 的有效逻辑组合，使得在输入总线周期中，引脚 $\overline{SEL}$ 上出现低电平。详见地址译码技术内容。

注意：输入接口电路并非可有可无，对于不具备三态功能的任何外设都必须经输入接口电路与系统数据总线相连。输入接口电路既可以由通用三态缓冲器构成，也可以由可编程的通用接口芯片构成，例如 8255A。

② 基本输出接口电路。输出接口电路在 I/O 输出总线周期内从微处理器接收数据，并且在输出总线周期结束后，必须保持该数据以便提供外设使用，因此输出接口应该具有数据锁存能力。如图 9.2 所示，一片 8D 锁存器 74LS373 用于构成一个 8 位的输出接口，连接 8 个 LED(Light-Emitting Diode)与微处理器。信号 $\overline{SEL}$ 一般应是有效地址编码信息、写选通信号 $\overline{WR}$、存储器/输入输出控制信号 M/$\overline{IO}$ 的有效逻辑组合，在执行对此接口输出操作的总线周期中输出低电平。

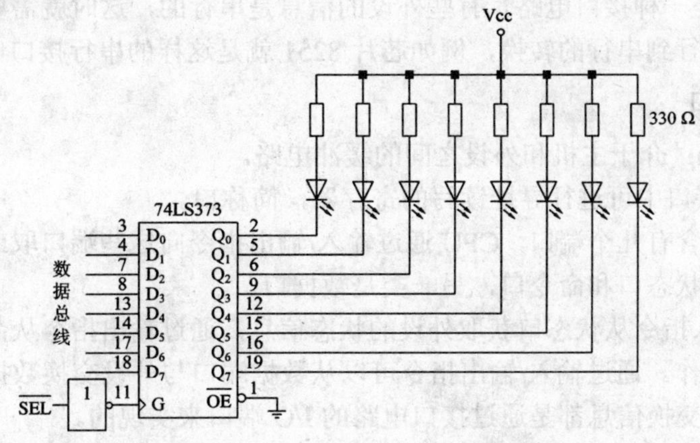

图 9.2　基本输出接口电路示意图

微处理器在执行输出指令的总线周期中，若信号 $\overline{SEL}$ 输出低，锁存器的锁存输入端 G 为高，则锁存器输出 Q 跟随输入 D 的状态，捕获数据总线上的数据；若总线周期结束，信号 $\overline{SEL}$ 输出为高，锁存器的锁存输入端 G 为低，则锁存器输出 Q 处于保持状态，与输入 D 隔离，直到下一次微处理器执行对此接口的输出操作。锁存器输出 Q 中保持的就是 8 位的输出数据，与逻辑“0”相连的 LED 被点亮，与逻辑“1”相连的 LED 熄灭，于是 8 个 LED 的状态可以通过输出指令中的数据控制。换句话说，8 个 LED 的状态反映了输出指令中的数据。

注意：输出接口电路并非可有可无，对于不具备数据锁存能力的任何外设都必须经输出接口电路与系统数据总线相连。因为 I/O 输出总线周期中的输出数据只在数据总线上出现很短的时间，至少短于 0.1 μs，如果没有输出接口电路锁存数据，则我们根本不可能在 LED 上观察到输出数据。

(2) 接口电路可以提供握手(Handshaking)信息给微处理器和外设，使主机和外设协调一致地工作。

大多数外设输入/输出信息的速度远远低于微处理器，为同步外设与主机的工作，在输入/输出控制中，常需要接口电路提供外设的工作状态给微处理器，同时记忆主机下达给外设的命令，从而使主机与外设之间协调一致地工作。

一个典型的例子是打印机与主机的连接。假设打印机的打印速度最大为 100 个字符每秒，显然主机输出打印字符的速度远远高于此速度，于是在打印机的接口中往往提供一个忙信号 BUSY 给主机。当主机测试 BUSY 信号为“0”时，向打印机送打印字符，打印机接收数据后，输出 BUSY 为“1”，表明打印机正在打印字符，主机测试到 BUSY 信号为“1”，则暂停输出打印字符，否则将会造成打印数据丢失；当打印机打印完一个字符时，输出 BUSY 为“0”，主机可以继续输出打印数据。当然，除 BUSY 信号外，打印机接口电路还提供更多的握手信号。

(3) 外设的信息格式与微处理器不一致时，需要接口电路进行信息的变换。从本质上说，微处理器的信息格式是并行的数字信号，而外设由于其功能的多样性，信息格式也是多种多样的。有些外设的信息是模拟信号，例如，普通传感器输出的电压信号，电阻炉中可控硅控制输入的电压，因此在过程控制计算机系统中，常接有模/数转换器 ADC 和数/模转换器 DAC，它们也是一种接口电路。有些外设的信息是串行的，这时就需要通过串行接口进行串行到并行、并行到串行的转换，例如芯片 8251 就是这样的串行接口电路。

3．接口与端口

接口(Interface)：介于主机和外设之间的缓冲电路。

端口(Port)：接口中可进行寻址读写的寄存器，简称口。

一个接口往往含有几个端口，CPU 通过输入/输出指令向这些端口取或存信息。端口主要有两类：一类为状态口和命令口，另一类是数据口。

CPU 通过输入指令从状态口获取外设的状态信息，通过输出指令从命令口发出控制命令，控制外设的工作。通过输入/输出指令可以从数据端口与外设交换数据。因此说，计算机主机与外设之间交换信息都是通过接口电路的 I/O 端口来实现的。

9.1.2　I/O 端口的编址及基本输入/输出方法

1．I/O 端口的编址方法

微机系统中，I/O 端口的编址方式分为统一编址和独立编址两大类。在 Intel 80X86 系列微机中，采用独立编址方式。

1) I/O 端口的统一编址方式

这一方式又称存储器映像编址(Memory-mapping Address Decoding)方式，就是将 I/O 端口看成是存储器空间的一个组成部分，按照存储器单元的编址方法统一编排地址号，每个 I/O 端口占用一个地址。这样，CPU 对 I/O 端口的输入/输出操作如同对存储单元的读/写操作一样，对存储器的各种寻址方式也同样适用于 I/O 端口。

2) I/O 端口的独立编址方式(Isolated I/O Address Decoding)

独立编址方式下，I/O 地址空间完全独立于存储器空间。在 I/O 地址空间中，每个端口有一个唯一的端口地址，CPU 有专用的 I/O 指令，用于 CPU 与 I/O 端口之间的数据传输。Intel 80X86 系列 CPU 中设有 IN、OUT 指令作为专用的 I/O 指令。无论是直接寻址方式指令 IN AL，PORT，还是间接寻址方式指令 IN AL，DX，其中的地址都是 I/O 地址空间的地址。但在直接寻址方式下，CPU 只利用地址总线的低 8 位输出地址信息，所以只能寻址 I/O 地址空间的 00H～FFH 地址，而在间接寻址方式下，CPU 利用地址总线的低 16 位输出地址信息，可以寻址的 I/O 空间多达 64 K 个端口。

3) I/O 接口与 8086/8088 CPU 相连时的地址分配

大多数的 I/O 接口电路具有 8 位数据线，在与 8088 CPU 相连时只需要简单地与 8088 的 8 条数据总线对应相连。但是因为 8086 CPU 的数据线是 16 位的，而且与存储体分奇偶地址库一样，I/O 地址空间也被分为奇偶两个库：低 8 位数据总线只能为口地址为偶数的 I/O 端口传送数据，高 8 位数据总线只能为口地址为奇数的 I/O 端口传送数据，所以 I/O 接口电路与 8086 CPU 相连时，地址分配还需要考虑数据线的连接方式。

(1) I/O 端口仅使用偶地址(或奇地址)。这时，I/O 接口电路的 8 位数据线与系统总线的低 8 位数据总线相连。图 9.3 是一个具有 4 个端口地址的 8 位 I/O 接口电路与 8086 CPU 相连的典型电路。

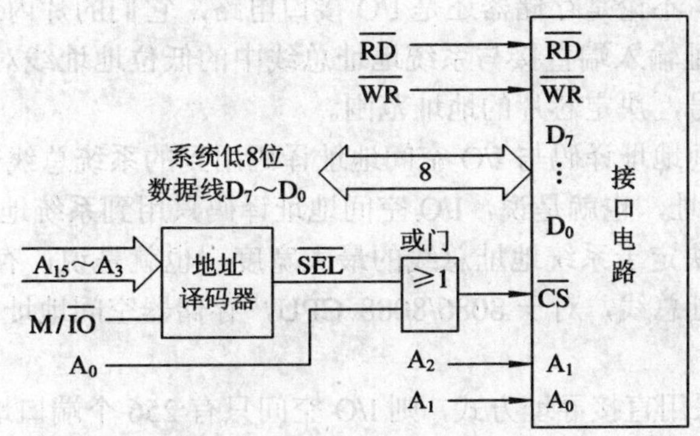

图 9.3　只使用偶地址的 I/O 接口地址线、数据线的连接

注意：A_0 不能用于接口电路内部端口的寻址。因为 A_0 必须为 0，所以常将系统总线中的地址线 A_2、A_1 与接口电路内部寻址线 A_1、A_0 相连，这时接口电路的 4 个端口具有连续的 4 个偶地址。

若将 I/O 接口电路的 8 位数据线与系统总线的高 8 位数据总线相连，同时将图 9.3 中的 A_0 换成引脚 $\overline{BHE}$，则该接口电路的 4 个端口具有连续的 4 个奇地址。

(2) I/O 端口使用连续的地址。这时必须附加 8 位数据至 16 位数据的转换逻辑电路，如图 9.4 所示，于是接口电路中的 4 个端口就具有了 4 个连续的地址。其中，总线收发器的方向控制为：T = 1 时，数据从 A 流向 B；T = 0 时，数据从 B 流向 A。

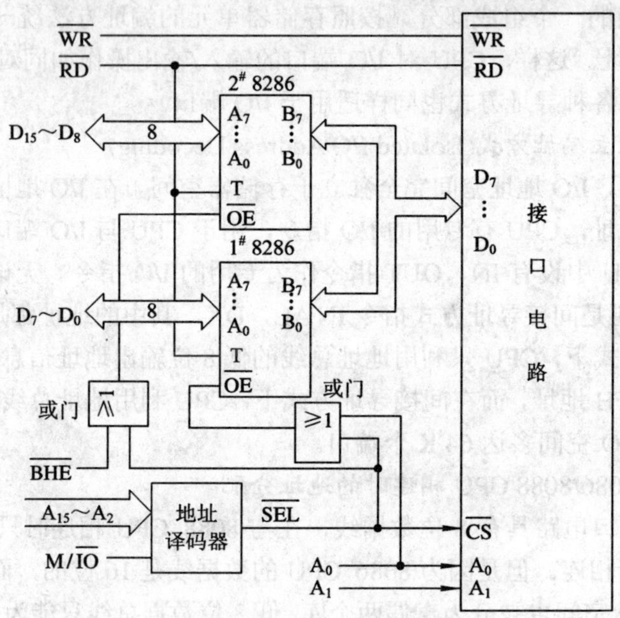

图 9.4　8 位数据至 16 位数据的转换逻辑电路

2. 地址译码技术

在计算机系统中，存储器和 I/O 接口电路的编址方式确定以后，为了使 CPU 能和存储器中的某一存储单元或 I/O 端口准确地进行信息传送和处理，还必须对存储单元及 I/O 端口进行确切的地址编号。不论是存储器还是 I/O 接口电路，它们的片内地址线连接较为简单，一般只要将芯片的地址输入端直接与系统地址总线中的低位地址线对应相连；而片选地址线则需接地址译码信号，决定芯片的地址范围。

注意：存储器空间地址译码与 I/O 空间地址译码用到的系统总线范围是不同的。I/O 空间最大只有 64 K 个地址，也就是说，I/O 空间地址译码只用到系统地址总线中的 A_{15}～A_0；而存储器空间的大小决定于系统地址总线的最大宽度，也就是说，存储器空间的地址译码要用到所有的系统地址总线，对于 8086/8088 CPU，存储器空间地址译码要用到 20 根地址线 A_{19}～A_0。

如果 I/O 指令只采用直接寻址方式，则 I/O 空间只有 256 个端口地址，只需要 8 根地址线 A_7～A_0 参加地址译码。

原则上，除用于片内寻址的低位地址线外，剩余的高位地址线都应该参加地址译码，才能为芯片确定唯一的地址范围。但在某些较小型微机系统中，为减少硬件连线，也可以只利用剩余的高位地址线中的部分地址线参加地址译码。常用的地址译码方法有：线性选址法和译码选址法。

(1) 线性选址法：将剩余的高位地址线不加译码电路，直接作为芯片选择信号。

如图 9.5 所示，在某地址总线宽度为 16 位、数据总线宽度为 8 位的微机系统中，扩展 3 片 8 K × 8 bit 的 EPROM 作为程序存储器。EPROM 的 13 根片内寻址线与系统地址总线的低 13 位 A_{12}～A_0 对应相连，而系统地址总线剩余的高 3 根地址线不参加译码，直接与 3 片 EPROM 的片选端相连。

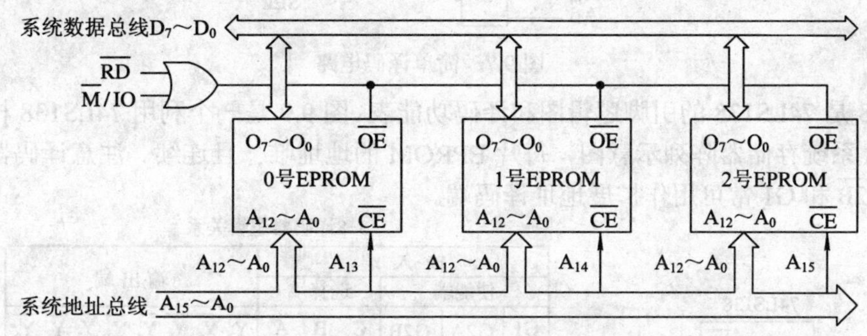

图 9.5　用线选法扩展 3 片 EPROM

显然，线性选址法的硬件连接简单，但却存在问题：一段地址空间可能选中多个芯片，某个芯片有多段可利用的地址空间，因此，在线性选址法译码的计算机扩展系统中，为芯片分配地址时，需格外地仔细，要求为每一芯片分配的地址空间必须是唯一的。

图 9.6 是图 9.5 所示系统中 3 片 EPROM 的存储空间地址分布情况。图中阴影段是 EPROM 的有效地址范围。观察图中行方向的阴影，可知每一芯片在整个 64 KB 寻址空间上有多个地址有效范围，即每一芯片都有影像地址。例如，0000H～1FFFH、4000H～5FFFH、8000H～9FFFH 和 C000H～DFFFH 都是 0 号 EPROM 的有效地址范围。观察图中列方向的阴影，可知每一段 8 KB 的地址空间又可能同时选中多个芯片。例如，0000H～1FFFH 就同时选中了这 3 片 EPROM。为遵循每一芯片的地址空间必须唯一的地址分配原则，可选择图中有交叉阴影的地址段作为各个芯片的寻址空间，依据是：该交叉阴影的地址段在图中列的方向上为唯一阴影区。于是 0 号 EPROM 的地址空间为 C000H～DFFFH；1 号 EPROM 的地址空间为 A000H～BFFFH；2 号 EPROM 的地址空间为 6000H～7FFFH。

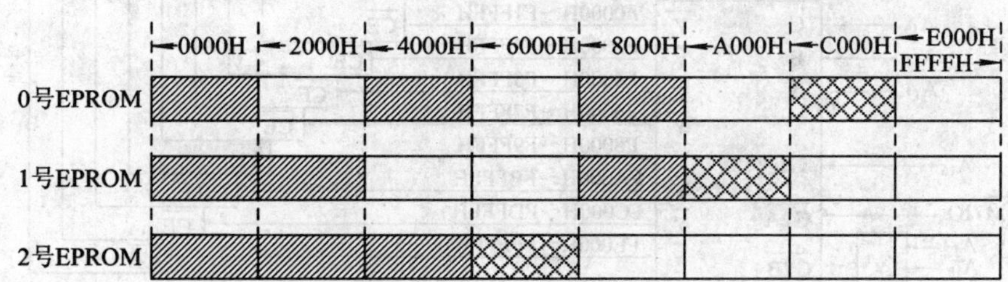

图 9.6　存储空间地址分布示意图

线性选址法译码的另一个问题就是：芯片组之间的地址号可能是不连续的。

线选法一般用于较小规模的计算机系统中，系统寻址资源不能充分利用。

(2) 译码法：将剩余的高位地址线接入译码电路，译码输出作为芯片选择信号。

译码电路可以使用通用组合逻辑电路芯片构成，图 9.7 中用与非门构成一个译码电路，它的输出对应的地址范围为E000H～FFFFH。因为通用组合逻辑电路的译码输出单一，不适合需要多个译码输出的场合。实际使用中常采用译码芯片构成译码电路，常用的译码芯片有 3-8 译码器 74LS138、双 2-4 译码器 74LS139、4-16 译码器 74LS154 等。近年来，可编程逻辑器件 PLD(Programmable Logic Device)也常被用于构成译码电路，如芯片 PAL16L8。

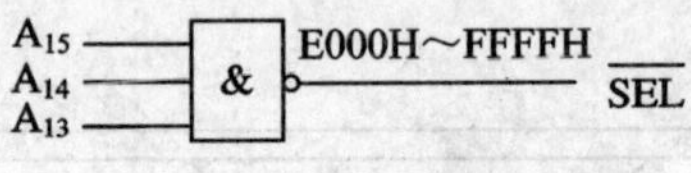

图 9.7　简单译码电路

图 9.8 是 74LS138 的引脚逻辑图和译码功能表。图 9.9 是一个利用 74LS138 构成译码电路的 8088 系统存储器阵列示意图，每片 EPROM 的地址唯一且连续。注意译码器的使能端 $\overline{G2A}$、$\overline{G2B}$ 和 G1 常可用作扩展地址译码端。

3-8译码器逻辑关系

输入端						输出端							
使能端			选择端										
G1	$\overline{G2A}$	$\overline{G2B}$	C	B	A	$\overline{Y_7}$	$\overline{Y_6}$	$\overline{Y_5}$	$\overline{Y_4}$	$\overline{Y_3}$	$\overline{Y_2}$	$\overline{Y_1}$	$\overline{Y_0}$
1	0	0	0	0	0	1	1	1	1	1	1	1	0
1	0	0	0	0	1	1	1	1	1	1	1	0	1
1	0	0	0	1	0	1	1	1	1	1	0	1	1
1	0	0	0	1	1	1	1	1	1	0	1	1	1
1	0	0	1	0	0	1	1	1	0	1	1	1	1
1	0	0	1	0	1	1	1	0	1	1	1	1	1
1	0	0	1	1	0	1	0	1	1	1	1	1	1
1	0	0	1	1	1	0	1	1	1	1	1	1	1
其他组合			任意			1	1	1	1	1	1	1	1

图 9.8　3-8 译码器 74LS138 及其功能表

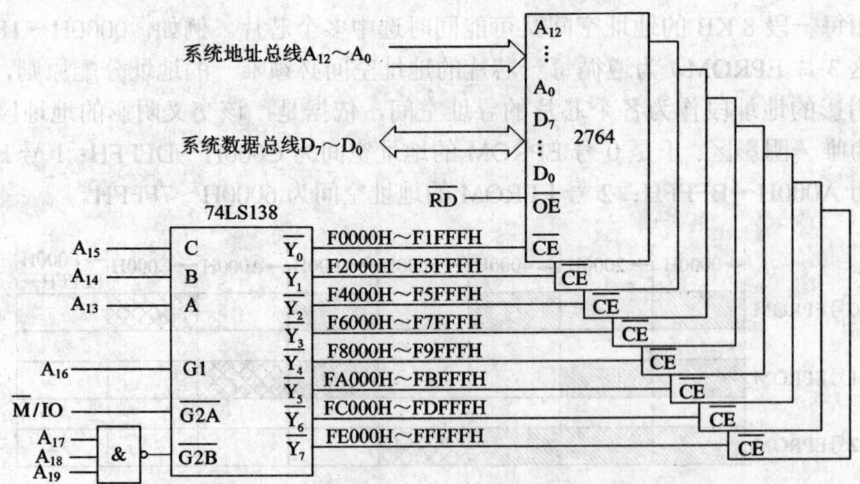

图 9.9　8 片 2764EPROM 构成 64 K × 8 b 存储器阵列

由于I/O接口电路内部的端口数量一般很少，用于片内端口寻址的地址线就很少，剩下的高位地址线很多，如果都参加译码，则需要增加较多的译码器，构成多级译码系统。实际应用中，可采用不完全译码方法，即只选取剩余高位地址线中的最高几位参加译码。由于一些地址线没有参加译码，在输入/输出操作时，它们的状态是任意的，于是每个I/O接口电路将占用比其实际端口数多的I/O端口地址。

3．基本的输入/输出方法

由于各种外设的工作速度相差很大，有些相当高，如磁盘机的传送速度达0.2～6 Mb/s，而有些外设的工作速度却相当低，如键盘是用于人工输入数据的，通常速度为几十毫秒输入1个字符。这里所说的输入/输出方法就是指CPU通过接口与外设之间数据传送的方法，一般有三种：程序控制的输入/输出方法、程序中断的输入/输出方法和直接存储器存取方法。

1) 程序控制的输入/输出方法

这种方法是指完全通过执行程序来控制CPU与外设之间的数据交换，I/O指令序列事先就排在程序中所需要的位置。此方法又分为无条件传送和有条件传送两种方法。

(1) 无条件传送：程序中I/O指令的执行不需要事先测试外设的状态，而是直接执行。此方法适用于对简单外设的操作。这些外设始终处于就绪状态，典型的输入是开关，典型的输出是LED。

(2) 有条件传送：也称查询方式传送，程序中I/O指令的执行需要事先测试外设的状态，待外设准备就绪后，执行I/O指令进行数据传送，否则循环测试等待。例如，CPU向打印机送打印字符，就需要测试打印接口电路的BUSY信号。

2) 程序中断的输入/输出方法

这种方法借助于CPU响应外部中断请求的能力，实现输入与输出的控制。简单地说，就是外设将准备就绪的信号转换成有效的中断请求信号通知给CPU，CPU响应中断后，在中断服务子程序中执行I/O指令，进行数据传送。

3) 直接存储器存取方法(Direct Memory Access，DMA)

在DMA方式下，高速外部设备利用专用的接口电路直接和存储器进行高速数据交换，CPU暂停指令的执行并让出总线控制权。

与前两种方法不同，在DMA方式下，数据的传送不依赖CPU执行I/O指令，而是直接由专用的接口电路DMA控制器来控制外设和内存之间的数据传送。

9.1.3　8255A并行接口电路

8255A是一种应用广泛的廉价接口电路，用于任何与TTL电平兼容的外设和微处理器的接口。单+5 V供电，40脚双列直插，可以提供3个8位I/O口(24条I/O线)，可编程为3种工作方式。

1．8255A的结构与功能

8255A由4部分组成。

1) 3个并行输入/输出端口PA、PB、PC

PA、PB、PC是8255A与外设连接的部分，工作方式和输入/输出方向都可编程决定。PA有3种工作方式，PB有2种工作方式，而PC只有1种工作方式。并且当PA和/或PB

工作于非基本工作方式时，PC 的一些线被规定用作联络线。

2) 读/写控制逻辑

读/写控制逻辑用于管理数据、控制字或状态字的传送，与此相关的引脚有：片选端$\overline{CS}$、片内寻址线 A_1 和 A_0、读选通信号$\overline{RD}$、写选通信号$\overline{WR}$以及复位信号 RESET，它们是 8255A 与微处理器相连的部分。由于有两条片内寻址线，8255A 将占有 4 个 I/O 端口地址，其中有 3 个数据端口和一个控制端口。表 9.1 是这几个控制信号和传输动作之间的关系。

表 9.1 8255A 端口选择及操作功能表

$\overline{CS}$	A_1	A_0	$\overline{RD}$	$\overline{WR}$	端口及操作功能	
0	0	0	0	1	端口A→数据总线	输入操作(读)
0	0	1	0	1	端口B→数据总线	
0	1	0	0	1	端口C→数据总线	
0	0	0	1	0	数据总线→端口A	输出操作(写)
0	0	1	1	0	数据总线→端口B	
0	1	0	1	0	数据总线→端口C	
0	1	1	1	0	数据总线→控制寄存器	
1	×	×	×	×	数据总线→三态	断开功能
0	1	1	0	1	非法操作	
0	×	×	1	1	数据总线→三态	

复位信号 RESET 高电平有效，复位后，3 个数据端口均被置成基本输入方式。

注意：8255A 必须可靠复位后，才能正确可靠地工作。

3) A 组和 B 组控制电路

通常将 PA 和上半 PC(PC_7～PC_4)称为 A 组，PB 和下半 PC(PC_3～PC_0)称为 B 组。A 组和 B 组控制电路主要接收微处理器发来的控制字，决定各端口的工作方式和输入/输出方向，或对 PC 的某位实现置 1/清 0 操作。

4) 数据总线缓冲器

此缓冲器是一个双向三态的 8 位数据缓冲器，所以 8255A 的数据线 D_7～D_0 可以直接挂在系统数据总线上。输入/输出的数据和 CPU 发出的控制字及读入的状态字都是通过此缓冲器传送的。

2. 8255A 的编程

8255A 共有 3 种工作方式，每个数据端口既可用于输入，又可用于输出，并且端口 C 还具有按位操作的功能，这些都是通过指令在控制端口中设置控制字来进行操作的。8255A 有两种控制字，它们是工作方式控制字和置位/复位控制字。

1) 工作方式控制字

工作方式控制字用于设置 3 个数据端口的工作方式和输入/输出方向，一般在对 8255A 初始化时使用，其格式如图 9.10 所示。

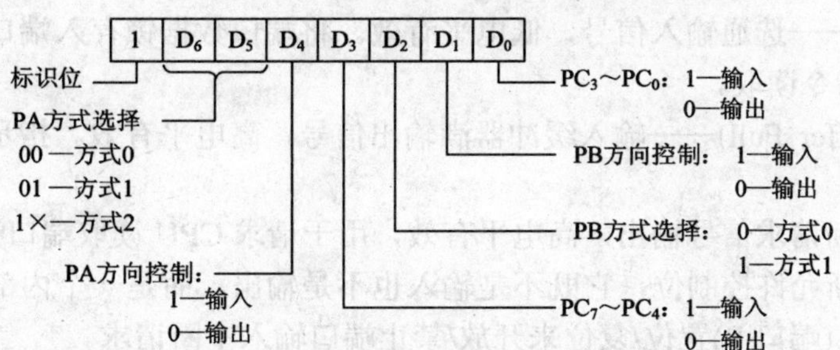

图 9.10　8255A 的方式控制字格式

2) C 口按位操作字

C 口按位操作字用于对 PC 中的某 1 位进行置 1/清 0 操作，在任何时刻均可对 PC 中定义为输出的线进行位操作，其格式如图 9.11 所示。

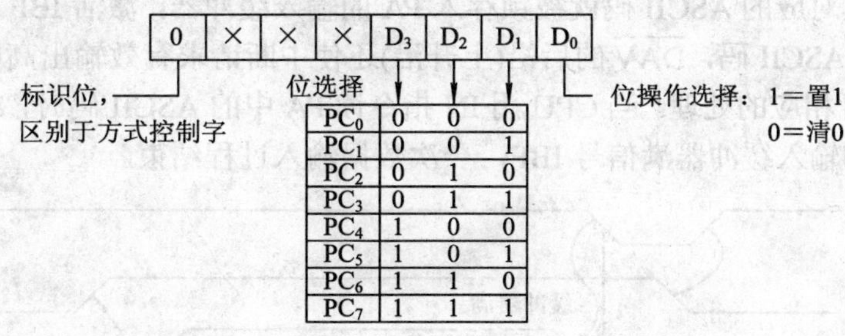

位选择			
PC_0	0	0	0
PC_1	0	0	1
PC_2	0	1	0
PC_3	0	1	1
PC_4	1	0	0
PC_5	1	0	1
PC_6	1	1	0
PC_7	1	1	1

图 9.11　8255A 的 C 口按位操作字格式

3. 8255A 的工作方式

1) 方式 0——基本输入/输出方式

3 个数据端口均具有方式 0，CPU 可随时通过指令 IN、OUT 来输入、输出数据，适用于 CPU 与外设交换数据采用程序控制的输入/输出方法的场合。但是，在以查询方式传送时，由于方式 0 情况下没有规定固定的应答信号，通常需要程序员自己规定握手信号，常利用端口 C 来配合端口 A 和 B 的查询方式传送。

2) 方式 1——选通的输入/输出方式

端口 A 和 B 具有方式 1，输入/输出均锁存。当端口 A 和/或端口 B 工作于方式 1 时，端口 C 的一些线被规定为端口 A 和 B 的握手信号线时，其状态不能随意改变。方式 1 适用于 CPU 与外设交换数据采用程序中断的输入/输出方法的场合，也可用于查询方式输入/输出。

(1) 方式 1 输入。信号线规定如图 9.12 所示。

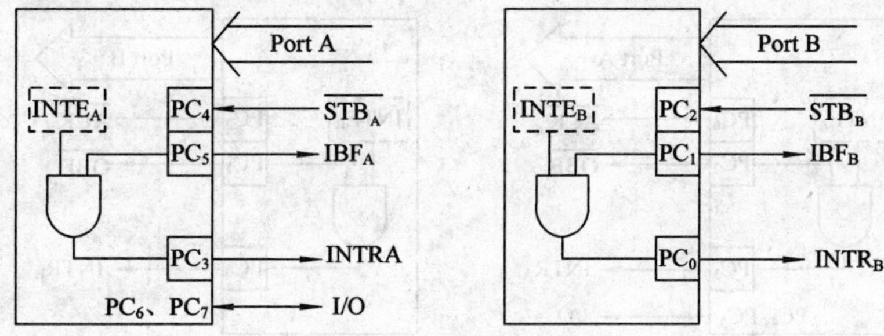

图 9.12　方式 1 输入联络信号

$\overline{STB}$ (Strobe)——选通输入信号，低电平有效。将端口数据锁存入端口缓冲寄存器，等待 CPU 通过 IN 指令读取。

IBF(Input Buffer Full)——输入缓冲器满输出信号，高电平有效。指示输入缓冲器内锁存有新的信息。

INTR——中断请求信号输出，高电平有效，用于请求 CPU 读取端口数据。

INTE——中断允许控制位，它既不是输入也不是输出，而是一个内部控制位，通过对 PC_4(端口 A)或 PC_2(端口 B)置位/复位来开放/禁止端口输入中断请求。

PC_7，PC_6——通用 I/O 线。

图 9.13 是方式 1 的输入时序，一个典型的应用实例是键盘。编码键盘在有任意键按下时送出按键的 ASCII 码，同时产生一个宽度为 0.1 μs 的负脉冲信号 $\overline{DAV}$ (数据有效，Data Available)。图 9.14 是键盘与选通输入口 PA 的连接示意图。因为 $\overline{DAV}$ 与 $\overline{STB}$ 相连，所以每当有键按下时，其对应的 ASCII 码就被锁存入 PA 的输入缓冲器，激活 IBF 信号为高，指示 PA 中有新按键的 ASCII 码，$\overline{DAV}$ 的后沿(上升沿)还使中断请求有效输出高电平，请求 CPU 读取按键值并进行相应的处理。当 CPU 用 IN 指令读 PA 中的 ASCII 码时，8255A 撤销中断请求信号 INTR 和输入缓冲器满信号 IBF，一次数据输入过程结束。

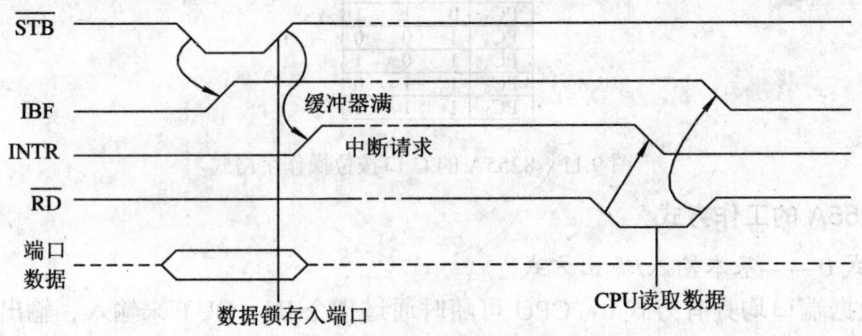

图 9.13　方式 1 输入时序图

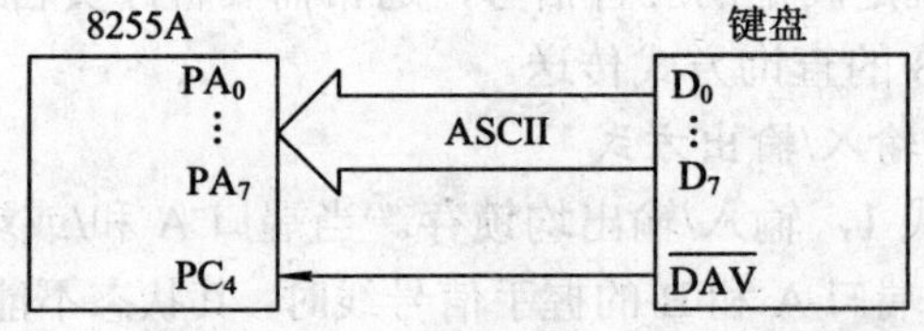

图 9.14　8255A 用于键盘的选通输入操作

(2) 方式 1 输出。信号线规定如图 9.15 所示。

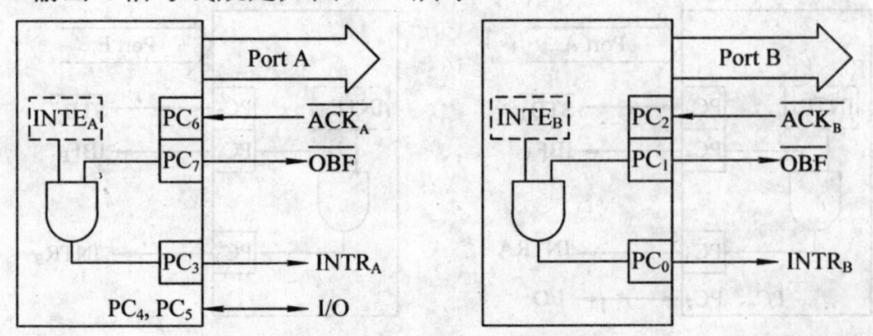

图 9.15　方式 1 输出联络信号

$\overline{OBF}$(Output Buffer Full)——输出缓冲器满输出信号，低电平有效。指示输出缓冲器内锁存有新的信息，当外设回送响应信号 $\overline{ACK}$ 有效后，$\overline{OBF}$ 被撤销，变为高电平。

$\overline{ACK}$——外设响应信号，低电平有效，指示外设已接收到 CPU 输出的数据。

INTR——中断请求信号输出，高电平有效，用于请求 CPU 输出新数据。

INTE——中断允许控制位，它既不是输入也不是输出，而是一个内部控制位，通过对 PC_6(端口 A)或 PC_2(端口 B)置位/复位来开放/禁止端口输出中断请求。

PC_5，PC_4——通用 I/O 线。

图 9.16 是方式 1 的输出时序，一个典型的应用实例是打印机。图 9.17 是打印机与选通输出口 PB 的连接示意图。当 CPU 用 OUT 指令向 PB 输出打印字符的 ASCII 时，PB 锁存该数据，激活 $\overline{OBF}$ 信号为低，指示 PB 中有新打印字符的 ASCII 码，信号 $\overline{DS}$ (Data Strobe) 将 PB 口的数据锁存进打印机，打印机收到数据后回送应答信号 $\overline{ACK}$，告知打印机已接收打印字符，8255A 撤销输出缓冲器满信号 $\overline{OBF}$，并激活中断请求信号 INTR，请求 CPU 送下一个打印字符。注意，在输出中断服务程序中，CPU 用 OUT 指令输出数据时，8255A 将撤销中断请求信号。在方式 1 输出时，未定义相应的 $\overline{DS}$ 信号，因此需要编程来从 PC_4 引脚输出一个负脉冲信号。

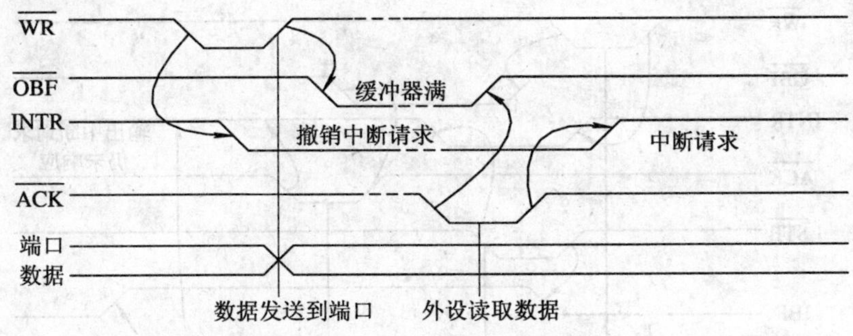

图 9.16　方式 1 输出时序图

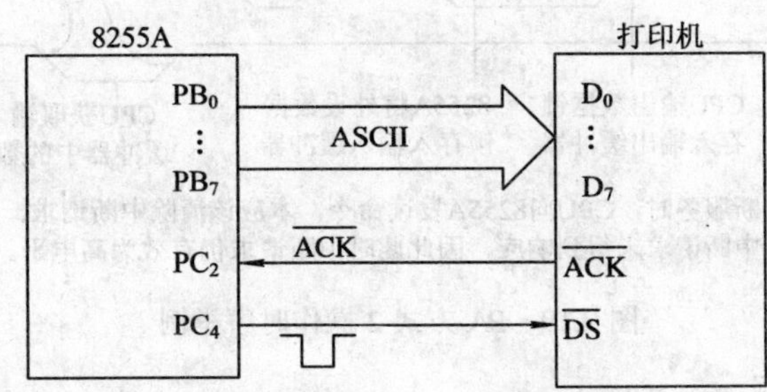

图 9.17　8255A 用于打印机的选通输出操作

3) *方式 2——双向传输方式*

只有端口 A 具有方式 2。此方式又称总线式传输，输入/输出均锁存且处于三态缓冲。此方式适用于外设既可作为输入设备，又可作为输出设备，并且输入/输出不会同时进行的场合。例如磁盘驱动器，这时可以将磁盘驱动器的数据线与 8255A 的 PA 相连，再使 PC_7～PC_3 和磁盘驱动器的控制线和状态线相连即可。8255A 的 PA 口工作方式 2 还被用于 IEEE-488 并行高速 GPIB(General Purpose Instrument Bus)接口标准。

信号线规定如图 9.18 所示。显然 PA 的方式 2 就是方式 1 输入和方式 1 输出在 PA 一个口中的组合，其工作时序也基本是方式 1 输入/输出时序的组合，如图 9.19 所示。不同的是：CPU 利用 OUT 指令向 PA 输出数据时，数据被锁存但不是立即出现在 PA 端口上，而是需要外设应答信号 $\overline{ACK}$ 来开启输出缓冲器。换句话说，只在 $\overline{ACK}$ 为低电平时，PA 锁存的数据才出现在 PA 端口上。

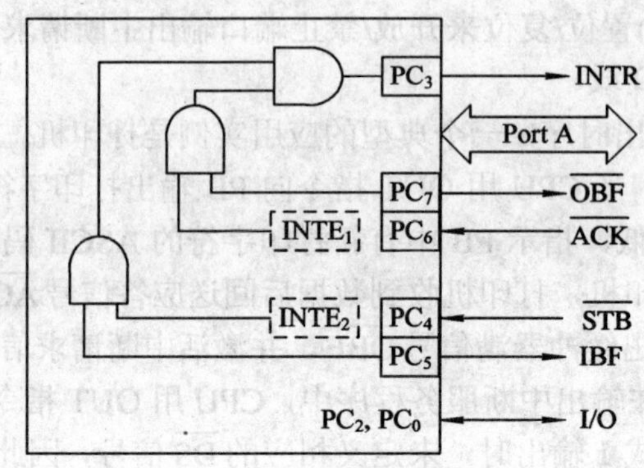

图 9.18　PA 口方式 2 联络信号

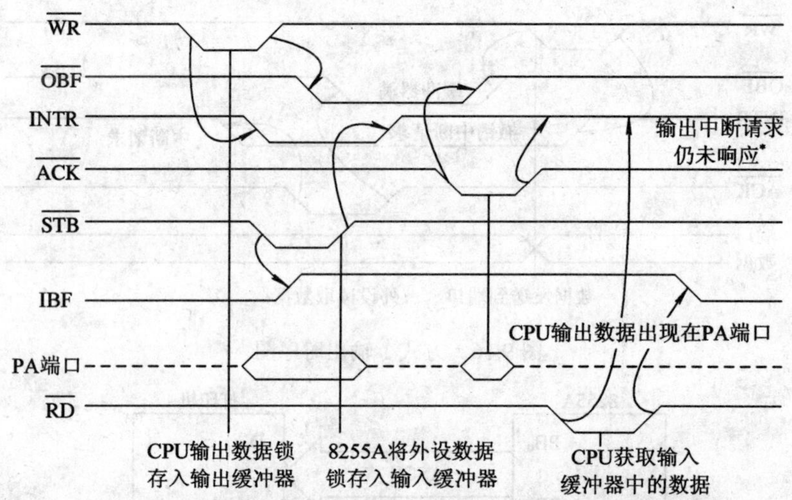

*在输入中断服务时，CPU向8255A发读命令，本应该清除中断请求，但因为还有输出中断请求未得到响应，因此此时中断请求仍有效为高电平。

图 9.19　PA 方式 2 操作时序举例

4．8255A 的状态字

8255A 工作于方式 1、方式 2 时，CPU 可以通过读 PC 测试各端口的工作状态，这时 C 口的内容称为状态字。例如，图 9.20 就是 PA、PB 工作于方式 1 输入时状态字的内容，对照图 9.12 可知，事实上该状态字就是由 8255A 输出的联络线、中断请求线的状态和中断允许控制位。当然，未用作联络线的通用 I/O 线对应的位仍然就是其对应引脚的状态。但是输入 8255A 的信号线状态是不会在状态字反映的。

正是因为 CPU 可以获取状态字，所以当 8255A 工作于方式 1、方式 2 时，CPU 与外设交换数据也可采用查询方式输入输出。另外，在 PA 方式 2 的中断服务程序中，CPU 需要查询状态字来确定是输入中断还是输出中断。

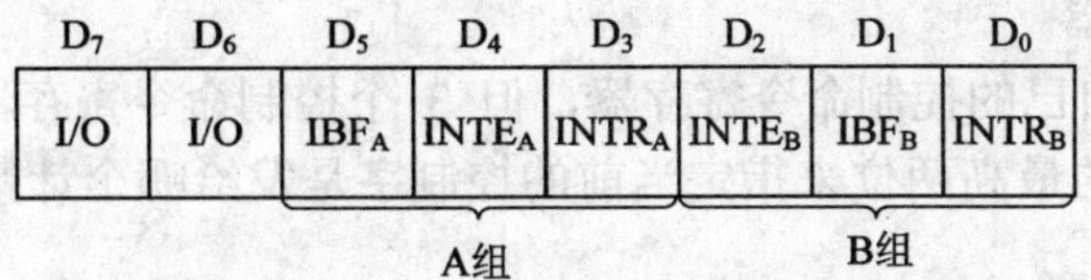

图 9.20　方式 1 输入时的状态字格式

9.1.4　可编程计数器/定时器 8253/8254

8253 是一种通用的计数器/定时器，单一+5 V 电源供电，24 脚双列直插式封装。计数器/定时器在微处理器必须控制实时事件的场合是非常有用的，比如实时时钟、事件计数、马达速度和方向控制等。在 PC 机中 8253 完成的任务包括：产生 18.2 Hz 的基本定时中断，产生动态存储器 DRAM 刷新的定时信号，为内部扬声器和其他设备提供时钟源。

1．8253 的组成与功能

8253 主要由 4 部分组成：计数器、控制寄存器、读/写逻辑和数据总线缓冲器。

1) 3 个独立的 16 位计数器

3 个计数器的结构完全一样，操作也完全独立。

图 9.21 是计数器的基本原理图，每个计数器都包括 4 个内部部件：控制寄存器、初始值寄存器 CR、计数执行部件 CE 和输出锁存器 OL。

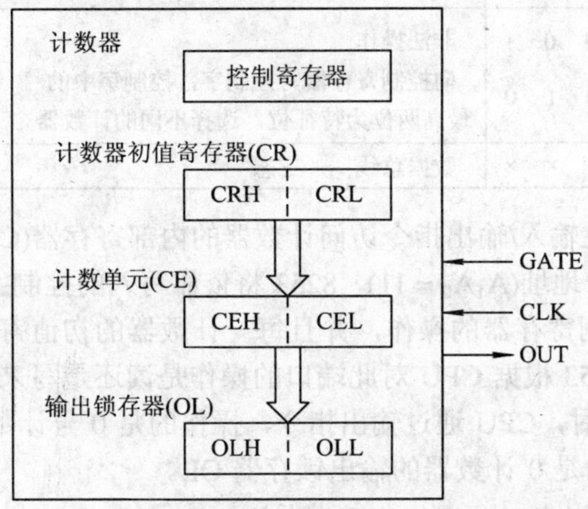

图 9.21　计数器工作原理图

控制寄存器(8 位)：决定计数器的工作方式，接收控制命令。

初值寄存器(16 位)：通过程序设置，保存计数器的初值。

计数单元(16 位)：是一个减 1 计数器，是计数器的执行部件。

输出锁存器(16 位)：跟踪计数单元的内容，在锁存命令后对计数单元的内容进行锁存，从而使 CPU 可以读取当前计数值。

每个计数器还有 3 个直接相关的外部引脚：CLK、GATE 和 OUT。

CLK：时钟输入端，外部时钟脉冲或外部事件计数信号，是计数器减 1 计数的脉冲源。

GATE：门控信号输入端，控制计数器启停工作的外部信号。

OUT：计数/定时到后的波形信号输出端。

2) 控制命令寄存器

每个计数器都有自己的控制命令寄存器，但 3 个控制命令寄存器占用相同的一个端口地址，仅靠控制字中的最高两位来指定当前的控制字是发给哪个计数器的。控制字只能写入，不能读出。

3) 读/写逻辑

读/写逻辑接收来自 CPU 的控制信号，完成对 8253 各计数器中寄存器的读/写操作。相关的引脚有：片选端 $\overline{CS}$、片内寻址线 A_1 和 A_0、读选通信号 $\overline{RD}$ 和写选通信号 $\overline{WR}$。由于有 2 条片内寻址线，8253 将占有 4 个 I/O 端口地址，表 9.2 给出 CPU 对 8253 各寄存器访问时，信号和功能之间的对应关系。

表 9.2　8253 读/写操作功能表

$\overline{CS}$	A_1	A_0	$\overline{RD}$	$\overline{WR}$	计数器的寄存器操作功能	
0	0	0	0	1	读输出锁存器OL	计数器0#
0	0	0	1	0	写计数初值寄存器CR	
0	0	1	0	1	读输出锁存器OL	计数器1#
0	0	1	1	0	写计数初值寄存器CR	
0	1	0	0	1	读输出锁存器OL	计数器2#
0	1	0	1	0	写计数初值寄存器CR	
0	1	1	0	1	非法操作	
0	1	1	1	0	向控制寄存器写控制字，控制字中的最高两位为特征位，选择不同的计数器	
1	×	×	×	×	数据总线 → 三态	

显然，CPU 可以通过输入/输出指令访问计数器的内部寄存器(CE 除外)。注意 3 个计数器的控制寄存器共用同一地址($A_1A_0 = 11$)，8253 将依靠写入的控制字的 D_7、D_6 作为特征位来区分不同计数器的控制寄存器的操作，并且每一计数器的初值寄存器 CR、输出锁存器 OL 也共用同一地址，8253 根据 CPU 对此端口的操作是读还是写来区分访问的是哪一个寄存器。例如：$A_1A_0 = 00$ 时，CPU 通过输出指令，操作的是 0 号计数器的初值寄存器 CR，而通过输入指令，操作的是 0#计数器的输出锁存器 OL。

4) 数据总线缓冲器

数据总线缓冲器是一个双向三态的 8 位数据缓冲器，所以 8253 的数据线 D_7～D_0 可以直接挂在系统数据总线上。

2．8253 的控制字、读/写操作和初始化编程

1) 8253 的控制字格式

8253 的控制字格式如图 9.22 所示。

注意：控制字写入的地址只有一个，就是 $A_1A_0 = 11$ 对应的端口地址，依赖控制字的最高两位作特征位区分是写入片内哪一个计数器的控制寄存器的。

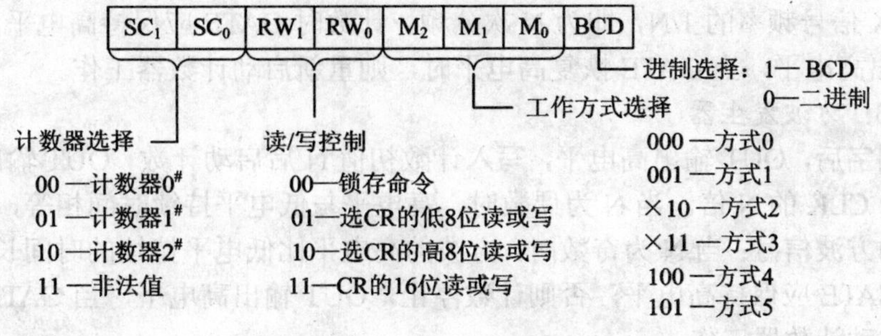

图 9.22　8253 控制字格式

2) 8253 的读/写操作

从表 9.2 可以看出，8253 的读操作是针对计数器的输出锁存器 OL 的，写操作则是针对控制寄存器或计数器的初值寄存器的。

(1) 写操作。当 $A_1A_0 = 11$ 时，向控制寄存器写入命令字，规定计数器的工作方式，在对计数器初始化时使用。注意，当 RW_1、$RW_0 = 00$ 时，是向计数器发锁存命令，这时选中的计数器的 OL 就锁存当前 CE 值，直到 CPU 向该 OL 发读取命令才解锁，重新跟踪 CE 的变化。

当 $A_1A_0 \neq 11$ 时，向相应的计数器写入计数初值。如果控制字中规定向 16 位的计数初值寄存器只写入高 8 位(RW_1、RW_0=10)或低 8 位(RW_1、RW_0=01)，而另 8 位是由 8253 自动清 0 的；如果控制字中规定向 16 位的计数初值寄存器写入 16 位初值(RW_1、RW_0 = 11)，则编程时需要向同一地址连续执行两次写操作，先写入低 8 位值，后写入高 8 位值。

事实上，CPU 对 8253 的初始化就是用输出指令向控制寄存器送方式控制字，然后再用输出指令向计数器初值寄存器送计数/定时初值。

(2) 读操作。在计数过程中，CPU 可以通过 IN 指令读选中的计数器的 OL，以获取当前计数值。一般地，是在发锁存命令后再读 OL 的。

3. 8253 的工作方式

8253 中各计数器都有 6 种可编程选择的工作方式，各种方式下计数/定时工作的启动、GATE 信号对计数/定时过程的影响以及 OUT 输出波形是不相同的，因此适用的场合不同。这里所说的启动计数是指将 CR 中的值装入 CE，然后开始对 CLK 脉冲减 1 计数。

下面是 6 种工作方式的简单描述。

1) 方式 0：事件计数器

写入控制字后，OUT 输出低电平，写入计数初值 N 后启动计数，OUT 输出仍保持低电平，直到计数到 0 后，OUT 输出高电平。计数时 GATE 应保持高电平，否则计数暂停。

2) 方式 1：可重触发的单稳态触发器

写入控制字后，OUT 输出高电平，写入计数初值 N 后，由 GATE 信号的上升沿启动计数，OUT 输出低电平，计数到 0 后，OUT 输出高电平，因此 OUT 输出负脉冲的宽度为 N 个 CLK 脉冲。计数时，GATE 信号可为高或低，但如果 GATE 上出现上升沿，将重新启动一次计数，于是输出负脉冲的宽度将增大。

3) 方式 2：分频器

写入控制字后，OUT 输出高电平，写入计数初值 N 后启动计数，OUT 输出仍保持高，直到计数到 1 后，OUT 输出一个负脉冲，宽度为 1 个 CLK 脉冲。OUT 恢复高电平后，计数初值自动重新装入 CE，开始一次新的计数过程，于是在 OUT 端可得到连续负脉冲信号，其频率为 CLK 信号频率的 1/N，即为 N 次分频。计数时 GATE 应保持高电平，否则计数停止，OUT 输出高电平，当 GATE 恢复高电平时，则重新启动计数器工作。

4) 方式 3：方波发生器

写入控制字后，OUT 输出高电平，写入计数初值 N 后启动计数，OUT 输出连续的方波信号，周期为 CLK 的 N 倍。当 N 为偶数时，高电平与低电平持续时间相等，在 OUT 端得到一个标准的方波信号；当 N 为奇数时，方波的高电平比低电平持续的时间长一个 CLK 脉冲。计数时 GATE 应保持高电平，否则计数停止，OUT 输出高电平，当 GATE 恢复高电平时，则重新启动计数器工作。

5) 方式 4：软件触发的单脉冲发生器

写入控制字后，OUT 输出高电平，写入计数初值 N 后启动计数，OUT 输出仍保持高电平，直到计数到 0 后，OUT 输出一个负脉冲，宽度为一个 CLK 脉冲。计数时 GATE 应保持高电平，否则计数暂停。

这里所说的软件触发是指利用写入计数初值来启动计数。

6) 方式 5：硬件触发的单脉冲发生器

写入控制字后，OUT 输出高电平，写入计数初值 N 后，由 GATE 信号的上升沿启动计数，OUT 输出仍为高，计数到 0 后，OUT 输出一个负脉冲，宽度为一个 CLK 脉冲。计数时 GATE 信号可为高或低，但如果 GATE 上出现上升沿，将重新启动一次计数。

这里所说的硬件触发是指 GATE 信号的上升沿启动计数。

表 9.3 是 6 种工作方式的小结，其中所谓的复位，是指向该计数器写入控制字后引起的计数器状态复位，启动条件是指计数器将初值寄存器 CR 中的值装入计数执行部件 CE，开始对 CLK 脉冲进行减 1 计数。

表 9.3　8253 的 6 种工作方式比较

工作方式	复位后 OUT 状态	启动条件	GATE 的作用	OUT 输出波形
方式 0	低	向初值寄存器写入初值	高电平允许计数，低电平暂停计数	启动后为低，计数到 0 输出高
方式 1	高	GATE 上升沿	计数过程中可为高或低，但上升沿将启动另一次计数	启动后为低，计数到 0 输出高
方式 2	高	第一次启动由写入初值引起，以后每次计数结束后自动启动，或者 GATE 上升沿也会启动新的计数过程	高电平允许计数，低电平停止计数，相当于复位计数器	启动后为高，计数到 1 输出负脉冲，宽度为一个 CLK 脉冲
方式 3				方波或近似方波
方式 4	高	向初值寄存器写入初值	高电平允许计数，低电平暂停计数	启动后为高，计数到 0 输出负脉冲，宽度为一个 CLK 脉冲
方式 5	高	GATE 上升沿	计数过程中也可为高或低，但上升沿将启动另一次计数	启动后为高，计数到 0 输出负脉冲，宽度为一个 CLK 脉冲

事实上，8253 不论是用作计数器或是定时器功能，其本质都是减 1 计数器，是对 CLK 脉冲进行减 1 计数，两者的差别是：作为计数器时，在减到“0”以后，输出一个信号便结束；而作为定时器时，则不断产生信号。从这种意义上说，只有方式 2、方式 3 是定时器功能，其他方式都是计数器功能。

注意：若用在定时功能，CLK 端输入的应是一个已知的定周期的脉冲信号。

因为 8253 中的计数器是减 1 计数器，当其作为计数器时，初值可以直接得到，作为定时器工作时(方式 2、方式 3)，初值计算也比较容易。例如，8253 计数器 1 工作于方式 3，CLK1 接 4 MHz 信号，要求 OUT1 输出周期为 1 ms 的方波，为计数器 1 计算初值。

因为方式 3 是方波方式，若计数初值为 N，则输出方波的频率是输入 CLK 信号频率的 1/N，即

$$\text{初值 N} = \frac{\text{CLK 频率}}{\text{OUT 频率}} = \frac{4\,\text{MHz}}{1\,\text{kHz}} = 4000 = \text{0FA0H}$$

所以，若采用 BCD 码计数，则初值高 8 位为 40H，低 8 位为 0，初始化时可以选择只送高 8 位值(低 8 位自动清 0)；若采用十六进制计数，则初值高 8 位为 0FH，低 8 位为 0A0H，初始化时必须选择送 16 位值，编程时先送低 8 位值，后送高 8 位值。

4．8254 可编程计数/定时器

8254 是 8253 的改进型，它们的引脚信号与排列、硬件原理框图的组成基本上是相同的，因此 8254 的编程方式与 8253 是兼容的。主要差别在于：

(1) 允许最高计数脉冲(CLK)的频率不同。

(2) 8254 每个计数器的内部都有一个状态寄存器和状态锁存器，而 8253 是没有的。

(3) 8254 多一个读回命令字，用以读出当前计数单元 CE 的内容和状态寄存器的内容。

8254 的读回命令也是写入控制寄存器的，其格式如图 9.23 所示。图中，CNT_2、CNT_1、CNT_0 位分别用于决定该读回命令作用的对象。若 $CNT_X = 1$，则表示读回命令不作用于该计数器；若 $CNT_X = 0$，则表示读回命令作用于该计数器。显然，读回命令可以一次锁存多个计数器的 CE 和状态寄存器。

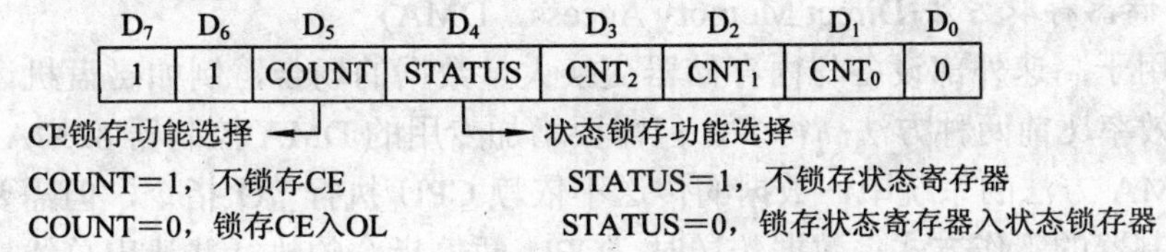

图 9.23　8254 的读回命令字格式

注意：① 状态锁存器是 8 位的，信息格式如图 9.24 所示。图中，D_7 位是计数器输出引脚 OUT 的状态指示。若 OUT = 1，则表明计数器输出引脚 OUT 当前输出高电平；若 OUT = 0，则表明计数器输出引脚 OUT 当前输出低电平。D_6 位指示计数器初值寄存器 CR 中的值是否装入计数执行单元，即计数器是否启动。若 $D_6 = 1$，则表明计数器未启动；若 $D_6 = 0$ 表明计数器已启动。D_5～D_0 位和写入到计数器的控制字的对应位相同。

D_7	D_6	D_5	D_4	D_3	D_2	D_1	D_0
OUT	NULL COUNT	RW_1	RW_0	M_2	M_1	M_0	BCD

图 9.24　8254 的状态寄存器内容

② 计数器的状态锁存器与该计数器的 OL 具有相同的读出地址，对该地址执行输入指令，得到的内容由读回命令中的 D_5、D_4 位的状态决定。若 D_5、$D_4 = 00$，即同时锁存 CE 入 OL，锁存状态寄存器入状态锁存器，则第一条输入指令先读回状态锁存器的内容，下条输入指令才是读出 OL 的内容。

9.2　难点和重点

本章的难点和重点在于三种基本输入/输出方法的区别、接口电路与处理器的连接以及可编程接口芯片的工作过程。具体如下：

1. 三种基本输入/输出方法

1) 程序控制的输入/输出方法

无条件传送适用于对简单外设的操作，这些外设始终处于就绪状态；有条件的程序控制传送需要事先测试外设的状态，适用于系统中外设较少，CPU 工作不繁忙，或系统实时性要求不高的场合。

在采用程序控制的输入/输出方法的系统中，输入/输出程序编制比较简单，直接在需要输入/输出的地方编排 I/O 指令序列(有条件传送时，还包括测试外设状态的指令序列)。

2) 程序中断的输入/输出方法

该方法适用于系统实时性要求较高，但每次外设与 CPU 交换数据较少的系统中。CPU 与外设在大多数时间并行工作，因此比程序控制的输入/输出方法的效率高，但需要增加中断管理系统。通常采用中断控制器 8259A。

在采用程序中断的输入/输出方法的系统中，I/O 指令序列被编排在中断服务子程序中，并且需要有相应的中断矢量设置程序，以及开放相应的中断，见例 9.2。

3) 直接存储器存取方法(Direct Memory Access，DMA)

该方法适用于高速外部设备与内存储器交换大量数据的场合，例如磁盘机读写内存数据。数据传送效率比前两种方法高得多，但需要增加专用的 DMA 控制器 8237A。

在采用 DMA 方法的系统中，数据的传送不依赖 CPU 执行 I/O 指令，但需要事先程序设定 DMA 控制器的工作方式。数据传送时，CPU 暂停指令的执行并让出总线控制权，数据的传送完全在 DMA 控制器的控制下进行。

比较三种基本输入/输出方法，显然 DMA 数据传送的效率最高，但其实现和管理的复杂性也最大。

2. 扩展存储器与扩展 I/O 接口电路的相同点与不同点

(1) 相同点：地址译码原理相同，片内寻址线连接相同，读写选通线相同，高地址库与低地址库的安排相同(8086 系统)，数据总线连接相同。

(2) 不同点：寻址存储器空间和 I/O 空间的地址总线的条数不同，8086/8088 系统中寻址存储器空间有 A_{19}～A_0，共 20 根地址总线，而寻址 I/O 空间只有 A_{15}～A_0，共 16 根地址总线(直接端口寻址时，只有 A_7～A_0 共 8 根地址线)；控制总线中的存储器/IO 控制信号 $M/\overline{IO}$ 在两种译码电路中有效电平不同，在扩展存储器的译码电路中，应使 $M/\overline{IO}$ 为高时译码输出有效，在扩展 I/O 接口的译码电路中，应使 $M/\overline{IO}$ 为低时译码输出有效。

例 9.1 为某 8086 微机控制系统扩展一片 8255A 作为并行口，要求地址在 7320H～732FH 范围内，请画出 8255A 与系统总线的连接图。

解：8255A 与系统总线的连接示意图见图 9.25。图中用到两片 74LS138 译码器，构成两级地址译码电路，并且利用了 74LS138 的使能输入端作为地址译码扩展输入端。

8255A 的端口地址分别为：7320H，PA 口；7322H，PB 口；7324H，PC 口；7326H，控制寄存器端口，都是偶地址。也可以选择另一组偶地址端口：7328H，PA 口；732AH，PB 口；732CH，PC 口；732EH，控制寄存器端口。

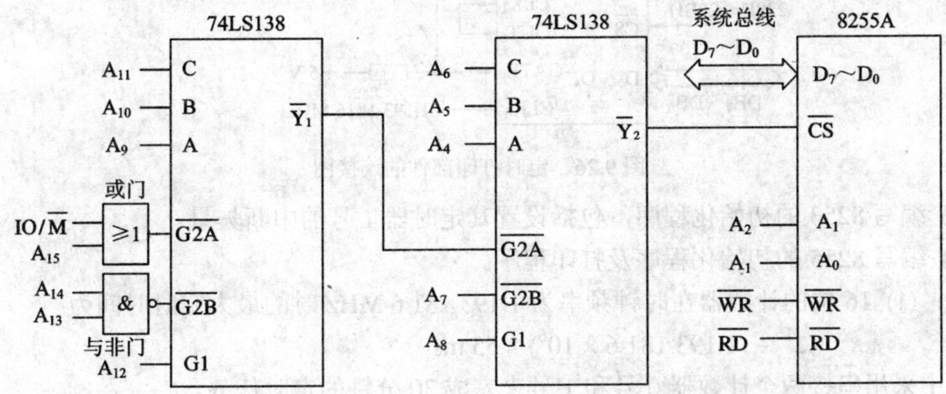

图 9.25 扩展一片 8255A 与系统总线的连接示意图

若将 8255A 的数据线 D_7～D_0 与系统数据总线的高 8 位 D_{15}～D_8 相连，则软件编程时应为 8255A 的各端口选择奇地址：7321H，PA 口；7323H，PB 口；7325H，PC 口；7327H，控制寄存器端口。或者选择另一组奇地址端口：7329H，PA 口；732BH，PB 口；732DH，PC 口；732FH，控制寄存器端口。

3. 可编程接口芯片的工作过程

掌握分析接口芯片内各端口读写操作功能的方法，并能根据接口芯片应用场合的不同，为接口芯片选择合适的工作方法，以及编制相应的初始化程序和正确的应用程序，这些均是本章的难点与重点。

例 9.2 图 9.26 是一个 8088 计算机系统的定时打印部件的连接简图。8255A 作为打印机接口，PA 口工作于方式 1，输出打印字符，PB 口作其它用途，方式 0 输入。要求 8253 定时半小时启动一次打印程序，打印存于内存 BUF 处的 32 个字符。打印机的简单工作过程为：CPU 从 8255A 的 PA 口输出一个待打印字符，然后程控 PC_4 输出一个负脉冲，将字符数据送入打印机；打印机输出完此字符，通过 $\overline{ACK}$ 端回送一个响应信号，通知 CPU 可以送另一个字符。已知系统提供给 8253A 的时钟频率为 1.193 181 6 MHz，8253A 的端口地址为 228H～22BH，8255A 的端口地址为 220H～223H。中断控制器 8259A 的地址为 224H～225H，已初始化，工作于完全嵌套方式，中断命令结束方式，ICW_2 为 40H。

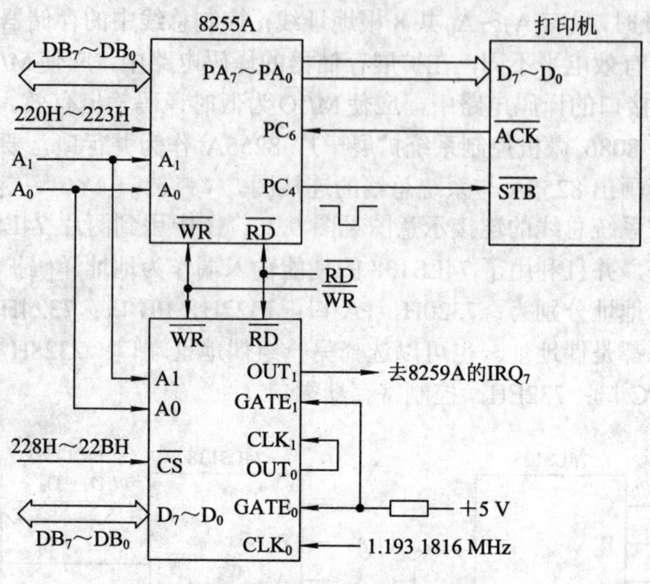

图 9.26　定时打印部件的连接图

(1) 编写 8253 的初始化程序，包括设置其定时器 1 号的中断矢量。

(2) 编写 8255 的初始化程序及打印程序。

解：(1) 16 位的计数器在时钟频率为 1.193 181 6 MHz 时的最大定时时间为

$$2^{16} \div (1.193\ 181\ 6 \times 10^6) \approx 55\ \text{ms}$$

所以题中采用串接两个计数器 0 号和 1 号来完成 30 分钟的定时任务。

计数器 0 号和计数器 1 号都工作于方式 2，对 1.193 181 6 MHz 的时钟信号进行分频，在计数器 1 号的 OUT 端得到一个每隔 30 分钟发出的负脉冲，用于向 CPU 申请中断，在中断服务程序中调用打印程序。

$$N_0 \times N_1 = 30 \times 60 \times (1.193\ 181\ 6 \times 10^6) = 2\ 147\ 726\ 880 \approx 65\ 536 \times 32\ 772$$

$$N_0 = 0FFFFH，N_1 = 8004H$$

8253A 的初始化程序片段为：

```
MOV   AL，00110100B  ；将计数器 0 号设置为模式 2，二进制计数，
MOV   DX，22BH       ；且先读/写低 8 位字节，再读/写高 8 位字节
OUT   DX，AL
MOV   AL，0FFH       ；设置计数器 0 号的低 8 位和高 8 位初值
MOV   DX，228H
OUT   DX，AL         ；送低 8 位初值 0FFH
OUT   DX，AL         ；送高 8 位初值 0FFH
MOV   AL，01110100B  ；设置计数器 1 号的模式同计数器 0 号的
MOV   DX，22BH
OUT   DX，AL
```

```
        MOV     AL，04H         ；设置计数器 1 号的低 8 位初值
        MOV     DX，229H
        OUT     DX，AL
        MOV     AL，80H         ；设置计数器 1 号的高 8 位初值
        OUT     DX，AL
```

设置 OUT1 中断矢量的程序片段为：

```
        MOV     AX, 0
        MOV     ES, AX
        MOV     DI, 47H*4
        MOV     AX, OFFSET PRINT
        CLD
        STOSW
        MOV     AX, SEG PRINT
        STOSW
```

(2) 根据题意，8255A 的方式控制字应为 10100011B，所以 8255A 的初始化程序片段为：

```
        MOV     AL，0A3H
        MOV     DX，223H
        OUT     DX，AL
```

在 OUT1 的中断服务子程序 PRINT 中，CPU 用查询方式通过 8255A 向打印机输出字符，子程序 PRINT 为：

```
PRINT   PROC    FAR
        PUSH    AX                  ；现场保护
        PUSH    CX
        PUSH    DS
        PUSH    SI
        STI                         ；开中断，允许中断嵌套
        MOV     CX，32              ；打印字符长度计数
        MOV     AX，SEG BUF         ；字符缓冲区首地址送入 DS：SI
        MOV     DS，AX
        MOV     AX，OFFSET BUF
        MOV     SI，AX
PT1：   MOV     AL，[SI]            ；取打印字符
        INC     SI
        MOV     DX，220H            ；从 PA 口输出字符
        OUT     DX，AL
        MOV     AL，00001000B       ；位操作使 PC4=0
        MOV     DX，223H
        OUT     DX，AL
```

```
        NOP
        MOV    AL，00001001B     ；位操作使PC4=1，
        OUT    DX，AL            ；于是PA口的字符送入打印机
        MOV    DX，222H
WAIT：  IN     AL，DX            ；从C口读取状态字
        TEST   AL，10000000B     ；测输出缓冲器满的标志OBF，若OBF
        JZ     WAIT              ；为0，说明打印机未完成该字符的打印
        LOOP   PT1               ；未打印完32个字符继续输出字符
        CLI
        MOV    AL, 20H
        MOV    DX, 225H
        OUT    DX, AL            ；发中断结束命令给8259A
        POP    SI                ；恢复现场
        POP    DS
        POP    CX
        POP    AX
        IRET
PRINT   ENDP
```

评注：

(1) 一个计数器的最大定时时间是有限的，串接两个或三个计数器可以获得更长的定时时间，是实际中常用的一种技术。

(2) 8253A的3个计数器共用同一个控制寄存器端口地址，8253A是依赖于模式字中的特征位来区分3个计数器的。

(3) 对8255A的PC口的位操作控制字是送到控制寄存器的端口地址，而不是PC口的端口地址的。

(4) 当PA口和/或PB口工作于工作方式1、方式2时，读PC端口可以获取一个状态字，反映PA口和PB口的工作状态，供CPU查询用，因此8255A的PA工作于方式1时，既可以采用中断方式，也可以采用有条件的程序控制方式与CPU交换数据。本题中采用的是测试状态字的D_7位获得输出缓冲器的状态$\overline{OBF}$，来进行数据交换的。

9.3　习题与思考题全解

1．当接口电路与系统总线相连时，为什么要遵循“输入要经三态，输出要锁存”的原则？

答：接口电路是介于主机和外设之间的一种缓冲电路，它使外设与总线隔离，起缓冲、暂存数据的作用。因为数据总线是各种设备以及存储器传送数据的公共总线，任何设备都

不允许长期占用数据总线，而仅允许被选中的设备在读/写周期中享用数据总线，这就需要接口电路为输入设备提供三态缓冲作用，只在读/写周期中为被选中的设备开放与系统数据总线的连接，即输入要经三态；另外，通过对 CPU 的输出总线周期的分析，相对于普通外设而言，CPU 的输出周期很短，即 $\overline{WR}$ 信号有效电平持续时间很短，无数据锁存能力的输出设备要在很短的时间内接收数据并驱动是几乎不可能的，所以需加锁存器锁存数据，在输出总线周期结束后，保持该数据提供外设使用，以协调主机和外设间数据传送速度不匹配的矛盾，即输出要锁存。

2．说明接口电路中控制寄存器与状态寄存器的功能。

答：控制寄存器用来存放 CPU 发出的命令，以便控制接口和外部设备的动作；状态寄存器用来存放外部设备或者接口部件本身的状态，CPU 通过对状态寄存器的访问可以检测外设和接口部件当前的状态。

3．简述 8255A 工作方式 0 与方式 1 的主要区别。方式 2 的特点是什么？

答：8255A 的 3 个端口 PA、PB 和 PC 都具有工作方式 0，而只有 PA、PB 有工作方式 1。工作于方式 0 时，端口是基本输入/输出，即输入缓冲、输出锁存，无控制及状态联络线，3 个端口相互独立；工作于方式 1 时，PA、PB 要利用 PC 的某些线作为控制及状态联络线，可以工作于中断方式，输入缓冲且锁存($\overline{STB}$ 信号锁存数据入端口寄存器)、输出锁存。方式 2 的特点是：只有 PA 口具有方式 2，总线式双向口，输入/输出均锁存且缓冲。

4．具体说明 8255A 工作于方式 1 时输入/输出操作的时序。

答：略。参见教材图 9.8、9.10 及相应的说明。

5．假定 8255A 的端口地址分别为 0060H～0063H，编写出下列各情况的初始化程序。

(1) 将 A 口、B 口设置成方式 0，A 口和 C 口作为输入口，B 口作为输出口。

(2) 将 A 口、B 口均设置成方式 1 输入口，PC_6、PC_7 作为输出端。

解：(1) 方式控制字为 10011001B。

8255A 的初始化程序片段为：

```
MOV    AL，99H    ；或 MOV    AL，10011001B
OUT    63H，AL    ；方式控制字写入控制寄存器端口，直接端口寻址方式
```

如果采用间接端口寻址方式，则初始化程序片段为：

```
MOV    AL，99H  ；或 MOV    AL，10011001B
MOV    DX，63H
OUT    DX，AL
```

(2) 方式控制字为 10110111B(或 10110110B，因为下半 PC 口均作联络线，方向可任意定义，不影响默认联络线方向)。

8255A 的初始化程序片段为：

```
MOV    AL，0B7H  ；或 MOV    AL，10110111B
OUT    63H，AL
```

6．试比较 8253 在各种工作方式下门控信号 GATE 的作用。

答：用下表说明。

工作方式	GATE 信号状态及影响		
	低电平或高电平变为低电平	上升沿	高电平
0	禁止计数	—	允许计数
1	—	(1) 开始计数 (2) 下一个时钟后，输出为低电平	—
2	(1) 禁止计数 (2) 输出立即为高电平	开始计数	允许计数
3	(1) 禁止计数 (2) 输出立即为高电平	开始计数	允许计数
4	禁止计数	—	允许计数
5		开始计数	—

7. 8253 芯片共有几个通道？各有几种工作方式？简述主要特点。

答：共有三个通道，分别是：计数器 0、计数器 1、计数器 2。各有 6 种工作方式，其特点如下：

(1) 方式 0：计数结束产生中断方式，软件启动，不自动重复计数，装入初值后输出端变为低电平，计数结束，输出高电平。

(2) 方式 1：外触发的单稳脉冲方式，硬件启动，不自动重复计数，装入初值后输出端变为高电平，计数开始输出低电平，结束后又变高。

(3) 方式 2：计数分频工作方式，软、硬件启动，自动重复计数，装入初值后输出端变为高电平，计数到最后一个脉冲时输出低电平。

(4) 方式 3：方波发生器工作方式，软、硬件启动，自动重复计数，装入初值后输出端变为高电平，输出对称方波。

(5) 方式 4：软件触发选通方式，软件启动，不自动重复计数，装入初值后输出端变为高电平，计数结束输出一个 CLK 宽度的低电平。

(6) 方式 5：硬件触发选通方式，硬件启动，不自动重复计数，波形与方式 4 的相同。

8. 设 8253 通道 $0^{\#}$、$1^{\#}$、$2^{\#}$ 的端口地址分别为 0040H、0042H、0044H，控制端口地址为 0046H。如将 $0^{\#}$ 设置成方式 3(方波)，$1^{\#}$ 设置成方式 2(分频类)，$0^{\#}$ 的输出脉冲作为 $1^{\#}$ 的时钟输入；CLK0 连接总线时钟为 4.77 MHz，$1^{\#}$ 输出 OUT1 约为 40 Hz。编写实现上述功能的初始化程序片段。

解：根据题中描述知道，本题中采用计数器 $0^{\#}$ 和 $1^{\#}$ 串接实现对输入时钟信号的分频。实际上，8253 的方式 2、方式 3 都是对输入时钟信号作 N 分频(N 是计数器的初值)，只不过两种方式下 OUT 输出的波形不同：方式 2 输出的是周期为 N 个 CLK 的负脉冲信号，高电平为 N−1 个 CLK，低电平为 1 个 CLK，所以说它是对输入 CLK 的 N 分频；方式 3 输出的是周期为 N 个 CLK 的方波或近似方波信号，也是对输入 CLK 的 N 分频。

假设计数器 $0^{\#}$ 的计数初值为 N0，计数器 $1^{\#}$ 的计数初值为 N1，则

$$\mathrm{N0}\times\mathrm{N1}=\frac{\mathrm{CLK0}\,频率}{\mathrm{OUT1}\,频率}=\frac{4.77\ \mathrm{MHz}}{40\ \mathrm{Hz}}=119\,250$$

任选一组满足上式的分频系数作为计数器的初值，如N0=50=32H，N1=2385=0951H，则8253的初始化程序片段如下：

```
MOV   AL，16H      ；计数器0#的控制字为00010110B
MOV   DX，46H
OUT   DX，AL
MOV   AL，32H      ；只送低8位初值N0＝32H
MOV   DX，40H      ；计数器0#的初值寄存器地址为40H
OUT   DX，AL       ；计数器0#的初始化完成
MOV   AL，74H      ；计数器1#的控制字为01110100B
MOV   DX，46H
OUT   DX，AL
MOV   AL，51H      ；先送N1的低8位值
MOV   DX，42H      ；计数器1#的初值寄存器地址为42H
OUT   DX，AL
MOV   AL，09H      ；再送N1的高8位值
OUT   DX，AL
```

注：当初值小于或等于9999时，可以采用十进制计数，因此本题中的初值均可采用十进制方式设置，相应地，方式控制字中也应选择为十进制计数，即方式控制字的 D_0 位设为“1”。

9．简述8251A内各功能模块的功用。

答：8251A内部逻辑结构由五部分组成：总线接口I/O缓冲器、读/写控制逻辑、发送器部分、接收器部分和调制解调器部分。

① I/O缓冲器功能主要为：接收来自CPU向8251A发出的控制字及暂存发送的数据；暂存从串行接收器中接收的数据，再传送给CPU；状态缓冲器存放8251A工作状态信息，以便CPU读取。

② 读/写控制逻辑用来接收CPU送出的寻址及控制信号，对数据在8251A的内部总线上传送的方向进行控制。

③ 包含有发送缓冲器、发送移位寄存器、发送控制电路三部分。8251A从数据总线上接收从CPU送出的数据、暂存发送数据缓冲器中，然后自动加上成帧信号，接着放入发送器部分中的发送移位寄存器，将并行数据一位位地从TxD引脚中串行发送出去。

④ 接收器从RxD引脚接收串行数据，按指定的方式把它变换成并行数据。在异步方式中，当接收器工作后，不断检测RxD端的电平，接收到有效启动位之后，8251A便记录下数据、奇偶位和停止位，接着将数据通过内部总线送入接收数据缓冲器。RxRDy信号有效(高电平)用来指明一帧信息已接收完毕，CPU可以来读取数据。

⑤ 调制解调器部分提供4个通用的控制信号：$\overline{DTR}$、$\overline{DSR}$、$\overline{RTS}$和$\overline{CTS}$。在近距离串行通信时，这些信号作为与外设联络的应答信号；在远距离通信时，这些信号用于和调制解调器(Modem)的连接，作为应答连接的控制信号。

10．说明8251A异步方式与同步方式初始化流程的主要区别。

答：略。其主要区别见教材图9.78。

11．已知 8251A 的收发时钟频率为 38.4 kHz，它的帧格式为：数据位 7 位，停止位 1 位，偶校验，比特率为 600 b/s，写出初始化程序。

答：异步工作方式，比特率系数为 64(即数据传送速率是时钟频率的 1/64)，采用偶校验，总字符长度为 10(1 位起始位，8 位数据位，1 位停止位)。

```
        ；初始化程序
        MOV   DX，301H          ；8251A 控制口地址
        MOV   AL，01111111B
        OUT   DX，AL            ；送方式控制字
        MOV   AL，00010101B
        OUT   DX，AL            ；送操作控制字
WAIT：  IN  AL，DX              ；读入状态字
        AND   AL，02H           ；检查 RxRDY=1?
        JZ    WAIT              ；RxRDY≠1，接收未准备就绪，等待
        DEC   DX
        IN  AL，DX              ；从 8251A 读入数据
```

12．什么叫 DMA 传送方式？DMA 控制器 8237A 的主要功能是什么？

答：DMA 方式是直接存储器存取方式(Direct Memory Access)，其数据的传送不经过 CPU 而是在存储器与 I/O 设备间直接进行，则可大大提高传送速率。新型的 DMA 传送可扩展到存储器的两个区域之间，或两种高速外围设备之间进行 DMA 传送，实现这种传送的专门硬件电路称 DMA 控制器(DMAC)。

8237A 是专为 80X86 系统配备的具有 DMA 功能的大规模集成电路的 DMA 控制器，主要用于数据块传送。每片 8237 内部包括 4 个 DMA 通道和一组共用的基本逻辑控制电路。其中基本逻辑控制电路由时序与控制逻辑电路、优先级编码逻辑电路、命令控制逻辑电路、数据/地址缓冲器和一组内部寄存器组成。

8237A-5 的基本功能如下：

① 有 4 个独立的 DMA 通道，每个通道的 DMA 请求可分别被允许或禁止，时钟频率为 5 MHz。

② 每个 DMA 通道一次最大可传送 64 KB 的数据，可在存储器与外设、存储器与存储器之间传送数据。

③ DMA 有 4 种传送方式：单字节、数据块、请求传送和级连传送。

④ 允许外部用 EOP 输入信号结束 DMA 传送或重新初始化。

⑤ 每一个通道的 DMA 请求有不同的优先级。优先级可以是固定的，也可以由程序设定循环优先级。

⑥ 多个 DMA 芯片可以级连，任意扩展 DMA 通道。

9.4 自 测 题

1．可作简单输入接口的电路是________。

A. 三态缓冲器　　B. 锁存器　　C. 反相器　　D. 译码器

参考答案：A。

2．无需在程序中排入 I/O 指令，就能完成数据传送的输入/输出方法有__________。

A. DMA　　B. 无条件程序控制传送　C. 程序查询控制传送　D. 中断方式

参考答案：A。

3．在微型计算机接口中，设备地址选片的方法有哪几种？如何决定地址选片方法？

参考答案：设备地址选片的方法有线选法和译码法两种。在实际设计时，究竟采用哪种方法，要根据系统的规模大小来确定。一般来说，系统规模大的要用译码方法来选片，这样可以增加芯片的数量。例如，三根地址线采用线选法只能选三片(见图 9.5)，而采用译码法就可以接 8 片(见图 9.9)，但需要增加译码器。译码器设计又分为全地址译码和部分地址译码，在系统规模允许情况下，部分地址译码可以简化电路，节省组件。

附 录 A

200×年××××大学硕士研究生“微型计算机原理与接口技术”专业课入学考试试题与解答

试 题 部 分

一、填空题(每空 1 分，共 25 分)

1．若字长为 8 位，X=35D，则$[X]_{补}$=__①__H，$[-X]_{补}$=__②__H。

2．设 Y=80H，则指令“NEG Y”执行后，标志位 OF=__①__。

3．微型计算机中 CPU 通过 3 组信号线与其它芯片相连，它们是__①__、__②__和__③__，其中，属于单向传输的是__④__。

4．如果在一个程序段开始执行之前，(CS)=1003H，(IP)=1007H，给定一个数据的有效地址是 FE7FH，且(DS)=C018H，则该程序段的第一个字的物理地址是__①__H，数据在内存中的逻辑地址__②__H，物理地址是__③__H。

5．8086 CPU 通过数据总线对__①__或__②__进行一次访问所需的时间为一个总线周期，一个总线周期至少包括__③__个时钟周期。

6．堆栈的存取规则是__①__，在 8086 系统中，当 CPU 响应外部中断请求转向中断处理程序前，应依次将__②__、__③__和__④__的内容压入堆栈。

7．若(AL) = 88H，(BL) = 94H，CF = 1，则执行指令 ADC AL，BL 后，(AL)=__①__，标志位 SF、CF、OF =__②__、__③__、__④__。

8．在某微机系统中，由 4 片 8259A 组成级联中断控制系统，主片与 3 片从片均工作于正常全嵌套方式，则该系统具有优先权控制级数为__①__级。

9．某机器中有 48 KB 的 ROM，其末地址为 0FFFFFH，则其首地址为__①__。

10．LOOPZ 指令转移的条件是__①__，转移的范围是__②__。

二、单项选择题(每小题 2 分，共 20 分)

1．已知 DRAM 2118 芯片容量为 16 K × 1 bit，若要组成 16 KB 的系统存储器，则组成的芯片组数和每个芯片组的芯片数为(　)。

A．2 和 8　　B．1 和 16　　C．4 和 16　　D．1 和 8

2．下列 8086 CPU 指令中语法有错误的是(　)。

A．IN AX，20H　B．LEA SI，[2000H]　C．OUT DX，AL　D．SHL AX，4

3．若(AL)＝0FH，(BL)＝04H，则执行 CMP AL, BL 后，AL 和 BL 的内容为(　)。

A．0FH 和 04H　B．0BH 和 04H　C．0FH 和 0BH　D．04H 和 0FH

4．若(AX)＝65ACH，(BX)＝0B79EH，则(　)。

A．执行 ADD AX，BX 指令后，CF＝1，OF＝1

B．执行 SUB AX，BX 指令后，SF＝1，OF＝0

C．执行 TEST BX，AX 指令后，OF＝0，CF＝0

D．执行 XOR AX，BX 指令后，PF=1，IF=0

5．在 8086 中，(BX)＝8282H，且指令已经在队列中，则执行 INC [BX]指令需要的总线周期数为(　)。

A．0　B．1　C．2　D．3

6．若 8088 CPU 工作于最小方式，则执行指令 MOV DATA，DL 时，其引脚信号 $IO/\overline{M}$ 和 $\overline{RD}$ 的电平分别是(　)。

A．0 和 0　B．0 和 1　C．1 和 0　D．1 和 1

7．计算机使用总线结构的主要优点是便于实现结构化，同时(　)。

A．减少了信息传输量　B．提高了信息传输的速度

C．减少了信息传输线的条数　D．减轻了 CPU 的工作量

8．16 位字长的字，采用 2 的补码形式表示时，一个字所能表示的整数范围是(　)。

A．$-2^{15}\sim+(2^{15}-1)$　B．$-(2^{15}-1)\sim+(2^{15}-1)$

C．$-(2^{15}+1)\sim+2^{15}$　D．$-2^{15}\sim+2^{15}$

9．在二进制整数运算中，减法运算一般通过(　)来实现。

A．原码运算的二进制减法器　B．补码运算的二进制减法器

C．原码运算的十进制加法器　D．补码运算的二进制加法器

10．计算机中的所有信息以二进制方式表示是由于(　)。

A．指令简单　B．运算速度快　C．电路实现简便　D．信息处理方便

三、判断题(正确的画“√”，错误的画“×”。每小题 1 分，共 15 分)

1．中断控制器 8259A 在执行某一级中断服务程序时，若有较高优先级的中断源请求中断，则立即响应较高优先级的中断。(　)

2．寄存器间接寻址方式中，操作数处在通用寄存器中。(　)

3．系统总线中控制线的功能是提供时序信号。(　)

4．指令系统采用不同寻址方式的目的是为了降低指令译码的难度。(　)

5．在 CPU 中跟踪指令后继地址的寄存器是程序计数器。(　)

6．在计算机的编码方式中，补码的零的表示是唯一的。(　)

7．算术右移指令执行的操作是符号位填 0，并顺次右移 1 位，最低位移至进位标志位。(　)

8．CPU 响应中断时，进入“中断周期”，采用硬件方法保护并更新程序计数器 PC 内容，而不是由软件完成，主要是为了能进入中断处理程序，并能正确返回源程序。(　)

9．CPU 虽然由许多部件组成，但核心部件是累加器。(　)

10．存储单元是指存放一个机器字的所有基本存储单元集合。(　)

11．位操作类指令的功能是对 CPU 内部通用寄存器或主存某一单元任一位进行状态检测。( )

12．8086 CPU 中，指令流队列的功能是对指令进行流水处理。( )

13．字符串操作时，操作目的地址的默认段地址为 ES，也可由程序指定为 DS。( )

14．一个字节的带符号数和不带符号数所能表示的数的个数相同。( )

15．8255A 的 A 口工作于方式 1 输入时，需要先向 C 口发送数据，将 PC_4 置位，使 A 口处于中断允许状态。( )

四、简答题

1．简述 8086 CPU 和 8088 CPU 在内部结构和引脚功能上有何差别。(5 分)

2．8259A 只有两个端口地址，简述 8259A 如何识别 4 条 ICW 命令和 3 条 OCW 命令。(5 分)

3．简述标志寄存器中 6 个状态标志的含义。(6 分)

4．设有 3 个字变量的变量名及其内容如下：

VARY1 3C46H

VARY2 1678H

VARY3 0059H

试设计一个数据段定义这 3 个变量及其地址表变量 ADDR_TABLE(包括段地址和偏移地址)。(8 分)

5．在 8253 定时/计数器中，CLK 和 GATE 各起什么作用？8253 的 6 种工作方式中，启动计数的触发条件分别是什么？(8 分)

6．若(BX) = 0004H，且定义如下变量为：

VARY1 DW 1234H

VARY2 DD 12345678H

VARY3 DW 1234H，5678H，9ABCH，DEF0H

请指出下列指令的寻址方式及转向地址。

(1) JMP BX

(2) JMP VARY1

(3) JMP VARY2

(4) JMP VARY3[BX+2]

(本题 8 分)

五、程序阅读及编程题(共 35 分)

1. 设计一个名为 ADDM 的宏，求一组字数据的累加和。要求使用两个形式参数 ADATA 和 NUM，其中 ADATA 为数据块的起始地址，NUM 为相加数据的个数；在宏结束时，必须返回 16 位的和于 AX 中。(不考虑和溢出以及多次调用的情况) (本题 10 分)

2．图 A.1 所示为 8088 系统中用 8253 通过 8255 来控制一个 8 位 A/D 转换器进行定时采样接线图。A/D 转换器的工作过程为：先在其 $\overline{START}$ 引脚送入一低电平，启动 A/D 转换，在转换期间转换器 $\overline{BUSY}$ 端保持高电平，转换结束后，$\overline{BUSY}$ 输出低电平有效信号，此时，系统可通过 8255 的 PA 口读取 8 位数字信号。

(1) 要求 8255 的 PA 口工作于方式 0 输入，PC 口也工作于方式 0，不考虑 PB 口；8253 的 0 号计数器采用方式 3 实现定时中断，定时时间为 100 μs，写出 8255 及 8253 的初始化程序片断。(10 分)

(2) 写出 IRQ_2 的中断处理程序 AD_INT，并将其中断向量填入中断向量表中(设中断类型号为 0CH，且 8259 工作于完全嵌套、中断自动结束方式)；要求在中断处理程序中完成 A/D 转换过程，并将转换结果保存在 AD_C 内存单元。(15 分)

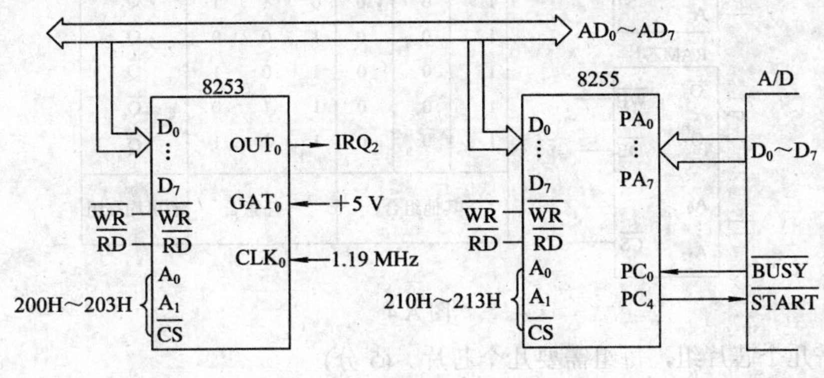

图 A.1

提示：8253 控制字格式如图 A.2 所示。

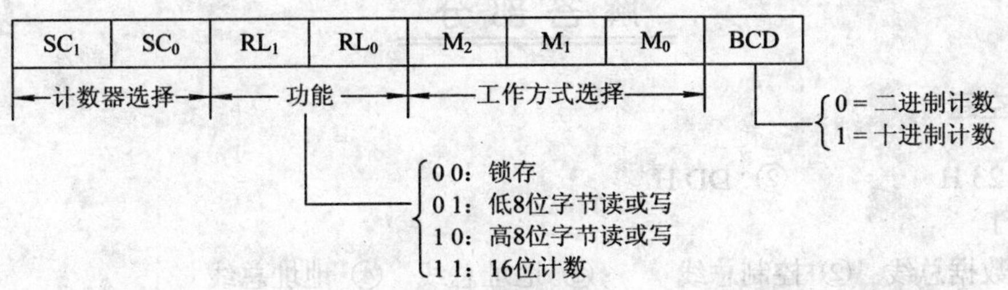

图 A.2

8255A 的命令字格式如图 A.3 所示。

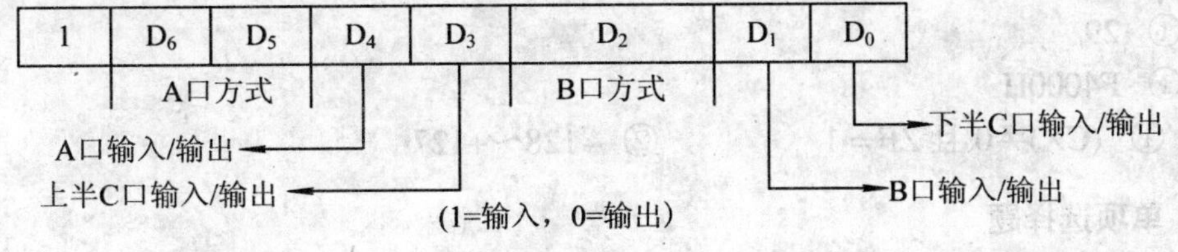

图 A.3

六、系统扩展题(15 分)

8086 系统须扩展 16 KB RAM 内存，扩充空间的起始地址为 C4000H，采用连续编址方式，存储芯片采用 8 K × 4 bit 的 RAM 芯片，工作于最小方式，地址译码器采用 74LS138。其引脚和 3-8 译码器的逻辑关系如图 A.4 所示。

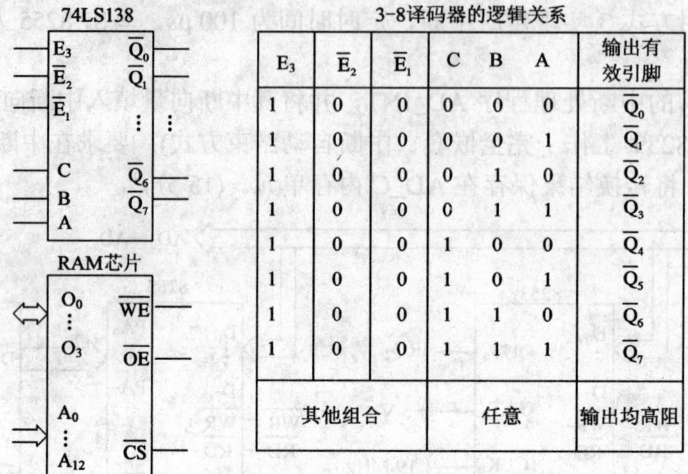

E_3	$\overline{E}_2$	$\overline{E}_1$	C	B	A	输出有效引脚
1	0	0	0	0	0	$\overline{Q}_0$
1	0	0	0	0	1	$\overline{Q}_1$
1	0	0	0	1	0	$\overline{Q}_2$
1	0	0	0	1	1	$\overline{Q}_3$
1	0	0	1	0	0	$\overline{Q}_4$
1	0	0	1	0	1	$\overline{Q}_5$
1	0	0	1	1	0	$\overline{Q}_6$
1	0	0	1	1	1	$\overline{Q}_7$
其他组合			任意			输出均高阻

图 A.4

(1) 共需几个芯片组，每组需要几个芯片。(5 分)

(2) 画出存储器与 CPU 的连线图(所需门电路可自选)，并写出各芯片组的地址空间。(10 分)

解 答 部 分

一、填空题

1. ① 23 H　　② DD H
2. ① 1
3. ① 数据总线　② 控制总线　③ 地址总线　④ 地址总线
4. ① 11037 H　② C018H：FE7F H　③ CFFFF H
5. ① 存储器　② I/O 接口　③ 4
6. ① 先进后出　② PSW　③ CS　④ IP
7. ① 1DH　② 0　③ 1　④ 1
8. ① 29
9. ① F4000H
10. ① (CX)≠0 且 ZF = 1　② −128～+127

二、单项选择题

D D A C C B C A D C

三、判断题

××××√√×√×√×××√×

四、简答题

1．内部结构：8086 的指令队列寄存器为 6 个，8088 为 4 个(1 分)；8086 为 16 位数据总线，8088 为 8 位(1 分)。

引脚功能：

8086 为 AD_0～AD_{15}，8088 为 AD_0～AD_7，A_8～A_{15}；(1 分)

8086	8088	
$M/\overline{IO}$	$\overline{M}/IO$	(1 分)
$\overline{BHE}/S_7$	$\overline{SS_0}$	(1 分)

2．首先根据使用阶段的不同来区分 ICW 和 OCW，ICW 用于初始化阶段(1 分)，OCW 用于操作阶段(1 分)；

其次，对于 ICW，是靠命令字的发送顺序来区别(1 分)，先发送 ICW_1 到偶地址，再发送 ICW_2 到奇地址，然后根据 ICW_1 的状态决定是否发送 ICW_3 和 ICW_4(1 分)；

最后，OCW 之间用地址和特征码组合的方式来区分(1 分)。

3．CF 为进位标志，PF 为奇偶标志，AF 为辅助进位，ZF 为零标志，SF 为符号标志，OF 为溢出标志。(每个标志 1 分)

4．

```
DATA      SEGMENT
VARY1           DW 3C46H
VARY2           DW 1678H
VARY3           DW 0059H
ADDR_TABLE      DD  VARY1
                DD  VARY2
                DD  VARY3
DATA      ENDS
```

(每行语句各 1 分)

5．CLK 作为定时器时为时钟输入端，计数器时为信号脉冲输入端(1 分)；

GATE 为门控信号，为高电平时允许计数，低电平时停止计数(1 分)；

方式 0：GATE 为高电平，写入计数初值触发计数；

方式 1：GATE 上升沿启动计数；

方式 2：GATE 为高电平，写入计数初值触发计数；

方式 3：GATE 为高电平，写入计数初值触发计数；

方式 4：GATE 为高电平，写入计数初值触发计数；

方式 5：GATE 上升沿启动计数；

(每种方式各 1 分)

6．(1) 段内间接寻址；转移地址：0004H

(2) 段内间接寻址；转移地址：1234H

(3) 段间间接寻址；转移地址：1234H：56778H

(4) 段内间接寻址；转移地址：DEF0H

(每小题 2 分，寻址方式和转移地址各 1 分)

五、程序阅读及编程题

1．程序清单如下：

```
ADDM    MACRO   ADATA，NUM
        MOV     CX，NUM
        MOV     SI，OFFSET ADATA
        MOV     AX，0
        CLD
AGAIN： ADD     AX，[SI]
        ADD     SI，2
        LOOP AGAIN
        ENDM
```

2．(1) 8255 初始化程序：

```
        MOV     DX，213H
        MOV     AL，10010011B
        OUT     DX，AL
```

8253：分频系数 N 为 $100 \times 10^{-6} \times 1.19 \times 10^{6} = 119 = 77H$

8253 初始化程序如下：

```
        MOV     AL，00010110B
        MOV     DX，203H
        OUT     DX，AL
        MOV     AX，77H
        MOV     DX，200H
        OUT     DX，AL
```

(2) 中断服务程序：

```
AD_INT   PROC   FAR
         PUSH   AX
         PUSH   DX
         MOV    AL，00001000B
         MOV    DX，213H
         OUT    DX，AL
         MOV    DX，212H
AGAIN：  IN     AL，DX
         TEST AL，00000001B
         JNZ    AGAIN
         MOV    DX，210H
         IN     AL，DX
```

```
        MOV    AD_C，AL
        STI
        POP  DX
        POP  AX
        IRET
AD_INT  ENDP
```

中断向量设置程序：

```
        MOV    AX，0
        MOV    ES，AX
        MOV    DI，0CH*4
        CLD
        MOV    AX，OFFSET   AD_INT
        STOSW
        MOV    AX，SEG    AD_INT
        STOSW
```

六、系统扩展题

(1) 答：共需 2 个芯片组，每组需 2 片芯片。

(2) 答：画出的连线图如图 A.5 所示。1# &2# 芯片的地址空间：C4000H～C7FFEH 偶地址；3# &4# 芯片的地址空间：C4001H～C7FFFH 奇地址。

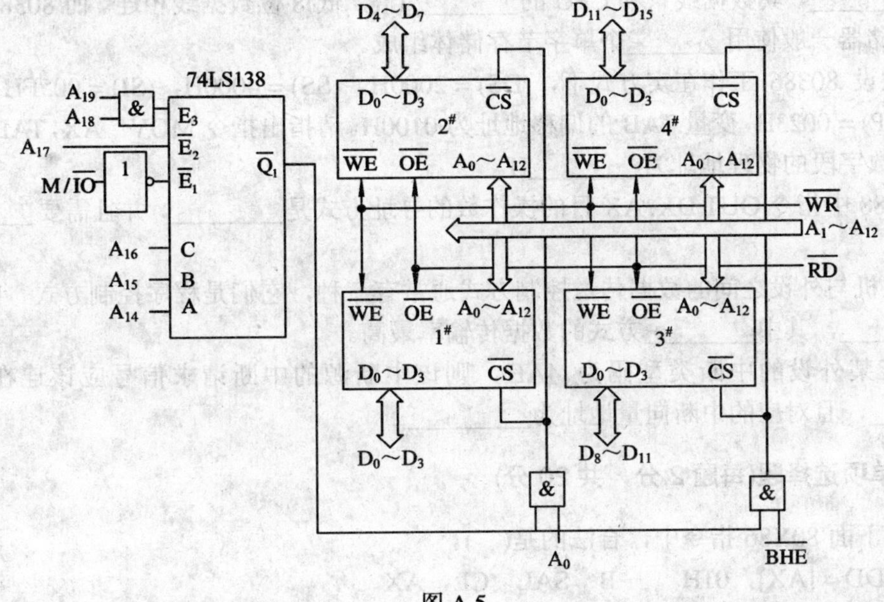

图 A.5

附　录　B

200×年××××大学信息工程专业本科生“微机原理与接口技术”课程考试试题与解答

试题部分

一、填空题(每空 1 分，共 15 分)

1．80386 虚拟地址(逻辑地址)由________和________两部分组成。

2．80386 工作在保护方式时，设置了三个描述符表：全局描述符表、________描述符表和中断描述符表。

3．执行返回指令，退出中断服务程序，此时的返回地址来自________。

4．8086 CPU 对应的 1 MB 存储空间分为________个存储体，其中奇地址存储体选通信号为________，其数据线只和 CPU 的________(高、低)8 位数据线相连。而 80386 微机系统的内存储器一般使用________个单字节存储体组成。

5．假设 80386 工作在实方式下，(DS) = 2000H，(SS) = 4000H，(SI) = 005FH，(BX) = 0040H，(BP) = 0023H，变量 TAB 的偏移地址为 0100H。请指出指令 MOV　AX，TAB[BP][SI]的源操作数字段的物理地址为________H。

6．8088 中指令 OUT DX, AX 目的操作数的寻址方式是________，并且需要________个总线周期。

7．主机与外设之间的数据传送控制方式通常有三种，它们是程序控制方式、DMA 方式及________，其中________方式的数据传输率最高。

8．若某外设的中断类型码为 4AH，则该中断源的中断请求信号应该连在 8259A 的________，且对应的中断向量地址为________。

二、单项选择题(每题 2 分，共 20 分)

1．在下面 80X86 指令中，合法的是(　)。

A．ADD　[AX]，01H　　B．SAL　CL，AX

C．MOV　DX，01H　　D．IN　AL，258H

2．计算机内部默认采用(　)表示有符号数，便于实现加减运算。

A．原码　　B．补码　　C．反码　　D．移码

3．一个 8 位的二进制整数，若采用补码表示，且由 3 个“1”和 5 个“0”组成，则对

应的最小十进制值为(　)。

A. 224　　B. –96　　C. –125　　D. –64

4. 在微机中，CPU 访问各类存储器的频繁程度由高到低的次序为(　)。

A. 磁盘，高速缓存，寄存器，内存，磁带

B. 内存，寄存器，磁盘，磁带，高速缓存

C. 磁盘，内存，磁带，高速缓存，寄存器

D. 寄存器，高速缓存，内存，磁盘，磁带

5. 微型计算机由(　)四大部分组成。

A. 主板、硬盘、键盘和显示器

B. 微处理器、存储器、输入设备和输出设备

C. 微处理器、存储器、I/O 接口和总线

D. 算术逻辑单元、控制器、寄存器组和程序计数器

6. 向 8259 写入(　)时，必须按规定的流程进行，不允许颠倒顺序。

A. 初始化命令字 ICW 和操作命令字 OCW

B. 初始化命令字 ICW

C. 操作命令字 OCW

7. 在一段汇编程序中多次调用另一段程序，用宏指令比用子程序实现(　)。

A. 占内存空间小，但速度慢　　B. 占内存空间大，但速度慢

C. 占内存空间小，但速度快　　D. 占内存空间大，但速度快

8. 不能进行子程序变量传递的有(　)。

A. 寄存器　　B. 中断向量　　C. 存储器　　D.堆栈

9. 执行下列程序段后，AX 的内容为(　)。

```
MOV   AX，609H
MOV   BL，07H
AAD
DIV   BL
```

A. 609H　　B. 906H　　C. 5231H　　D. 806H

10. 在计算机系统中，可用于传送中断请求和中断响应信号的是(　)。

A. 地址总线　　B. 数据总线　　C. 控制总线

三、简答题(每小题 5 分，共 20 分)

1. 试说明高档微机中采用 cache 和虚拟存储器的原因。

2. 设有程序片段

```
13E0:0120    CALL   FAR PTR   ADD16
13E0:0125    MOV AX, DX
 …
       ADD16  PROC   FAR
13FE:0096    LODSB
 …
```

问：CALL 指令执行后堆栈中压入的内容是什么？(SP)＝？(CS)＝？(IP)＝？

3．使用 8253 用软件产生一次性中断，最好采用何种工作方式？若用通道 0 对外部脉冲计数，每计满 100 个产生一次中断，请写出工作方式控制字及计数值(用十六进制表示)。

(提示：8253 控制字格式见图 B.6)

4．描述实方式下 8086 响应外部可屏蔽中断的过程中是如何找到中断处理程序的入口的？

四、程序题(每小题 7 分，共 14 分)

1．阅读程序，回答问题。

```
DATA    SEGMENT
DA0     DB  6  DUP(?)
DA1     DB  21, -15, -23, -61, -76, -9, 1 ,9,  -8, 54
CNT     EQU $-DA1
NUM     DB  ?
DATA    ENDS
CODE    SEGMENT
ASSUME CS:CODE, DS:DATA
START:  MOV AX,DATA
        MOV DS,AX
        MOV SI,OFFSET DA1
        MOV CX,CNT-1
        XOR BL,BL
  EXG:  MOV AL,[SI]
        XOR AL,[SI+1]
        TEST AL,80H
        JE    NEXT
        INC   BL
 NEXT:  INC SI
        LOOP EXG
        MOV NUM,BL
        MOV AH,4CH
        INT   21H
  CODE ENDS
        END START
```

问：程序执行到 MOV AH,4CH 时，NUM=？，(NUM)=?,(CX)=?,(SI)=? 程序主要完成什么功能？

2．编制一个子程序(远过程)Array_Sum，功能为求数组中 16 位整数之和。

入口条件：数组内存偏移地址的首地址指针为 SI, 数组长度为 CX。

出口条件：数组之和放在 AX 中。

五、设计题(15 分)

假定 CPU 为 8088，若要求使用 2764(8 K × 8 bit)和 6264(8 K × 8 bit)构成 16 KB 的内存，其中 2764 起始地址为 8E000H，6264 起始地址为 80000H，试画出连接电路图，并给出每片地址范围。芯片图及译码器 74LS138 引脚图及其功能表(3-8 译码器逻辑关系表)如图 B.1 所示。

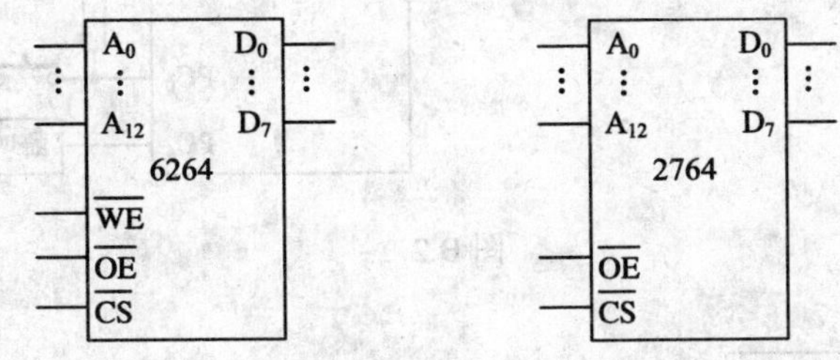

74LS138

C B A $\overline{G2A}$ $\overline{G2B}$ G1

$\overline{Y_0}$ $\overline{Y_1}$ $\overline{Y_2}$ $\overline{Y_3}$ $\overline{Y_4}$ $\overline{Y_5}$ $\overline{Y_6}$ $\overline{Y_7}$

3-8译码器逻辑关系

输入端						输出端							
使能端			选择端										
G1	$\overline{G2A}$	$\overline{G2B}$	C	B	A	$\overline{Y_7}$	$\overline{Y_6}$	$\overline{Y_5}$	$\overline{Y_4}$	$\overline{Y_3}$	$\overline{Y_2}$	$\overline{Y_1}$	$\overline{Y_0}$
1	0	0	0	0	0	1	1	1	1	1	1	1	0
1	0	0	0	0	1	1	1	1	1	1	1	0	1
1	0	0	0	1	0	1	1	1	1	1	0	1	1
1	0	0	0	1	1	1	1	1	1	0	1	1	1
1	0	0	1	0	0	1	1	1	0	1	1	1	1
1	0	0	1	0	1	1	1	0	1	1	1	1	1
1	0	0	1	1	0	1	0	1	1	1	1	1	1
1	0	0	1	1	1	0	1	1	1	1	1	1	1
其他组合			任意			1	1	1	1	1	1	1	1

图 B.1

六、应用题(共 16 分)

图 B.2 是一个 8086 CPU 利用 8255A 的端口作为接口芯片的连接图，将芯片与 4 种简单外设：① 一组 8 位拨动开关，② 一组 8 位 LED 指示灯，③ 一个按钮开关，④ 一个蜂鸣器等构成一个简单的微机应用实验系统，完成如下功能：用 8 位 LED 灯的亮灭随时指示 8 位拨动开关的位置状态，开关闭合时对应的 LED 亮；当按钮开关按下时，蜂鸣器(高电平)响。

图 B.3 为 PA 口方式 1 的输入联络信号图，图 B.4 为 8255A 的 C 口按位操作字格式。

(提示：8255A 的方式控制字格式如图 B.5 所示，图 B.6 为 8253 控制字格式。)

要求：

1. 为 8255A 各端口选择合适的工作方式，确定各端口的工作方向、地址，并给出 8255A 的方式控制字。(已知 CPU 的 A_1 接 8255 的 A_0，CPU 的 A_2 接 8255 的 A_1。) (6 分)

2. 编制完整的汇编语言源程序，完成实验要求。(10 分)

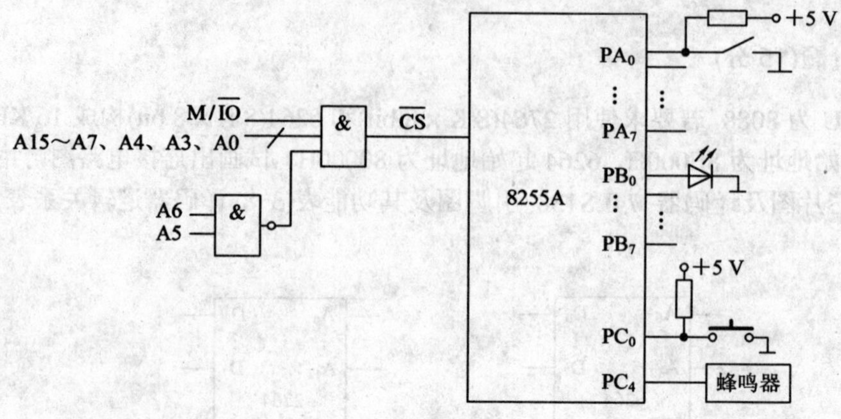

图 B.2

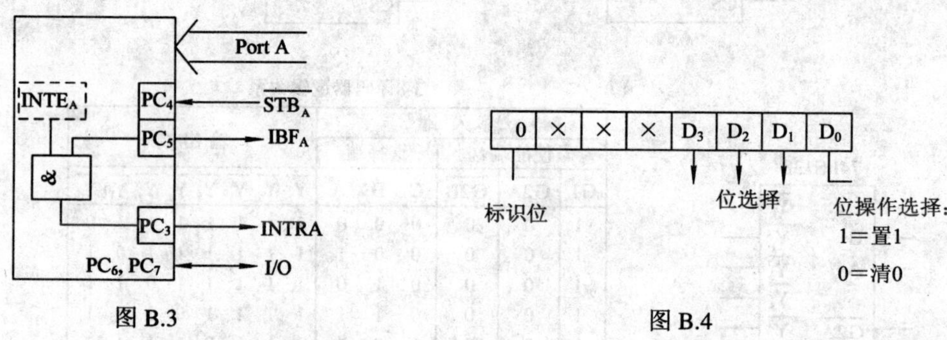

图 B.3

图 B.4

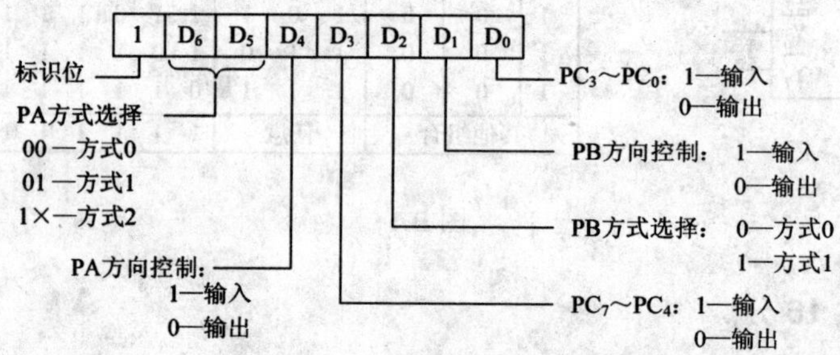

图 B.5

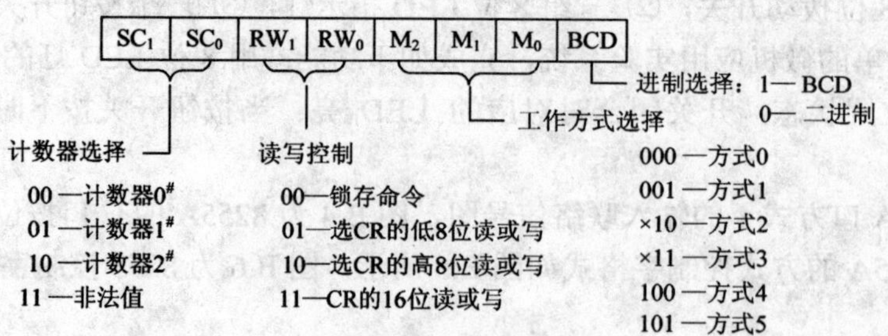

图 B.6

解答部分

一、填空题

1．段选择符；偏移地址
2．局部
3．堆栈
4．2；$\overline{BHE}$；高；4
5．40182H
6．寄存器间接寻址；2
7．中断方式；DMA
8．IR_2；128H

二、单项选择题

C B C D C B D B A C

三、简答题

1．增加 cache 的目的是为了解决 CPU 与内存的速度不匹配的问题。虚拟存储器技术的引入是通过软、硬件的综合来扩大用户可用存储空间的，并不增加 CPU 可寻址的存储空间。

2．堆栈顶部增加了四个字节，内容为 2501E013H。SP 的值减了 4，还有 CS 和 IP 的内容发生了变化(为 13FEH 和 0096H)。

3．采用方式 0，控制字为 30H 或 10H，计数初值为 64H。

4．CPU 在中断响应周期中从外部读入一个字节(或中断类型码 n)，将其内容乘以 4 作为起始于 00000H 的中断矢量表的索引，据此可将表中与此索引对应的四个字节(中断矢量)置入 CS:IP，这四个字节就是中断处理程序的入口地址。

四、程序阅读题

1．NUM = 0010H，(NUM) = 04H，(CX) = 0，(SI) = 0FH，程序主要完成的功能是统计正负数交替变化的次数。

2．
```
Array_Sum    PROC    FAR
             PUSH  SI
             PUSH  CX
             MOV    AX, 0
        L1： ADD    AX，[SI]
             ADD    SI，2
             LOOP  L1
             POP    CX
             POP    SI
             RET
Array_Sum    ENDP
```

五、设计题

2764 地址范围为 8E000H～8FFFFH，6264 地址范围为 80000H～81FFFH。

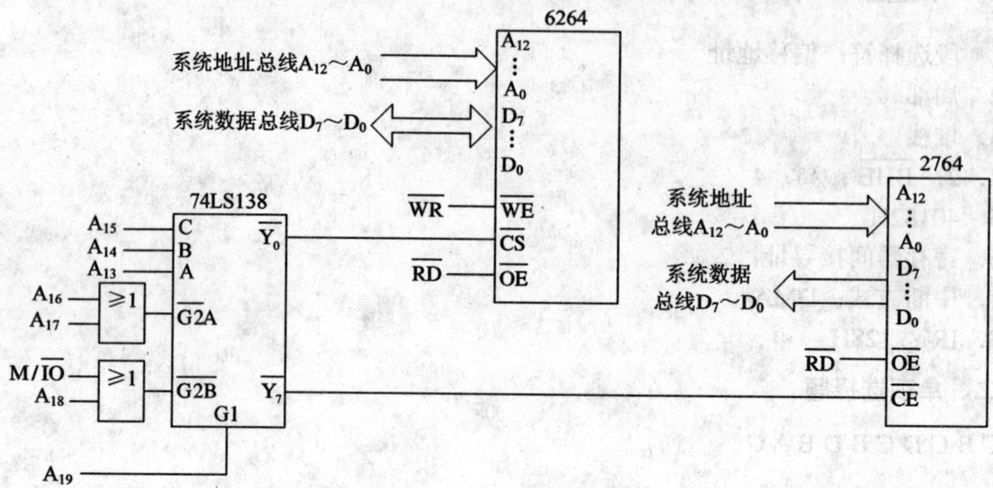

图 B.7

六、应用题

1．8255A 的 3 个口均工作于方式 0；PA 口为输入口，PB 口为输出口，PC 的下半口为输入，上半口为输出。PA、PB、PC 及控制口地址依次为：60H、62H、64H、66H。8255A 的方式控制字为 1001 0001B = 91H。

2．实验程序如下：

```
CODE    SEGMENT
        ASSUME  CS：CODE
START:  MOV     AL，91H
        OUT     66H，AL
MAIN:   IN      AL，60H
        NOT     AL
        OUT     62H，AL
        IN      AL，64H
        TEST    AL，01H
        JNZ     NEXT
        OR      AL，10H
        JMP     ALARM
NEXT:   AND     AL，0EFH
ALARM:  OUT     64H，AL
        JMP     MAIN
CODE    ENDS
        END     START
```

参考文献

[1] 姚燕南，姚向华，乔瑞萍. 微型计算机原理. 5版. 西安：西安电子科技大学出版社，2008.

[2] 乔瑞萍，欧文. 微型计算机原理典型题解析及自测试题. 2版. 西安：西北工业大学出版社，2003.

[3] 周明德，等. 保护方式下的80386及其编程. 北京：清华大学出版社，1993.

[4] Barry B.Brey.Intel 微处理器——从8086到Pentium系列体系结构、编程与接口技术. 五版影印版. 北京：高等教育出版社，2001.

[5] 邹逢兴，等. 典型题解析与实战模拟微型计算机原理及其应用. 长沙：国防科技大学出版社，2001.

[6] 温冬婵，沈美明. IBM-PC汇编语言程序设计例题习题集. 北京：清华大学出版社，1996.

[7] 王永山，等. 微型计算机原理与应用. 西安：西安电子科技大学出版社，1999.

[8] 乔瑞萍，欧文. 微型计算机原理(第四版). 学习指导书. 西安：西安电子科技大学出版社，2004.

[9] 戴梅萼，等. 微型计算机技术及应用. 北京：清华大学出版社，1995.

[10] 武自芳，等. 微型计算机原理常见题型解析及模拟题. 西安：西北工业大学出版社，1999.

[11] 史新福，等. 32位微型计算机原理接口技术及应用. 西安：西北工业大学出版社，2000.

[12] 李继灿，等. 新编16-32位微型计算机原理与应用. 北京：清华大学出版社，1996.

[13] 戴梅萼，等. 微型计算机技术及应用——习题与实验题集. 北京：清华大学出版社，1998.

[14] 温冬婵，沈美明. 80X86汇编语言程序设计. 北京：清华大学出版社，2002.

[15] [美]Kip R Irvine. Intel 汇编语言程序设计. 4版. 温玉杰，张家生，罗云彬，等，译. 北京：电子工业出版社.

欢迎选购西安电子科技大学出版社教材类图书

~~~~"十一五"国家级规划教材~~~~

计算机系统结构(第四版)(李学干) 25.00
计算机系统安全(第二版) (马建峰) 30.00
计算机网络 (第三版)(蔡皖东) 27.00
计算机应用基础教程(第四版)(陈建铎)
(for Windows XP/Office XP) 30.00
计算机应用基础(冉崇善) (高职)
(Windows XP & Office 2003 版) 23.00
《计算机应用基础》实践技能训练
与案例分析(高职)(冉崇善) 18.00
微型计算机原理(第二版)(王忠民) 27.00
微型计算机原理及接口技术(第二版)(裘雪红) 36.00
微型计算机组成与接口技术(第二版)(高职) 28.00
微机原理与接口技术(第二版)(龚尚福) 37.00
单片机原理及应用(第二版)(李建忠) 32.00
单片机应用技术(第二版)(高职)(刘守义) 30.00
Java程序设计(第二版)(高职)(陈圣国) 26.00
编译原理基础(第二版)(刘坚) 29.00
人工智能技术导论 (第三版)(廉师友) 24.00
多媒体软件设计技术(第三版)(陈启安) 23.00
信息系统分析与设计(第二版)(卫红春) 25.00
信息系统分析与设计(第三版)(陈圣国)(高职) 20.00
传感器原理及工程应用(第三版) 28.00
数字图像处理(第二版)(何东健) 30.00
电路基础(第三版)(王松林) 39.00
模拟电子电路及技术基础(第二版)(孙肖子) 35.00
模拟电子技术(第三版)(江晓安) 25.00
数字电子技术(第三版)(江晓安) 23.00
数字电路与系统设计(第二版)(邓元庆) 35.00
数字信号处理(第三版)(高西全) 29.00
电磁场与电磁波(第二版)(郭辉萍) 28.00
现代通信原理与技术(第二版)(张辉) 39.00
移动通信(第四版)(李建东) 30.00
移动通信(第二版)(章坚武) 24.00
物理光学与应用光学(第二版)(石顺祥) 42.00
数控机床故障分析与维修(高职)(第二版) 25.00
液压与气动技术(第二版)(朱梅) (高职) 23.00

~~~~~~~计算机提高普及类~~~~~~~

计算机应用基础(第三版)(丁爱萍) (高职) 22.00
计算机文化基础(高职)(游鑫) 27.00
计算机文化基础上机实训及案例(高职) 15.00
计算机科学与技术导论(吕辉) 22.00
计算机应用基础(高职)(赵钢) 29.00
计算机应用基础——信息处理技术教程 31.00
《计算机应用基础——信息处理技术教程》
习题集与上机指导(张郭军) 14.00
计算机组装与维修(中职)(董小莉) 23.00
微型机组装与维护实训教程(高职)(杨文诚) 22.00

~~~~~~~计 算 机 网 络 类 ~~~~~~

计算机网络技术基础教程(高职)(董武) 18.00
计算机网络管理(雷震甲) 20.00
网络设备配置与管理(李飞) 23.00
网络安全与管理实验教程(谢晓燕) 35.00
网络安全技术(高职)(廖兴) 19.00
网络信息安全技术(周明全) 17.00
动态网页设计实用教程(蒋理) 30.00
ASP动态网页制作基础教程(中职)(苏玉雄) 20.00
局域网组建实例教程(高职)(尹建璋) 20.00
Windows Server 2003组网技术(高职)(陈伟达) 30.00
组网技术(中职)(俞海英) 19.00
综合布线技术(高职)(王趾成) 18.00
计算机网络应用基础(武新华) 28.00
计算机网络基础及应用(高职)(向隅) 22.00

~~~~~~~计 算 机 技 术 类 ~~~~~~

计算机系统结构与组成(吕辉) 26.00
电子商务基础与实务(第二版)(高职) 16.00
数据结构—使用 C++语言(第二版) (朱战立) 23.00
数据结构(高职)(周岳山) 15.00
数据结构教程——Java 语言描述(朱振元) 29.00
离散数学(武波) 24.00

软件工程(第二版)(邓良松) 22.00
软件技术基础(高职)(鲍有文) 23.00
软件技术基础(周大为) 30.00
嵌入式软件开发(高职)(张京) 23.00

~~~计算机辅助技术及图形处理类~~~

电子工程制图（第二版）(高职)（童幸生） 40.00
电子工程制图(含习题集)（高职）(郑芙蓉) 35.00
机械制图与计算机绘图（含习题集）(高职) 40.00
电子线路 CAD 实用教程（潘永雄）(第三版) 27.00
AutoCAD 实用教程(高职)(丁爱萍) 24.00
中文版 AutoCAD 2008 精编基础教程(高职) 22.00
电子CAD(Protel 99 SE)实训指导书(高职) 12.00
计算机辅助电路设计Protel 2004(高职) 24.00
EDA 技术及应用(第二版)(谭会生) 27.00
数字电路 EDA 设计(高职)(顾斌) 19.00
多媒体软件开发(高职)(含盘)(牟奇春) 35.00
多媒体技术基础与应用(曾广雄)（高职） 20.00
三维动画案例教程(含光盘)(高职) 25.00
图形图像处理案例教程(含光盘)（中职） 23.00
平面设计(高职)(李卓玲) 32.00

~~~~~~~~操 作 系 统 类~~~~~~~~

计算机操作系统(第二版)(颜彬)(高职) 19.00
计算机操作系统(修订版)(汤子瀛) 24.00
计算机操作系统(第三版)(汤小丹) 30.00
计算机操作系统原理——Linux实例分析 25.00
Linux 网络操作系统应用教程(高职)（王和平） 25.00
Linux 操作系统实用教程(高职)(梁广民) 20.00

~~~~~~~微 机 与 控 制 类 ~~~~~~~

微机接口技术及其应用(李育贤) 19.00
单片机原理与应用实例教程(高职)(李珍) 15.00
单片机原理与应用技术(黄惟公) 22.00
单片机原理与程序设计实验教程(于殿泓) 18.00
单片机实验与实训指导(高职)(王曙霞) 19.00
单片机原理及接口技术(第二版)(余锡存) 19.00
新编单片机原理与应用(第二版)(潘永雄) 24.00
MCS-51单片机原理及嵌入式系统应用 26.00
微机外围设备的使用与维护（高职）(王伟) 19.00
微机装配调试与维护教程(王忠民) 25.00
《微机装配调试与维护教程》实训指导 22.00

~~~~~~数据库及计算机语言类~~~~~~

C程序设计与实例教程(曾令明) 21.00
程序设计与C语言(第二版)(马鸣远) 32.00
C语言程序设计课程与考试辅导(王晓丹) 25.00
Visual Basic.NET程序设计(高职)(马宏锋) 24.00
Visual C#.NET程序设计基础(高职)(曾文权) 39.00
Visual FoxPro数据库程序设计教程(康贤) 24.00
数据库基础与Visual FoxPro9.0程序设计 31.00
Oracle数据库实用技术(高职)(费雅洁) 26.00
Delphi程序设计实训教程(高职)(占跃华) 24.00
SQL Server 2000应用基础与实训教程(高职) 22.00
Visual C++基础教程(郭文平) 29.00
面向对象程序设计与VC++实践(揣锦华) 22.00
面向对象程序设计与C++语言(第二版) 18.00
面向对象程序设计——JAVA(第二版) 32.00
Java 程序设计教程(曾令明) 23.00
JavaWeb 程序设计基础教程(高职)（李绪成） 25.00
Access 数据库应用技术(高职)（王趾成） 21.00
ASP.NET 程序设计与开发(高职)(眭碧霞) 23.00
XML 案例教程(高职)(眭碧霞) 24.00
JSP 程序设计实用案例教程(高职)(翁健红) 22.00
Web 应用开发技术：JSP(含光盘) 33.00

~~~~电子、电气工程及自动化类~~~~

电路(高赟) 26.00
电路分析基础(第三版)(张永瑞) 28.00
电路基础(高职)(孔凡东) 13.00
电子技术基础(中职)(蔡宪承) 24.00
模拟电子技术(高职)(郑学峰) 23.00
模拟电子技术(高职)(张凌云) 17.00
数字电子技术(高职)(江力) 22.00
数字电子技术(高职)(肖志锋) 13.00
数字电子技术(高职)(蒋卓勤) 15.00
数字电子技术及应用(高职)(张双琦) 21.00
高频电子技术(高职)(钟苏) 21.00
现代电子装联工艺基础(余国兴) 20.00
微电子制造工艺技术(高职)(肖国玲) 18.00
~~~~

Multisim电子电路仿真教程(高职)	22.00
电工基础(中职)(薛鉴章)	18.00
电工基础(高职)(郭宗智)	19.00
电子技能实训及制作(中职)(徐伟刚)	15.00
电工技能训练(中职)(林家祥)	24.00
电工技能实训基础(高职)(张仁醒)	14.00
电子测量技术(秦云)	30.00
电子测量技术(李希文)	28.00
电子测量仪器(高职)(吴生有)	14.00
模式识别原理与应用(李弼程)	25.00
信号与系统(第三版)(陈生潭)	44.00
信号与系统实验(MATLAB)(党宏社)	14.00
信号与系统分析(和卫星)	33.00
数字信号处理实验(MATLAB版)	26.00
DSP原理与应用实验(姜阳)	18.00
电气工程导论(贾文超)	18.00
电力系统的MATLAB/SIMULINK仿真及应用	29.00
传感器应用技术(高职)(王煜东)	27.00
传感器原理及应用(郭爱芳)	24.00
测试技术与传感器(罗志增)	19.00
传感器与信号调理技术(李希文)	29.00
传感器技术(杨帆)	27.00
传感器及实用检测技术(高职)(程军)	23.00
电子系统集成设计导论(李玉山)	33.00
现代能源与发电技术(邢运民)	28.00
神经网络(含光盘)(侯媛彬)	26.00
电磁场与电磁波(曹祥玉)	22.00
电磁波——传输·辐射·传播 (王一平)	26.00
电磁兼容原理与技术(何宏)	22.00
微波与卫星通信(李白萍)	15.00
微波技术及应用(张瑜)	20.00
嵌入式实时操作系统μC/OS-Ⅱ教程(吴永忠)	28.00
音响技术(高职)(梁长垠)	25.00
现代音响与调音技术 (第二版) (王兴亮)	21.00

~~~~~~通信理论与技术类~~~~~~

专用集成电路设计基础教程(来新泉)	20.00
现代编码技术(曾凡鑫)	29.00
信息论、编码与密码学(田丽华)	36.00
信息论与编码(邓家先)	18.00
密码学基础(范九伦)	16.00
通信原理(高职)(丁龙刚)	14.00
通信原理(黄葆华)	25.00
通信电路(第二版)(沈伟慈)	21.00
通信系统原理教程(王兴亮)	31.00
通信系统与测量(梁俊)	34.00
扩频通信技术及应用(韦惠民)	26.00
通信线路工程(高职)	30.00
通信工程制图与概预算(高职)(杨光)	23.00
程控数字交换技术(刘振霞)	24.00
光纤通信技术与设备(高职)(杜庆波)	23.00
光纤通信技术(高职)(田国栋)	21.00
现代通信网概论(高职)(强世锦)	23.00
电信网络分析与设计(阳莉)	17.00

~~~~~仪器仪表及自动化类~~~~~

现代测控技术 (吕辉)	20.00
现代测试技术(何广军)	22.00
光学设计(刘钧)	22.00
工程光学(韩军)	36.00
测试技术基础 (李孟源)	15.00
测试系统技术(郭军)	14.00
电气控制技术(史军刚)	18.00
可编程序控制器应用技术(张发玉)	22.00
图像检测与处理技术(于殿泓)	18.00
自动检测技术(何金田)	26.00
自动显示技术与仪表(何金田)	26.00
电气控制基础与可编程控制器应用教程	24.00
DSP在现代测控技术中的应用(陈晓龙)	28.00
智能仪器工程设计(尚振东)	25.00
面向对象的测控系统软件设计(孟建军)	33.00
计量技术基础(李孟源)	14.00

~~~~~~自动控制、机械类~~~~~~

自动控制理论(吴晓燕)	34.00
自动控制原理(李素玲)	30.00
自动控制原理(第二版)(薛安克)	24.00
自动控制原理及其应用(高职)(温希东)	15.00
控制工程基础(王建平)	23.00

现代控制理论基础(舒欣梅) 14.00
过程控制系统及工程(杨为民) 25.00
控制系统仿真(党宏社) 21.00
模糊控制技术(席爱民) 24.00
工程电动力学(修订版)(王一平)(研究生) 32.00
工程力学(张光伟) 21.00
工程力学(皮智谋)(高职) 12.00
理论力学(张功学) 26.00
材料力学(张功学) 27.00
材料成型工艺基础(刘建华) 25.00
工程材料及应用(汪传生) 31.00
工程材料与应用(戈晓岚) 19.00
工程实践训练(周桂莲) 16.00
工程实践训练基础(周桂莲) 18.00
工程制图(含习题集)(高职)(白福民) 33.00
工程制图(含习题集)(周明贵) 36.00
工程图学简明教程(含习题集)(尉朝闻) 28.00
现代设计方法(李思益) 21.00
液压与气压传动(刘军营) 34.00
先进制造技术(高职)(孙燕华) 16.00
机械原理多媒体教学系统(资料)(书配盘) 120.00
机械工程科技英语(程安宁) 15.00
机械设计基础(郑甲红) 27.00
机械设计基础(岳大鑫) 33.00
机械设计(王宁侠) 36.00
机械设计基础(张京辉)(高职) 24.00
机械基础(安美玲)(高职) 20.00
机械 CAD/CAM(葛友华) 20.00
机械 CAD/CAM(欧长劲) 21.00
机械 CAD/CAM 上机指导及练习教程(欧) 20.00
画法几何与机械制图(叶琳) 35.00
《画法几何与机械制图》习题集(邱龙辉) 22.00
机械制图(含习题集)(高职)(孙建东) 29.00
机械设备制造技术(高职)(柳青松) 33.00
机械制造基础(高职)(郑广花) 21.00
数控加工与编程(第二版)(高职)(詹华西) 23.00
数控加工工艺学(任同) 29.00
数控加工工艺(高职)(赵长旭) 24.00
数控加工工艺课程设计指导书(赵长旭) 12.00
数控加工编程与操作(高职)(刘虹) 15.00
数控机床与编程(高职)(饶军) 24.00
数控机床电气控制(高职)(姚勇刚) 21.00
数控应用专业英语(高职)(黄海) 17.00
机床电器与 PLC(高职)(李伟) 14.00
电机及拖动基础(高职)(孟宪芳) 17.00
电机与电气控制(高职)(冉文) 23.00
电机原理与维修(高职)(解建军) 20.00
供配电技术(高职)(杨洋) 25.00
金属切削与机床(高职)(聂建武) 22.00
模具制造技术(高职)(刘航) 24.00
模具设计(高职)(曾霞文) 18.00
冷冲压模具设计(高职)(刘庚武) 21.00
塑料成型模具设计(高职)(单小根) 37.00
液压传动技术(高职)(简引霞) 23.00
发动机构造与维修(高职)(王正键) 29.00
机动车辆保险与理赔实务(高职) 23.00
汽车典型电控系统结构与维修(李美娟) 31.00
汽车机械基础(高职)(娄万军) 29.00
汽车底盘结构与维修(高职)(张红伟) 28.00
汽车车身电气设备系统及附属电气设备(高职) 23.00
汽车单片机与车载网络技术(于万海) 20.00
汽车故障诊断技术(高职)(王秀贞) 19.00
汽车营销技术(高职)(孙华宪) 15.00
汽车使用性能与检测技术(高职)(郭彬) 22.00
汽车电工电子技术(高职)(黄建华) 22.00
汽车电气设备与维修(高职)(李春明) 25.00
汽车使用与技术管理(高职)(边伟) 25.00
汽车空调(高职)(李祥峰) 16.00
汽车概论(高职)(邓书涛) 20.00
现代汽车典型电控系统结构原理与故障诊断 25.00

欢迎来函索取本社书目和教材介绍！ 通信地址：西安市太白南路 2 号 西安电子科技大学出版社发行部
邮政编码：710071 邮购业务电话：(029)88201467 传真电话：(029)88213675。